Maya动画设计与制作案例课堂

侯 峰 主编

清華大学出版社
北 京

内 容 简 介

本书以实际应用为目的，围绕Maya软件展开介绍，内容遵循由浅入深、从理论到实践的原则进行讲解。全书共9章，依次介绍了初识Maya、文件与对象的编辑操作、多边形建模技术、NURBS曲面建模技术、材质与纹理贴图、灯光照明技术、摄影机与渲染设置、动画技术的相关知识，最后通过制作城门场景实操案例，帮助读者更好地吸收知识，并达到学以致用的目的。

本书结构合理、图文并茂、用语通俗、易教易学，不仅适合作为各类院校相关专业学生的教材或辅导用书，也适合作为社会各类Maya软件培训班的首选教材。

图书在版编目（CIP）数据

Maya动画设计与制作案例课堂 / 侯峰主编. —北京：清华大学出版社，2024.4（2024.8重印）
ISBN 978-7-302-65815-3

Ⅰ. ①M…　Ⅱ. ①侯…　Ⅲ. ①三维动画软件　Ⅳ. ①TP317.48

中国国家版本馆CIP数据核字（2024）第058973号

责任编辑：李玉茹
封面设计：杨玉兰
责任校对：周剑云
责任印制：刘　菲

出版发行：清华大学出版社
网　　址：https://www.tup.com.cn，https://www.wqxuetang.com
地　　址：北京清华大学学研大厦A座　　**邮　　编：**100084
社 总 机：010-83470000　　**邮　　购：**010-62786544
投稿与读者服务：010-62776969，c-service@tup.tsinghua.edu.cn
质 量 反 馈：010-62772015，zhiliang@tup.tsinghua.edu.cn
课 件 下 载：https://www.tup.com.cn，010-62791865
印 装 者：三河市君旺印务有限公司
经　　销：全国新华书店
开　　本：185mm×260mm　　**印　　张：**15　　**字　　数：**365千字
版　　次：2024年6月第1版　　**印　　次：**2024年8月第2次印刷
定　　价：79.00元

产品编号：100647-01

前言

Maya是Autodesk公司旗下的一款三维制作软件，具有强大的建模、动画、渲染和特效功能，可以创建高质量的三维场景和角色，被广泛应用于影视广告、角色动画、电影特技等领域，深受广大设计爱好者与专业从事者的喜爱。为了能够给用户提供Maya的技术支持与帮助，编者团队创作了这本Maya教程。

本书在介绍理论知识的同时，安排了大量的课堂练习，旨在让读者全面了解各知识点在实际工作中的应用。在每章结尾处安排了“强化训练”板块，其目的是为了巩固本章所学内容，提高操作技能。

内容概要

本书以理论与实操相结合的形式，从易教、易学的角度出发，合理安排知识结构，帮助读者快速掌握Maya软件的使用方法。

章　节	主要内容	计划学习课时
第1章	主要对Maya的基础知识进行介绍，包括Maya的发展史和应用领域、Maya的工作界面、视图控制与系统控制等内容	
第2章	主要对文件与对象的编辑操作进行介绍，包括文件的基本操作、对象的编辑操作、对象的修改操作等内容	
第3章	主要对多边形建模技术进行介绍，包括多边形建模基础、多边形的编辑、多边形组件的编辑等内容	
第4章	主要对NURBS曲面建模技术进行介绍，包括NURBS建模基础知识、曲线编辑、曲面一般成形法、曲面特殊成形法、曲面编辑等内容	
第5章	主要对材质与纹理贴图进行介绍，包括材质基础知识与操作、材质的基本属性、纹理贴图的基础与操作、纹理贴图的属性、UV的应用与编辑等内容	
第6章	主要对灯光照明技术进行介绍，包括灯光基础知识、默认灯光类型、灯光阴影类型、默认灯光效果等内容	
第7章	主要对摄影机与渲染设置进行介绍，包括摄影机基础知识、摄影机属性设置、渲染器基础知识、渲染器属性设置等内容	
第8章	主要对动画技术进行介绍，包括动画基础知识、关键帧动画、路径动画、动画约束等内容	
第9章	主要对城门场景的制作进行介绍，包括城门建筑模型的创建、护城河及吊桥的创建、旗帜的创建、独轮车的创建、环境素材模型的添加等内容	

配套资源

（1）案例素材及源文件。

书中所用到的案例素材及源文件均可在官网同步下载，以最大程度地方便读者进行实践。

（2）配套学习视频。

本书涉及的疑难操作均配有高清视频讲解，并以二维码的形式提供给读者，读者只需扫描书中二维码即可下载观看。

（3）PPT教学课件。

提供配套教学课件，方便教师授课所用。

适用读者群体

- **各高校动画设计专业、影视后期专业及工业设计专业的学生。**
- **想要学习游戏及动画制作、影视场景特效制作知识的职场小白。**
- **想要拥有一技之长的办公人士。**
- **大、中专院校及培训机构的师生。**

本书由侯峰编写，在编写过程中力求严谨细致，但由于时间与精力有限，疏漏之处在所难免，望广大读者批评指正。

编　者

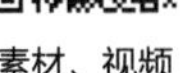

素材、视频

课件

目录

1.1 Maya概述……2

1.2 Maya工作界面……3

- 1.2.1 菜单栏……4
- 1.2.2 状态栏……4
- 1.2.3 工具架……4
- 1.2.4 工具箱……5
- 1.2.5 视图区……6
- 1.2.6 通道盒/层编辑器……6
- 1.2.7 动画控制区……7
- 1.2.8 命令行和帮助栏……7
- 课堂练习 自定义工具架……8

1.3 视图控制与系统控制……9

- 1.3.1 视图操作……9
- 1.3.2 视图切换……10
- 1.3.3 栅格的显示和隐藏……11
- 1.3.4 设置视图背景颜色……11
- 1.3.5 设置菜单集……12
- 课堂练习 自定义工作界面……13

强化训练……15

第2章 文件与对象的编辑操作

Maya

2.1 文件的基本操作……18

- 2.1.1 创建场景……18
- 2.1.2 打开场景……18

2.1.3 场景归档……19

2.2 对象的编辑操作……19

2.2.1 选择操作……19
2.2.2 变换操作……20
2.2.3 复制操作……23
2.2.4 组合操作……25
2.2.5 捕捉与对齐……26
2.2.6 删除操作……28
2.2.7 显示与隐藏操作……28
2.2.8 撤销与重复操作……29
课堂练习 制作简易凉亭……30

2.3 对象的修改操作……33

2.3.1 冻结变换和中心枢纽……33
2.3.2 改变对象枢轴位置……34
课堂练习 制作吧台凳……34

强化训练……38

第3章 多边形建模技术

Maya

3.1 多边形建模……40

3.1.1 多边形建模方法……40
3.1.2 通道盒参数……42
3.1.3 多边形的构成元素……43
3.1.4 多边形右键菜单……44
3.1.5 多边形循环或环形选择……45

3.2 编辑多边形……47

3.2.1 编辑法线……47
3.2.2 布尔运算……48
3.2.3 结合/分离……50
3.2.4 减少/平滑……51
3.2.5 填充洞……51

3.2.6 镜像······52
3.2.7 插入循环边······53
3.2.8 偏移循环边······54
3.2.9 多切割······54
3.2.10 滑动边······55
课堂练习 制作Q版卡通模型······56

3.3 编辑多边形组件······62

3.3.1 添加分段······62
3.3.2 倒角······63
3.3.3 挤出······64
3.3.4 合并······67
3.3.5 删除边/顶点······68
3.3.6 刺破面······68
3.3.7 楔形面······69
3.3.8 复制/提取······69
课堂练习 制作胡桃夹子玩偶······70

强化训练······76

第4章 NURBS 曲面建模技术 Maya

4.1 NURBS建模基础知识······78

4.1.1 NURBS概述······78
4.1.2 创建NURBS基本体······78
4.1.3 创建NURBS曲线······79

4.2 曲线编辑······82

4.2.1 附加······83
4.2.2 分离······84
4.2.3 对齐······84
4.2.4 圆角······85
4.2.5 偏移······86
4.2.6 重建······86

4.3 曲面一般成型法 ……88
4.3.1 平面……88
4.3.2 旋转……88
4.3.3 挤出……90
4.3.4 放样……90
课堂练习 制作酒壶模型……91
4.4 曲面特殊成形法……94
4.4.1 双轨成形……94
4.4.2 边界……96
4.4.3 方形……96
4.4.4 倒角……97
课堂练习 制作壁灯模型……97
4.5 曲面编辑……104
4.5.1 对齐……104
4.5.2 分离……105
4.5.3 相交……105
4.5.4 修剪……106
4.5.5 圆化……106
4.5.6 重建……107
4.5.7 反转方向……107
4.5.8 附加/附加而不移动……107
强化训练……109

第5章 材质与纹理贴图

Maya

5.1 材质基础知识与操作……112
5.1.1 认识材质……112
5.1.2 基本材质类型……115
5.1.3 创建材质节点……117
5.1.4 赋予材质……118

5.2 材质基本属性 119
5.2.1 通用属性 119
5.2.2 高光属性 120
5.2.3 辉光属性 121
课堂练习 制作金属材质 122
5.3 纹理贴图基础与操作 124
5.3.1 纹理类型 124
5.3.2 纹理节点的编辑 125
课堂练习 制作茶具组合材质 127
5.3.3 纹理贴图属性 131
5.4 UV的应用与编辑 139
5.4.1 UV映射工具 140
5.4.2 UV编辑器 142
强化训练 145

第6章 灯光照明技术

Maya

6.1 灯光概述 148
6.2 默认灯光类型 150
6.2.1 环境光 150
6.2.2 平行光 152
6.2.3 点光源 153
6.2.4 聚光灯 154
6.2.5 区域光 154
6.2.6 体积光 155
6.3 灯光阴影类型 155
6.3.1 深度贴图阴影 155
6.3.2 光线追踪阴影 156

6.4 默认灯光效果……157
6.4.1 灯光雾效果……158
6.4.2 辉光效果……159
课堂练习 制作路灯光源效果……160
强化训练……164

第7章 摄影机与渲染设置

Maya

7.1 关于摄影机……166
7.1.1 摄影机分类……166
7.1.2 创建摄影机……167
7.1.3 调整摄影机……169
课堂练习 为场景创建摄影机……170
7.2 关于渲染器……172
7.2.1 渲染器分类……173
7.2.2 渲染器设置……174
课堂练习 渲染场景……178
强化训练……180

第8章 动画技术

Maya

8.1 动画基础知识……182
8.1.1 动画基本原理……182
8.1.2 动画分类……183
8.1.3 动画控制界面与命令……183
8.1.4 时间滑块设置……184

8.2 关键帧动画……185
8.2.1 关键帧操作……185
8.2.2 动画编辑器……185
8.3 路径动画……188
8.3.1 创建路径动画……188
8.3.2 创建快照动画……190
8.3.3 创建流动路径变形动画……191
课堂练习 制作轨道动画……192
8.4 动画约束……194
8.4.1 父对象约束……194
8.4.2 点约束……195
8.4.3 方向约束……196
8.4.4 目标约束……197
强化训练……198

第9章 城门场景 Maya

9.1 创建城门建筑模型……200
9.1.1 创建城墙主体……200
9.1.2 创建城门楼……204
9.1.3 创建牌匾……210
9.2 创建护城河及吊桥……212
9.2.1 创建护城河……212
9.2.2 创建吊桥……213
9.3 创建旗帜……216
9.4 创建独轮车……218
9.5 添加环境素材模型……226
参考文献……228

第1章

初识Maya

内容导读

Maya是Autodesk公司出品的一款三维动画制作软件，它几乎提供了三维创作需要的所有功能，如模型塑造、材质设计、摄影机与灯光布置、动画特效、场景渲染等，制作效率极高。

本章将对Maya软件进行初步介绍，让读者快速认识Maya的工作界面，熟悉并了解Maya不同的功能模块，学习并掌握工作区域的基本操作和视图的基本操作，并用最短的时间学会在软件中创建基本对象的方法。

学习目标

- 了解Maya的发展史及应用领域
- 熟悉Maya的工作界面构成
- 掌握视图控制操作与系统设置

1.1 Maya概述

Maya可用于多个平台的世界顶级三维建模渲染和动画制作，它拥有友好的工作界面，功能完善，提供了极好的的渲染效果，受到广大用户的喜爱。随着版本的不断升级，Maya的功能越来越强大，由此受到了越来越多用户的青睐，并逐渐在CG行业占据了领导地位，被广泛应用于影视特效、游戏动画、工业造型等领域。

1. 影视特效

Maya最为广泛的应用就是影视特效，其技术也越来越成熟。在影视作品中，实拍无法表现的一些画面效果，后期都可以利用Maya来完成，如变异的角色、翻山越岭的画面、大楼崩塌、汽车爆炸、烟火、闪电效果等。图1-1所示为影视作品中的画面。

学习笔记

图 1-1

2. 游戏动画

Maya不仅提供了一般三维和视觉效果功能，还能与最先进的建模、数字化布料模拟、毛发渲染、运动匹配技术相结合，制作出立体感超强的影视作品，其栩栩如生的角色动画、精美绝伦的场景动画都让观众叹为观止。图1-2所示为游戏动画中的画面。

图 1-2

3. 工业造型

Maya超强的建模功能也被应用在汽车制造、机械制造、产品包装等行业，用户可以利用Maya来模拟创建产品外观造型或制作产品的宣传动画。图1-3所示为利用Maya制作的汽车外观效果。

图 1-3

1.2 Maya工作界面

用户想要熟练掌握Maya的操作技巧，先要了解和熟悉Maya的工作界面及各种命令工具，这样才能在操作过程中游刃有余。下面对Maya的工作界面构成进行介绍。

启动应用程序后，进入Maya的工作界面，可以看到其主要由菜单栏、状态栏、工具架、工具箱、视图区、通道盒/层编辑器、动画控制区、命令行和帮助栏等多个部分组成，如图1-4所示。

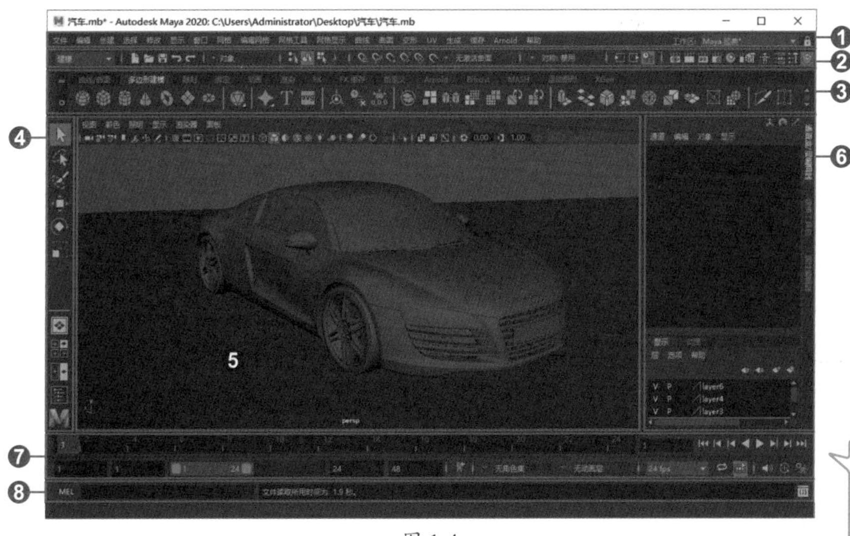

图 1-4

❶菜单栏 ❷状态栏
❸工具架 ❹工具箱
❺视图区
❻通道盒/层编辑器
❼动画控制区
❽命令行和帮助栏

1.2.1 菜单栏

菜单栏位于工作界面顶部，其中包含了Maya所有的命令和工具。由于Maya的命令非常多，所以系统对菜单进行了模块化的分区，共分为建模、绑定、动画、FX、渲染、自定义六大模块，如图1-5所示。用户除了可以使用列表切换模块，也可以通过按F2～F6键来切换模块。

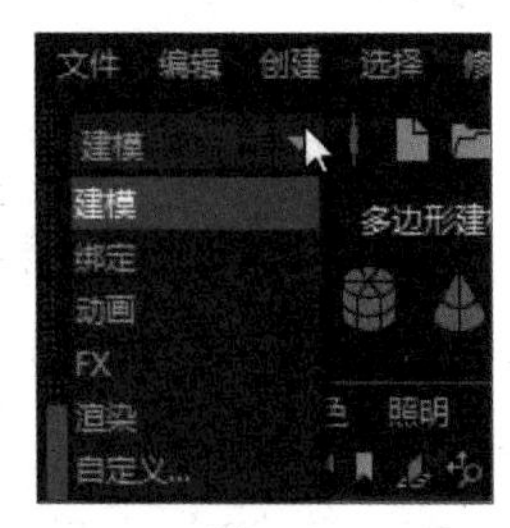

图 1-5

不同的模块具有不同的功能，除了公共菜单不会变动外，其余的菜单都归纳在不同的模块中。当切换模块后，会显示对应模块的菜单。图1-6所示为“建模”模块的菜单。

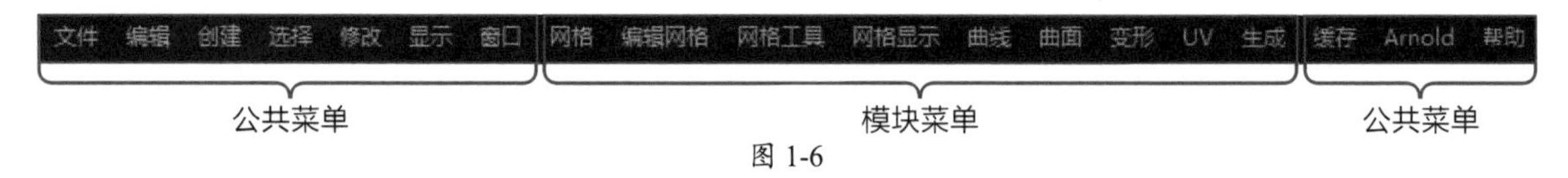

图 1-6

在菜单栏的最右侧提供了Maya的“工作区”选择器，包含默认的“Maya经典”工作区，以及几个专用于执行各组任务的工作区。

1.2.2 状态栏

状态栏位于菜单栏下方，因其显示影响用户如何操作对象的各种重要交互模式的当前状态，而被称为状态栏。这里集中了Maya的一些常用命令，主要分为Maya功能模块、文档操作、快速选择、对齐物体、历史记录开关及快速渲染等命令群组，如图1-7所示。

状态栏中的命令群组是按组进行排列的，被分隔符隔开，用户可通过单击“显示/隐藏”按钮将其展开或者收拢。

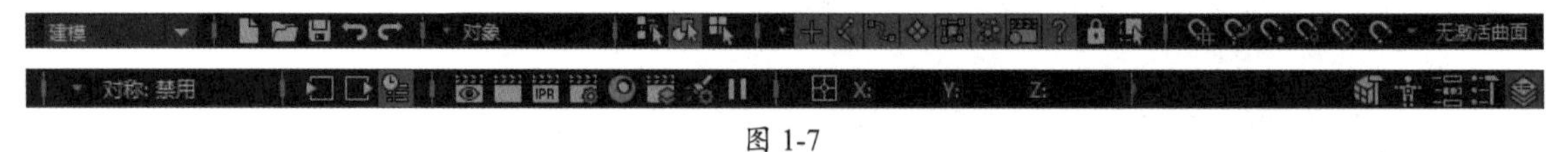

图 1-7

1.2.3 工具架

工具架位于状态栏下方，它集合了Maya各个模块下最常用的命令，并以图标的形式按类别显示，每个图标就是相应命令的快捷链接。工具架分为上下两个部分，上部分为标签，每个标签对应Maya

的一个具体功能模块。通过对标签的切换，可在下方显示不同的工具图标。图1-8、图1-9所示分别为“多边形建模”和“曲线/曲面”标签下的工具。

图 1-8

图 1-9

单击工具架左侧的“项目菜单”按钮，弹出工具架的编辑菜单，可对工具架做新建、删除或加载等编辑操作，如图1-10所示。

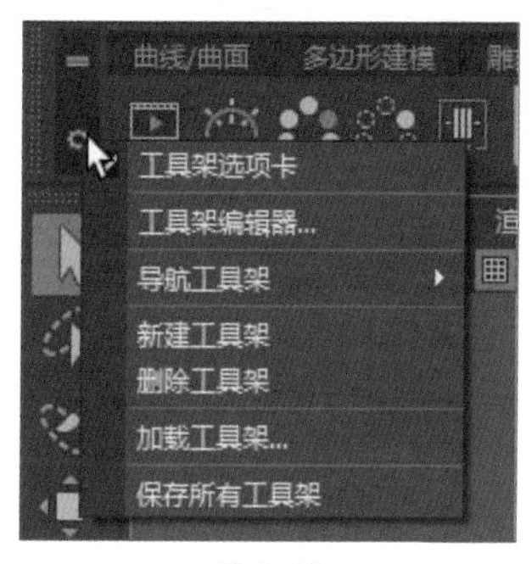

图 1-10

1.2.4 工具箱

Maya的工具箱可分为三个部分，如图1-11所示。首先是常用操作工具，包括选择工具、套索工具、绘制选择工具、移动工具、旋转工具、缩放工具；然后是视图布局工具，最底部是Maya网站的链接按钮。各工具的具体介绍将会在后面的章节中逐一展开。

图 1-11

1.2.5 视图区

Maya的视图区是作业的主要活动区域，大部分工作都在这里完成，所有的建模、动画和渲染等操作都需要通过这里进行观察，如图1-12所示。

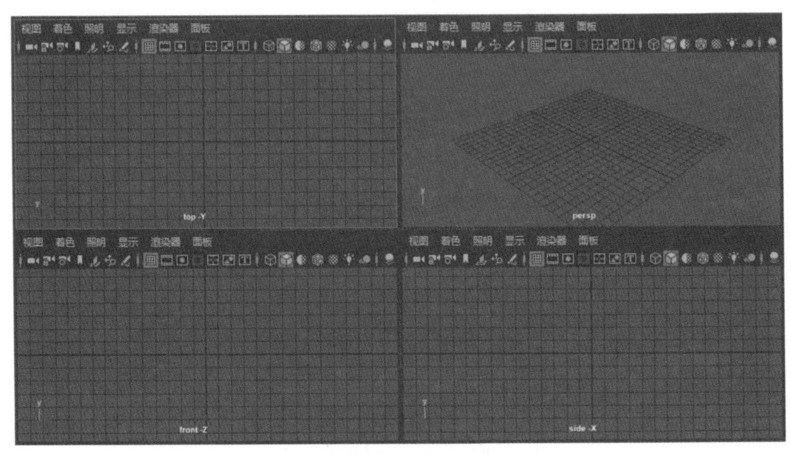

图 1-12

知识拓展

与大多数三维软件一样，Maya的视图区也是四视图，分别是顶视图、侧视图、前视图和透视图。用户可以直接通过工具箱中的视图布局工具图标来对视图进行切换，也可以通过空格键来切换最近切换过的两个视图。

1. 空间网格

在平面制图中，通常都需要用到平面坐标系。而在透视图中，带透视的灰色网格就是Maya的空间坐标系。网格均为正方形，被两条正交轴划分为四个区域，其主要功能是为了标示空间旋转，以及作为建模时的参考坐标。

2. 空间坐标系

视图区左下角的图标表示Maya的空间坐标方向，由X、Y、Z三个轴组成。网格处于X、Z两轴组成的平面上，网格中心点为空间坐标的原点。Maya用绿色表示Y轴，代表高度方向；蓝色表示Z轴，代表正对摄影机的方向；红色表示X轴，与Z轴垂直。

1.2.6 通道盒/层编辑器

通道盒（Channel Box）是用于编辑对象属性的最快、最高效的主要工具。使用该工具，可为属性快速设置关键帧，以及锁定、解除锁定或创建表达式。与属性编辑器相似，使用通道盒可修改对象的属性值。

（1）通道盒。

通道盒的功能十分强大，用户利用它可直接访问Maya对象的属性及构成元素，它不仅可即时反应属性数值的变化，还可直接修改。

（2）层编辑器。

Maya中的层有两种类型，分别是显示层和动画层，如图1-13所示。

- **显示层：**用来管理放入层中的物体是否被显示出来。可将场景中的物体添加至层内，再在层中对其进行隐藏、选择和模板化等操作。
- **动画层：**可对动画设置层。

单击▨按钮，打开“编辑层”对话框，在这里可设置层的名称、显示类型、颜色、是否可见和是否使用模板等属性，如图1-14所示。

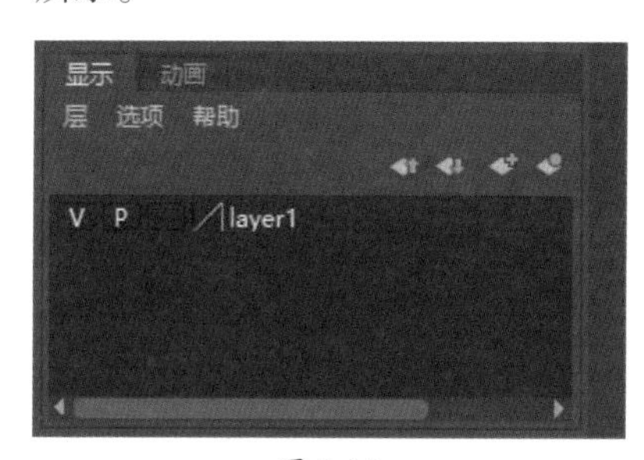

图 1-13

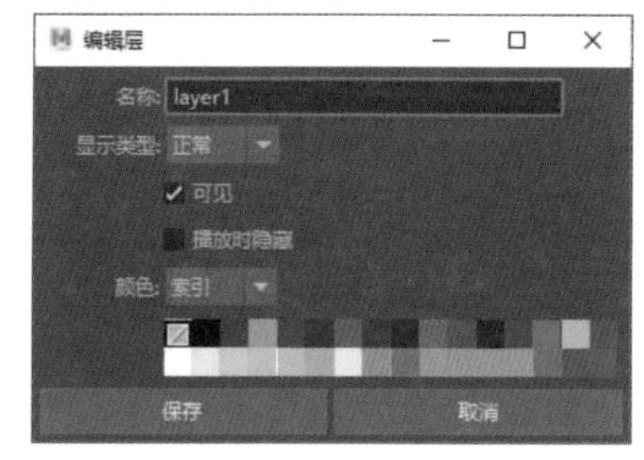

图 1-14

1.2.7 动画控制区

动画控制区是专门用来制作和播放动画的重要区域，它实际上包括两个区域，分别是时间滑块和范围滑块。其中，时间滑块包括播放器和当前时间指示器。范围滑块包括动画开始时间和动画结束时间、播放开始时间和播放结束时间、范围滑块、自动关键帧按钮和动画参数设置按钮，如图1-15所示。

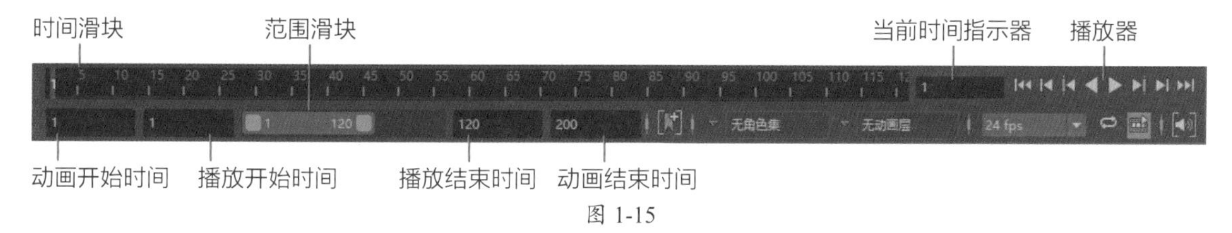

图 1-15

1.2.8 命令行和帮助栏

工作界面的最底部是命令行和帮助栏，如图1-16所示。命令行分为命令输入栏、命令回馈栏和脚本编辑器3个区域，其中命令输入栏是用来输入Mel语言的地方，命令回馈栏会在用户操作出现错误时及时进行错误信息的提示。帮助栏主要用于显示工具名称和该工具的简短提示，通常情况下，在选择一种工具后，就会在帮助栏中出现该工具的名称和使用方法。

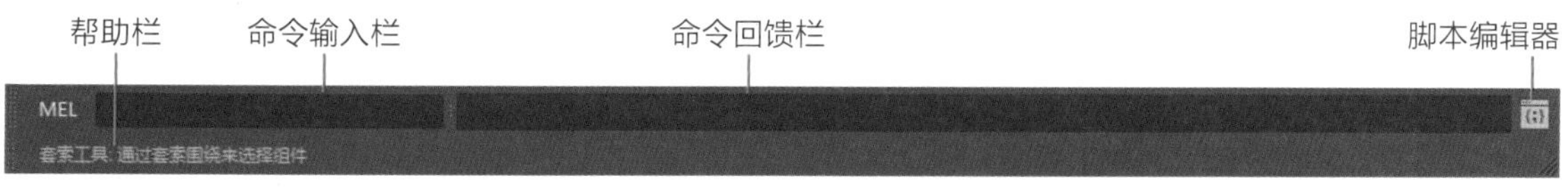

图 1-16

课堂练习 自定义工具架

在软件使用过程中，用户可以根据自己的操作习惯，向工具架中添加工具箱的工具及菜单栏的菜单项等，具体操作方法如下。

步骤01 选择工具架中的“自定义”选项卡，可以看到当前选项卡中是空白的，如图1-17所示。

图 1-17

步骤02 添加工具箱中的工具。在工具箱中选择一个工具，按住鼠标中键不放并拖曳至“自定义”选项卡下的空白处，释放鼠标中键，即可完成操作，如图1-18、图1-19所示。

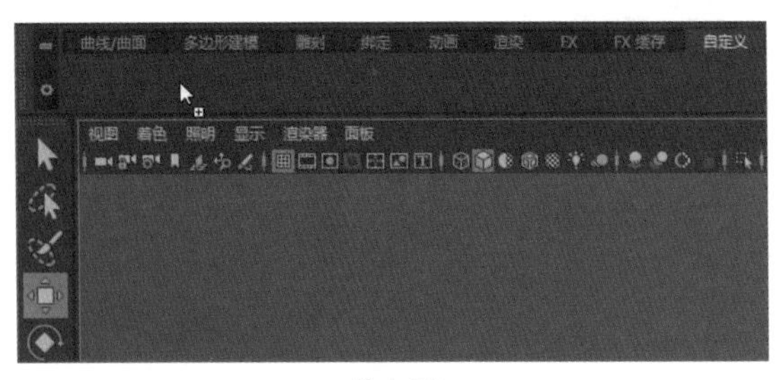

图 1-18

图 1-19

步骤03 添加菜单栏中的菜单项操作。打开某一菜单栏，选择指定菜单项，按住Ctrl+Shift组合键的同时单击菜单项，即可将其添加到工具架上，如图1-20、图1-21所示。

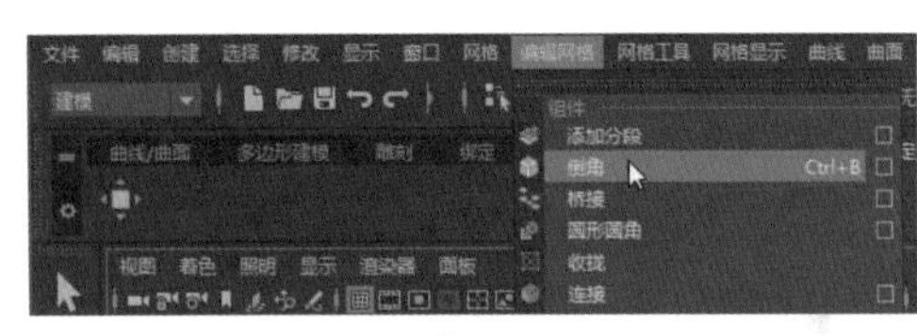

图 1-20

图 1-21

步骤04 除此之外，用户还可以通过“工具架编辑器”对话框对工具架进行自定义设置。单击工具架左侧的齿轮图标，在展开的列表中选择“工具架编辑器”选项，即可打开“工具架编辑器”对话框。在该对话框中可以对工具架中的工具进行移动、删除等编辑设置，如图1-22、图1-23所示。

图 1-22

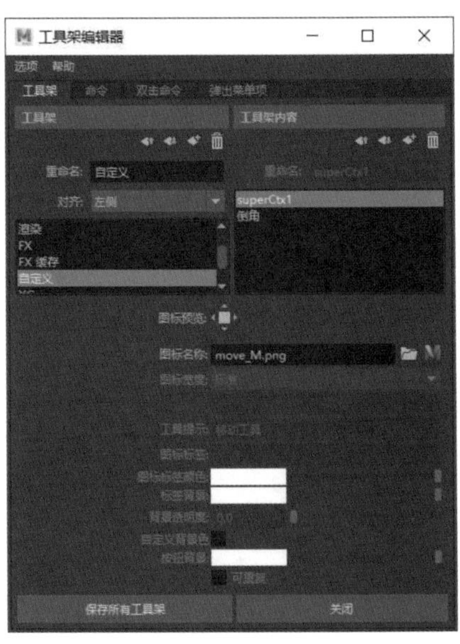

图 1-23

1.3 视图控制与系统控制

Maya的所有场景对象都处于一个模拟的三维世界中，用户可以通过视图控制来观察、编辑场景对象之间的相互关系，还可以通过系统控制来控制场景的显示方式与类型。

在创建场景对象时，用户经常需要调整对象的角度和远近，这就需要快速调整视图视角。在此之前，用户需要熟悉视图的操作与切换方式，这样才能更好地提升工作效率。下面将对视图操作、视图切换与视图菜单进行简单的介绍。

1.3.1 视图操作

1. 旋转视图

使用Alt+鼠标左键，可以对视图进行旋转操作。旋转视图时，鼠标指针会变成，如图1-24所示。若想让视图仅在水平方向或垂直方向上旋转，可使用Shift+Alt+鼠标左键来完成旋转操作。

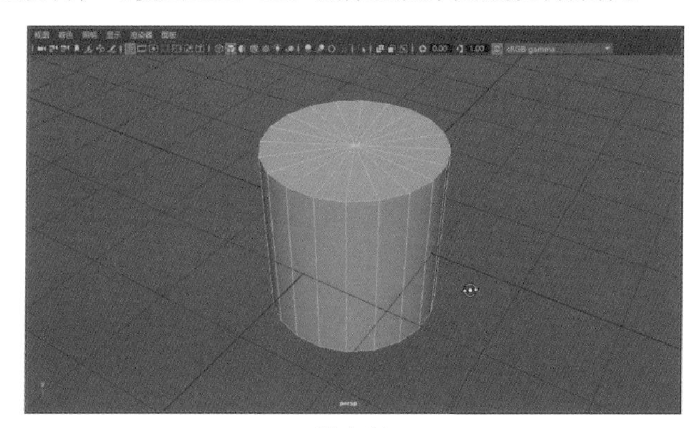

图 1-24

操作技巧

对视图的旋转操作只能在透视图中进行，因为顶视图、前视图、侧视图都属于正交视图，只可进行水平移动和远近缩放，旋转功能默认是被锁定的。

2. 平移视图

使用Alt+鼠标中键可以任意移动视图。移动视图时，鼠标指针会变成，如图1-25所示。同时也可使用Shift+Alt+鼠标中键在水平或垂直方向上进行视图的移动操作。

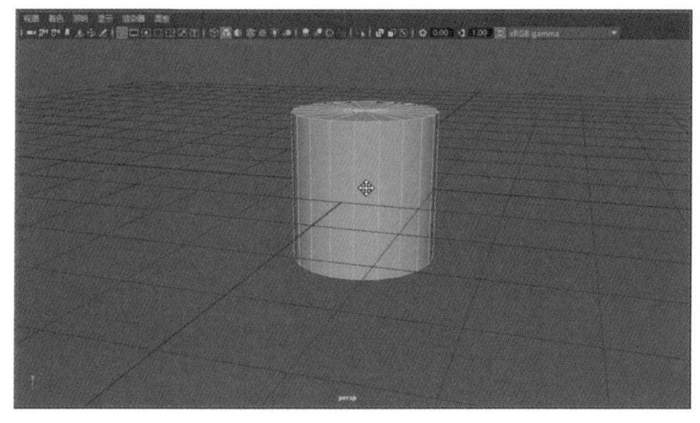

图 1-25

3. 缩放视图

缩放视图就是改变镜头与场景的远近距离。使用Alt+鼠标右键可对视图进行缩放，此时鼠标指针会变成，也可直接滑动鼠标滚轮来控制视图的缩放。

用户也可以对视图进行局部缩放。使用Ctrl+Alt+鼠标左键在视图中框选出一个区域，释放鼠标左键后，该区域将被放大至最大。

4. 最大化显示选定对象

视图中未选中任何对象时，按F键可以使场景中所有对象在当前视图中最大化显示。若选定场景中的某个对象，按F键可以使选定对象在当前视图中最大化显示。

如果是处于四视图的显示状态下，按Shift+F组合键可以一次性将全部视图最大化显示。

5. 最大化显示所有对象

按A键，可将当前场景中所有对象全部最大化显示在一个视图中；按Shift+A组合键，可将场景中所有对象全部显示在所在视图中。

1.3.2 视图切换

在Maya中，用户除了可以利用视图布局工具进行视图的切换外，还可以使用热盒切换视图。这里介绍三种常用的视图切换方法。

（1）用快捷键进行切换。

按空格键，可在单个透视图和四视图之间进行切换。当处于透视视图时，按空格键会切换到四视图；在四视图状态下，将鼠标指针移动在某一视图内，按空格键便会最大化当前视图。

（2）单击布局工具切换视图。

单击左侧工具箱下方的视图布局工具，可切换视图，如图1-26所示。

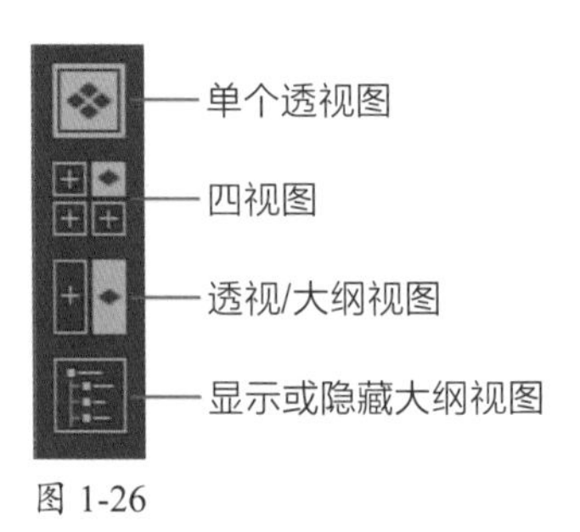

图 1-26

（3）使用热盒菜单切换视图。

按住空格键不放并单击鼠标右键，打开热盒菜单，移动光标即可选择相对应的视图，如图1-27所示。

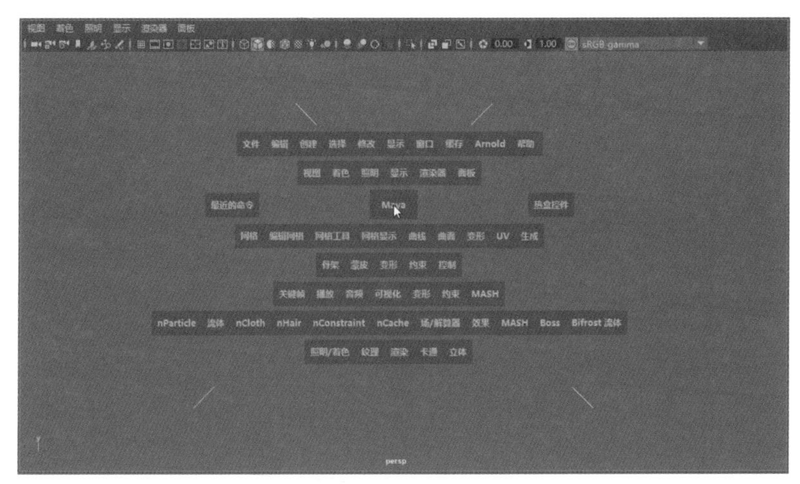

图 1-27

1.3.3 栅格的显示和隐藏

在默认情况下，打开Maya后，每个视图窗口中都会显示栅格。如果用户需要对栅格进行隐藏，可以通过以下方法进行操作。

- 打开“显示”菜单，取消勾选“栅格”选项，即可将栅格隐藏。再次执行该命令，可以将栅格显示。
- 在视图顶部的面板工具栏中单击“栅格”按钮▦。

1.3.4 设置视图背景颜色

Maya的视图背景颜色默认为深灰色，另外还有多种预设颜色，用户在实际工作中可以根据需要进行调整。按Alt+B组合键可快速在视图区切换不同的背景颜色，如图1-28所示。

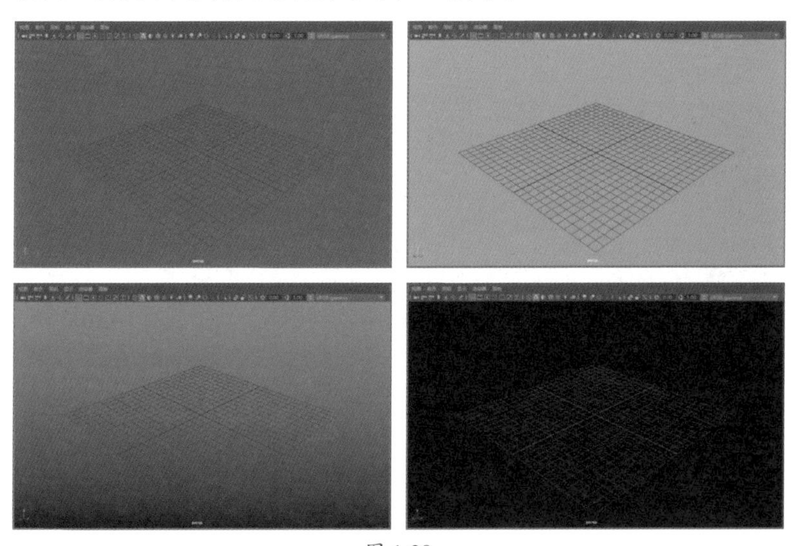

图 1-28

此外，用户也可以执行“窗口”|“设置/首选项”|“颜色设置”命令，通过“颜色”对话框对用户界面、视图面板颜色及视图背景颜色等进行自定义设置，如图1-29所示。

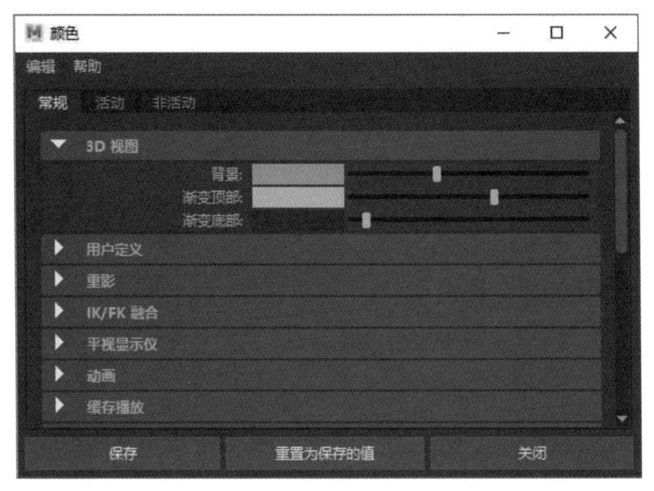

图 1-29

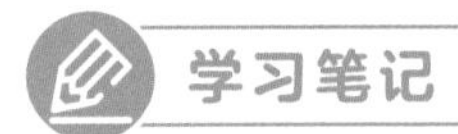

1.3.5 设置菜单集

用户可以对已经存在的菜单集进行重命名、编辑和移除操作，也可以创建汇集自选菜单项的自定义菜单集。单击状态栏左侧的下拉按钮，从展开的列表中选择“自定义”选项，会打开“菜单集编辑器”对话框，如图1-30、图1-31所示。

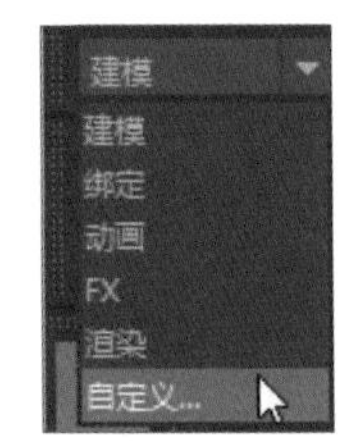

图 1-30

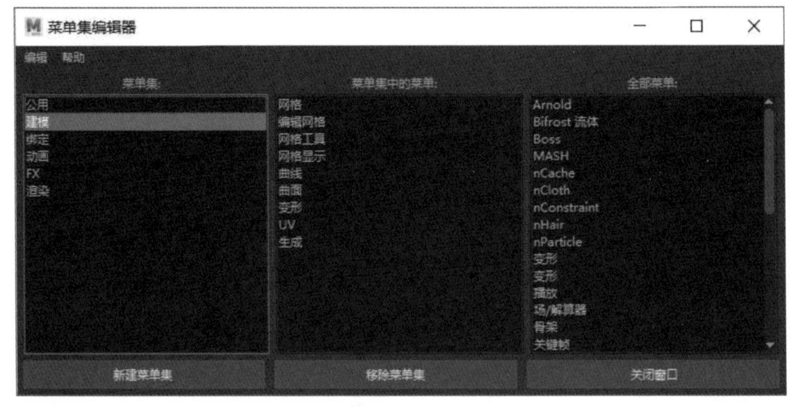

图 1-31

课堂练习 自定义工作界面

在使用Maya之前，用户可以对工作界面进行设置，使其成为我们习惯的界面配置，以便更好地编辑内容。

步骤 01 启动Maya应用程序，默认的Maya界面如图1-32所示。

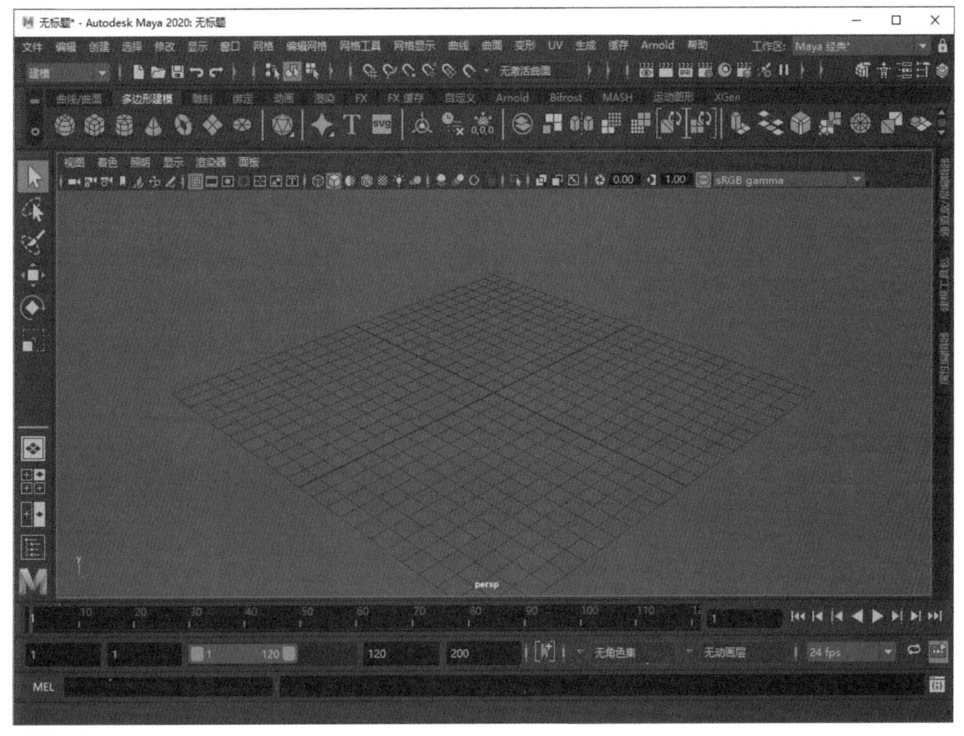

图 1-32

步骤 02 在“显示”菜单中单击“栅格”命令右侧的设置按钮，打开“栅格选项”对话框，在“颜色”属性组中拖曳滑块分别调整“轴”、“栅格线和编号”的参数，如图1-33所示。

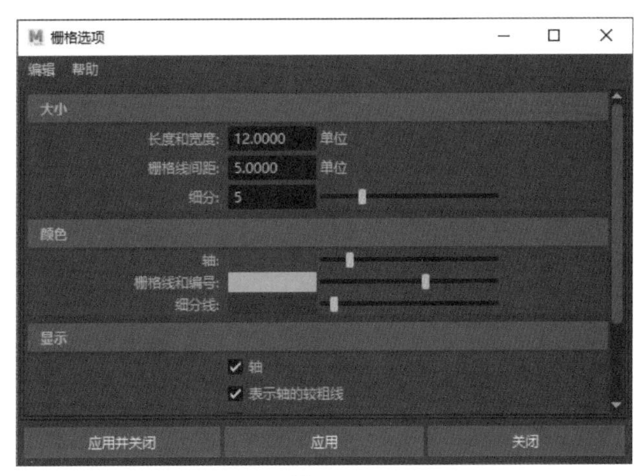

图 1-33

步骤 03 单击“应用并关闭”按钮关闭对话框，可以看到工作界面中的网格发生变化，如图1-34所示。

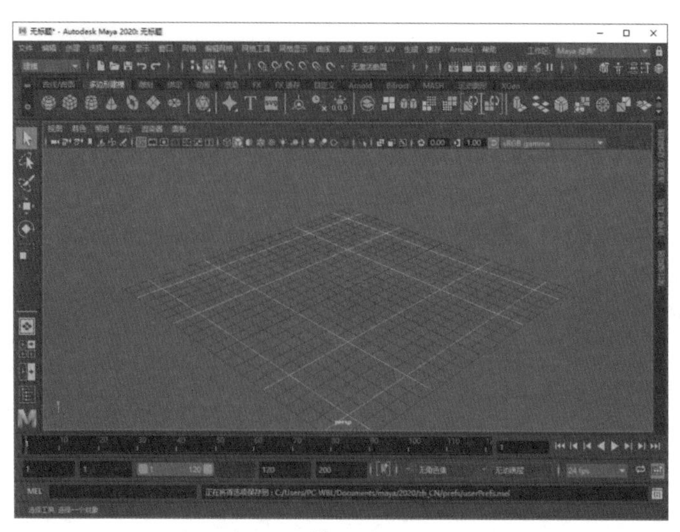

图 1-34

步骤 04 执行“显示”|“题头显示”命令，在“题头显示”列表中勾选“多边形计数”选项，如图1-35所示。

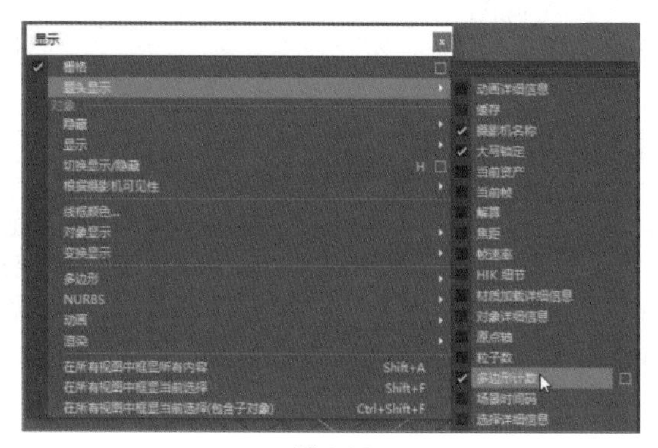

图 1-35

步骤 05 在工作区的左上角会显示场景中多边形中顶点、边、面、三角形和UV的数量，如图1-36所示。

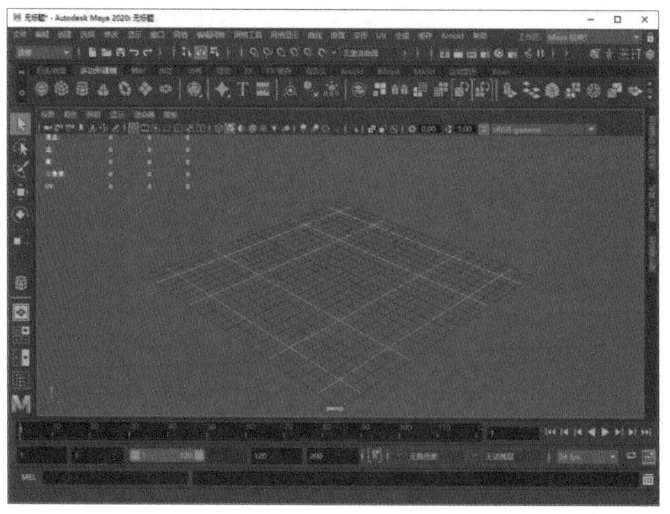

图 1-36

强化训练

1. 项目名称

自定义快捷键。

2. 项目分析

快捷键的使用非常简单，只需要在键盘上按下按键即可启动相应的功能。使用快捷键是对一个设计者最基本的要求，掌握了快捷键的使用，设计者就能够更快速、更高效地工作。Maya中包含一部分系统默认的快捷键，用户也可以根据自己的使用习惯，对快捷键进行自定义设置。

3. 项目效果

项目效果如图1-37所示。

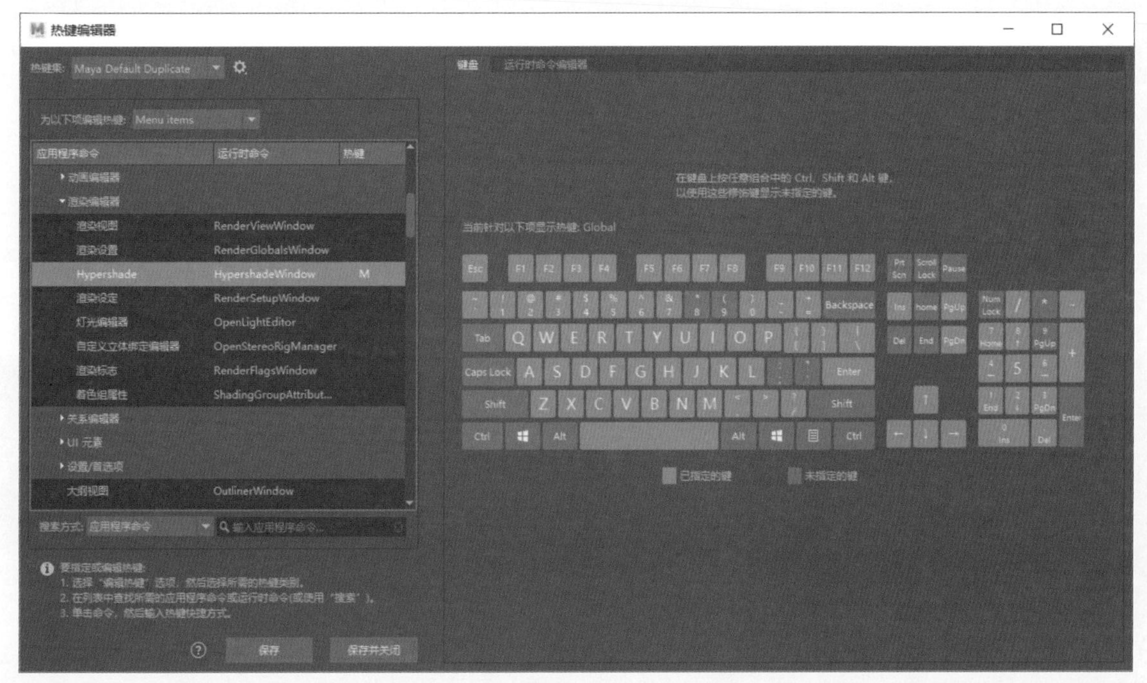

图 1-37

4. 操作提示

①执行“窗口”|“设置/首选项”|“热键编辑器”命令，打开“热键编辑器”对话框。

②从“应用程序命令”列表中选择要编辑的命令，为其赋予新的快捷键。

Maya

第2章 文件与对象的编辑操作

内容导读

在使用Maya进行创作时，熟练掌握文件和场景对象的基本操作，是完成创作的必备技能。本章将对Maya场景文件的操作及场景对象的编辑修改操作等知识进行深入的讲解，使用户能够掌握最基本的操作技巧。

学习目标

- 了解文件的基本操作
- 掌握对象的编辑操作
- 掌握对象的修改操作

2.1 文件的基本操作

在使用Maya之前，用户首先需要掌握场景文件的一些基本操作，包括场景的创建、打开、保存、归档等。

2.1.1 创建场景

在开始建模之前，用户需要先创建一个全新的场景。执行“文件”|“新建场景”命令，或按Ctrl+N组合键，即可创建一个空白场景，如图2-1所示。新建场景的同时，将会关闭当前场景。如果当前场景未保存，系统会自动提示用户是否进行保存，如图2-2所示。

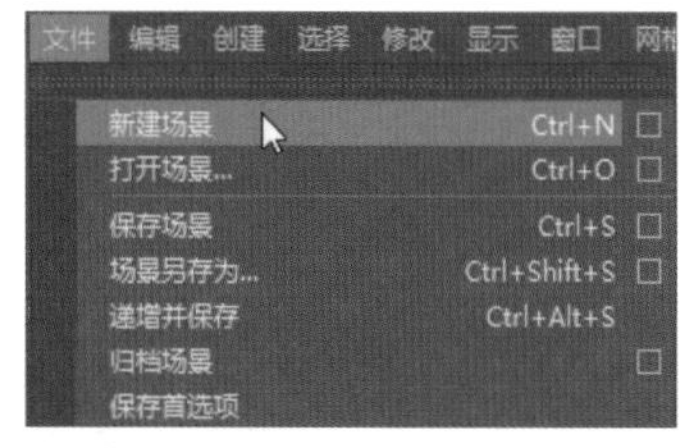

图 2-1

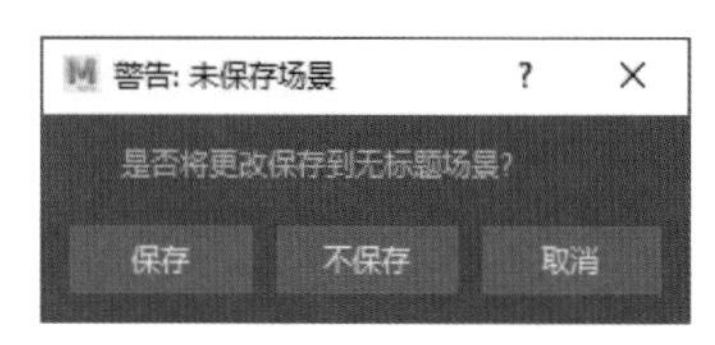

图 2-2

> **知识拓展**
>
> 执行“文件”|“场景另存为”命令，会将当前场景另存一份并打开。

执行“文件”|“保存场景”命令，或按Ctrl+S组合键，即可保存当前场景。如果之前没有保存过场景文件，此时会弹出“另存为”对话框，用于设置保存路径和文件名，如图2-3所示。

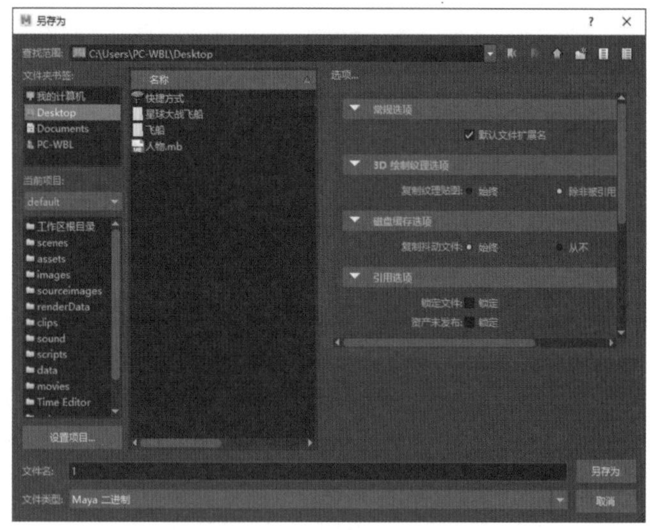

图 2-3

2.1.2 打开场景

执行“文件”|“打开场景”命令，或按Ctrl+O组合键，会弹出“打开”对话框。在该对话框选择相应路径中的文件打开即可，如图2-4、图2-5所示。打开新场景的同时，将会关闭当前场景。如果当前场景未保存，系统会自动提示用户是否进行保存。

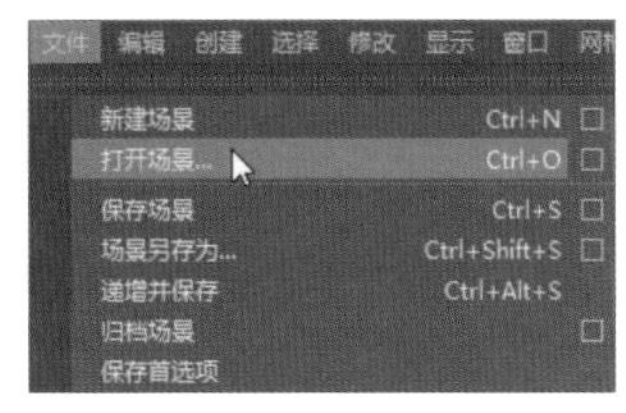

图 2-4

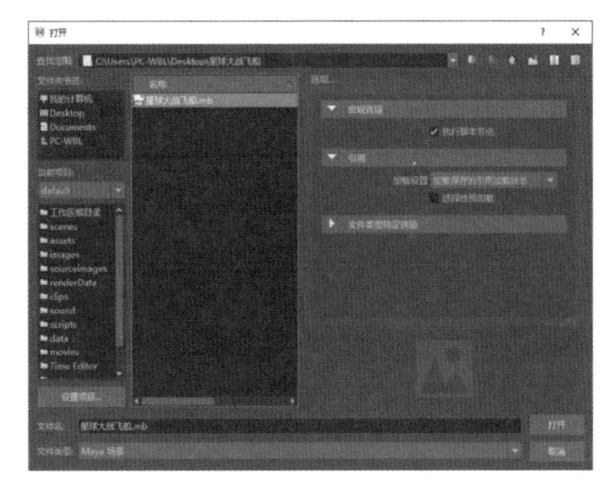

图 2-5

2.1.3 场景归档

执行“文件”|“归档场景”命令，可以将制作好的场景文件进行打包处理，包括模型、贴图、光子缓存等，该功能特别适合复杂的场景。操作完毕后用户会发现，场景文件所在的文件夹中增加了一个后缀名为.zip的压缩文件。

2.2 对象的编辑操作

Maya的工具箱中提供了执行变换操作的最基本工具，如选择、移动、旋转和缩放等，在实际工作中这些工具的使用频率相当高；而对象的显示、隐藏、捕捉等操作可以方便场景观察，且能减少误操作的发生。

2.2.1 选择操作

在大多数情况下，对场景对象进行操作前，首先要对场景对象进行选择操作。Maya中的大多数操作都是针对特定对象执行的，有的可能是单个的模型体，有的可能是某个元素，所以必须先在工作区域中选择对象，然后才可应用一些修改操作。因此，选择操作是建模和创建作品的基础。

（1）选择工具。

使用选择工具只需要用鼠标单击对象即可，被选中的对象将会呈绿色高亮线框显示。在场景中按住鼠标左键，拖曳出一个虚线的区域，释放鼠标左键后，处于虚线框内及被虚线框经过的对象都将被选择，这通常称为框选，如图2-6、图2-7所示。

（2）套索工具。

使用套索工具勾画出一个区域，即可选中该区域内的对象。通常在选取多个分布不均的顶点元素时，可使用套索工具，如图2-8、图2-9所示。

操作技巧

按住Shift键可以加选对象，按住Ctrl键则可以减选对象，在视图的空白处单击鼠标左键即可取消选择。

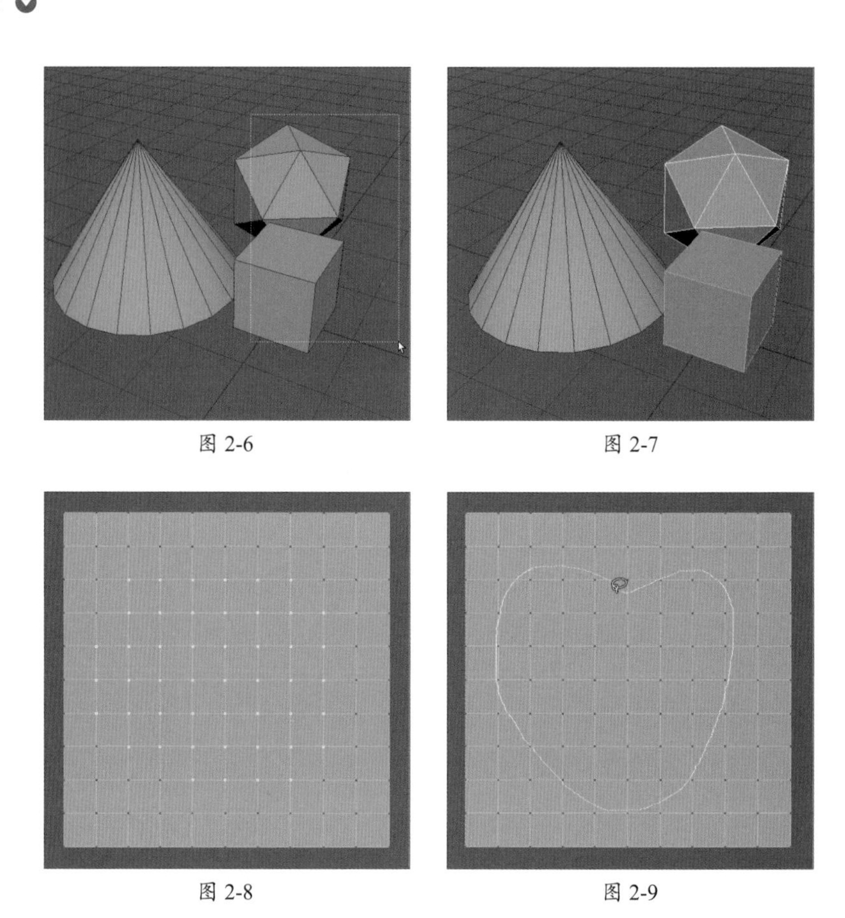

图 2-6　图 2-7

图 2-8　图 2-9

（3）绘制选择工具。

绘制选择工具只能用来选取模型的构成元素，例如顶点、边、面。通过B+鼠标左键的组合可调整笔刷的大小范围，如图2-10、图2-11所示。

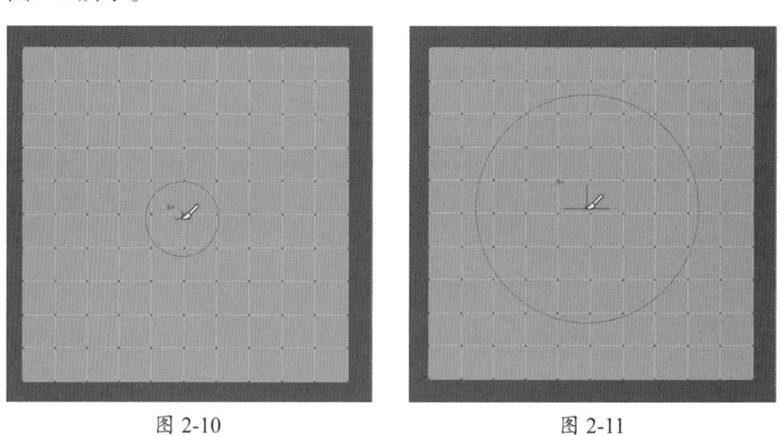

图 2-10　图 2-11

2.2.2　变换操作

变换操作会更改对象的位置、方向或大小，但不会更改其形状，主要包括移动、旋转和缩放三种基本操作。通过使用工具箱中的移动工具、旋转工具、缩放工具可对场景中的对象进行移动、旋转、缩放操作，也可以使用通道盒或者输入框进行精确变换操作。

1. 移动工具

移动是指相对于对象的枢轴或平面来更改对象的空间位置。使用移动工具可直接选中对象，接着进行后续的移动操作。移动对象是在三维空间中进行的，有对应的三个轴向，分别为X、Y、Z，在场景中分别以红、绿、蓝进行表示，如图2-12所示。

拖曳相应的轴向手柄，可在该轴向上水平移动，且轴向手柄会变成黄色，如图2-13所示。

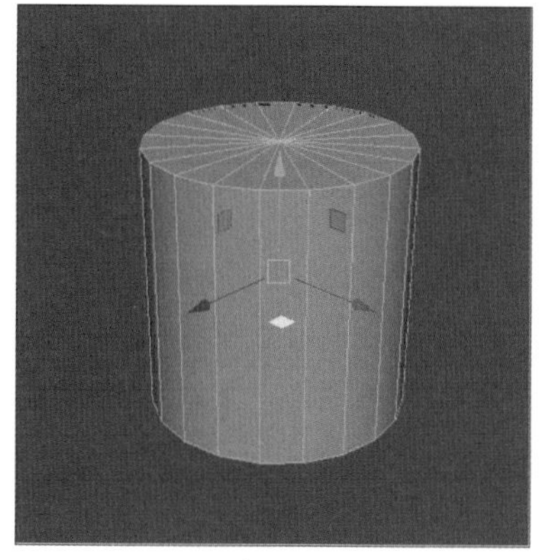

图 2-12

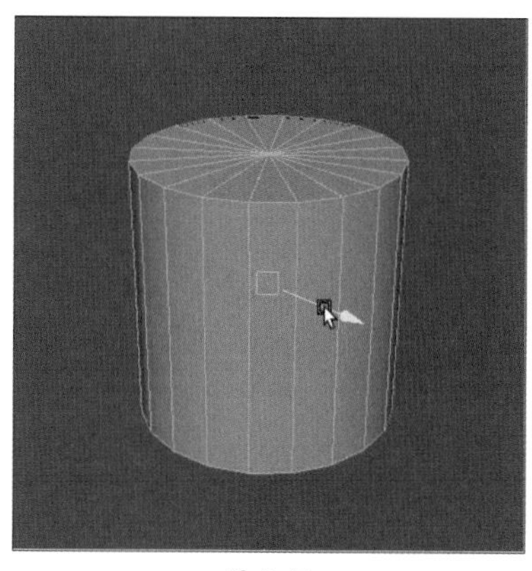

图 2-13

操作技巧

激活变换工具选择对象后，按键盘上的“+”键可以放大轴向手柄，按“−”键可以缩小轴向手柄。

在轴心中间有一个方形控制器，将鼠标指针放在控制器上进行拖曳，也可达到移动对象的目的。但在透视图中这种移动方法很难控制对象的移动位置，一般是在正交视图中使用这种方法操作，如图2-14所示。

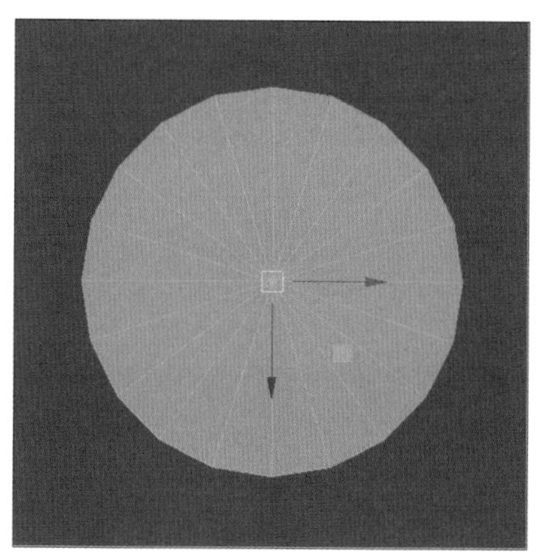

图 2-14

知识拓展

当选择多个对象时，会根据其公用枢轴点移动，该枢轴点取决于添加到当前选择对象的最后一个对象。

2. 旋转工具

使用旋转工具可对对象进行旋转操作。同移动工具一样，旋转工具也有自己的操纵器，由X、Y、Z轴构成，也分别用红、绿、蓝表示，如图2-15所示。将光标放在对应的轴向线圈上进行拖曳，便可在选择的轴向上进行旋转，如图2-16所示。

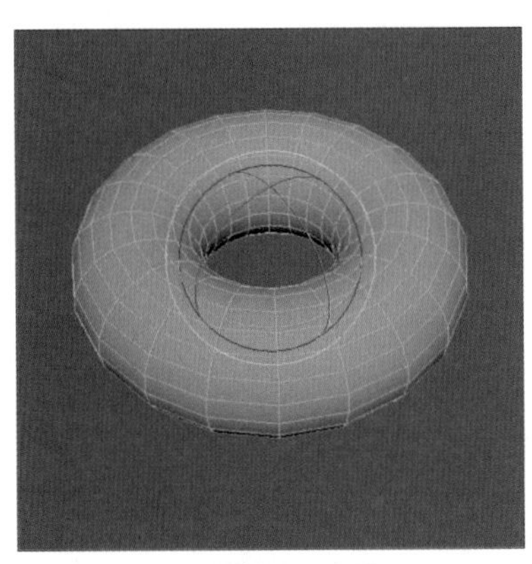

图 2-15

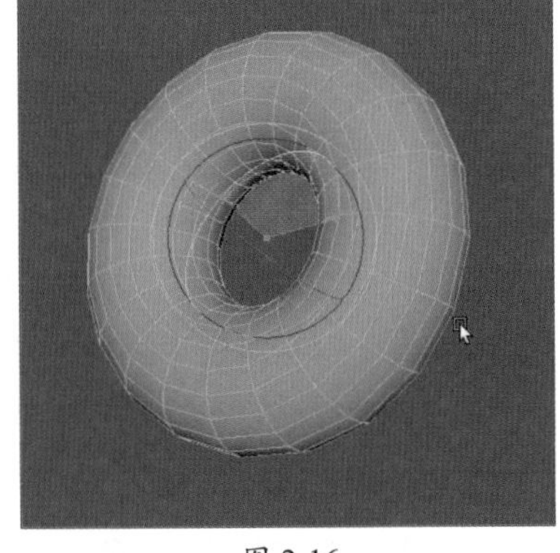

图 2-16

若将光标放在中间空白处进行拖曳，则可在任意方向上进行旋转。

3. 缩放工具

缩放工具可对对象进行自由缩放操作，同样具有三个轴向的缩放操纵器，如图2-17所示。将光标放置在某一轴向的方块上拖曳，可进行单轴的缩放操作，如图2-18所示。

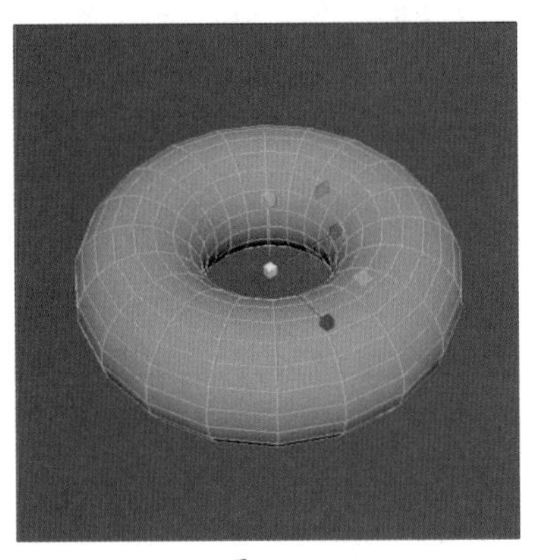

图 2-17

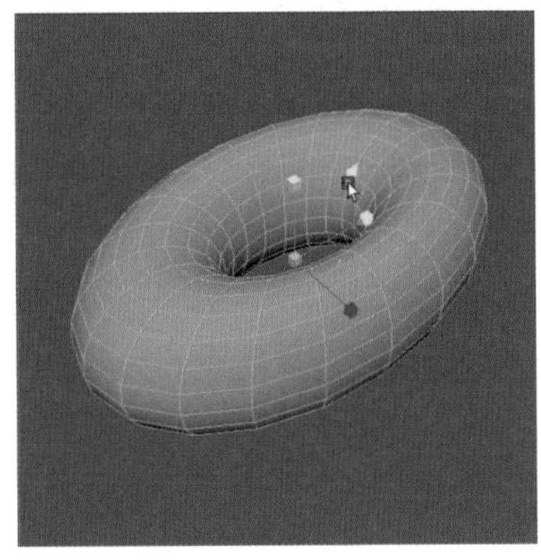

图 2-18

若想整体缩放对象，可用光标拖曳操纵器中心的黄色方块，如图2-19所示。

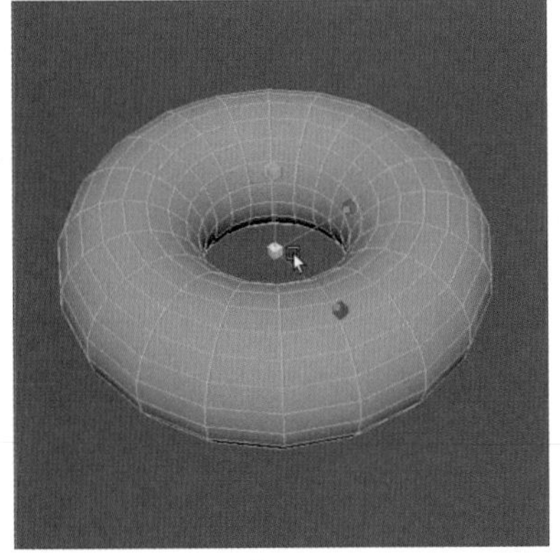

图 2-19

4. 使用精确值变换对象

使用变换工具可以轻松、快速地变换对象，但这种变换较为随意。有时用户需要对物体进行精确变换操作，此时需要使用通道盒或状态栏中的输入框。

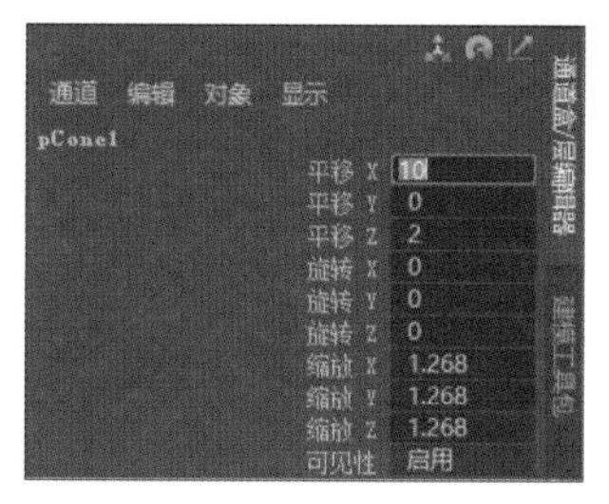

图 2-20

- **使用通道盒：**在对应的X、Y、Z通道字段的平移、旋转和缩放属性数值框输入指定数值，即可精确变换对象，如图2-20所示。
- **使用输入框：**在使用移动工具、旋转工具、缩放工具选择对象的基础上，单击状态栏中的字段输入框，在相应的字段中输入X、Y、Z的数值，即可在绝对变换的基础上精确变换对象的空间位置，如图2-21所示。此外，按住输入框前的图标按钮，可以在“绝对变换”和“相对变换”两种模式之间切换，如图2-22所示。

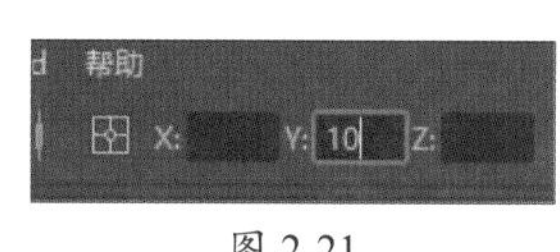

图 2-21

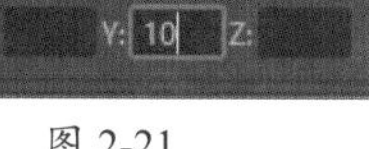

图 2-22

2.2.3 复制操作

在进行对象操作的过程中，往往需要对对象进行复制操作，以便更加快速、有效地编辑和管理场景。

1. 原位复制

在Maya中，最常用的复制方式便是原位复制，此时可执行“编辑”|“复制”命令，或按Ctrl+D组合键，如图2-23所示。

图 2-23

原位复制出来的物体和原物体是重叠在一起的，需要使用移动工具将新复制的对象移出，如图2-24所示。

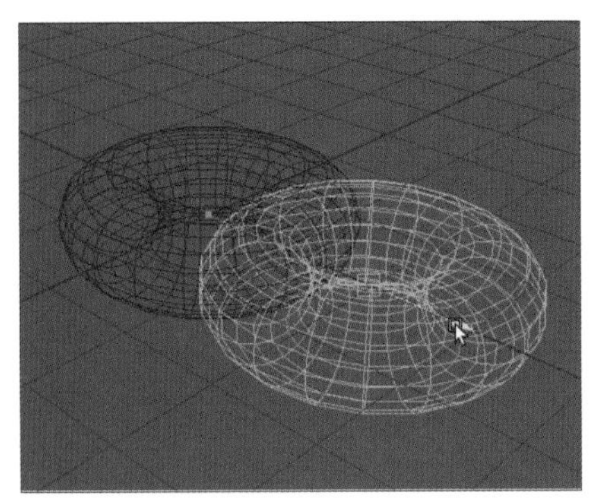

图 2-24

学习笔记

2. 特殊复制

特殊复制也被称为“关联复制”。利用特殊复制，可复制原始物体的副本对象，也可复制原始物体的实例对象，如图2-25所示。单击“特殊复制”命令右侧的设置按钮▣，即可弹出“特殊复制选项”对话框，用户可在其中选择复制的类型及复制物体发生变化的属性等参数，如图2-26所示。

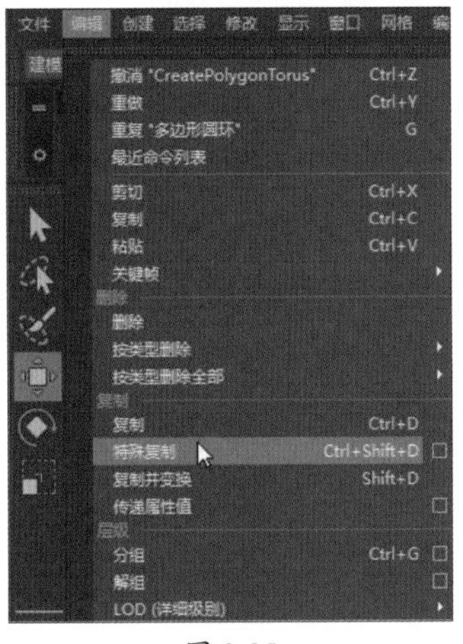

图 2-25

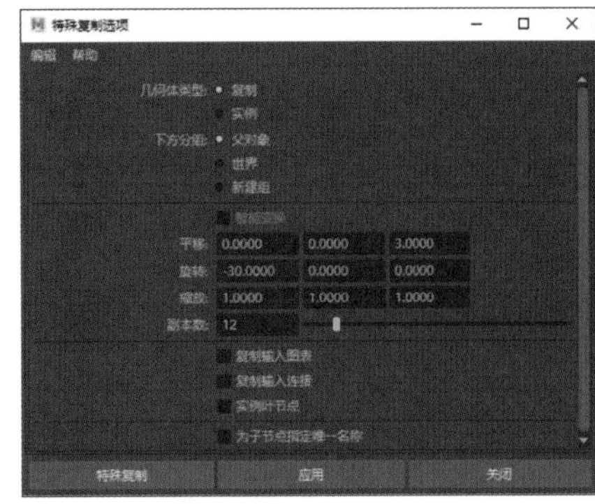

图 2-26

单击“应用”按钮，即可在视图中预览复制效果，如图2-27所示。

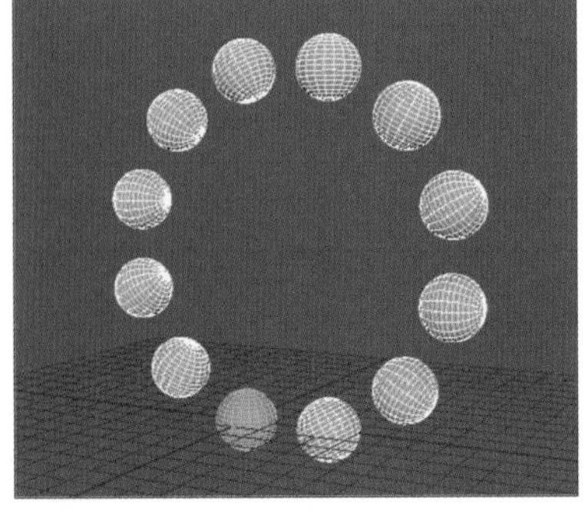

图 2-27

副本对象是复制的独立物体，而实例对象则是会和原始物体产生关联的物体。当修改原始物体时，复制的实例对象也会发生相同的改变。

3. 复制并变换

“复制并变换”命令是一个智能复制功能，该命令不仅可复制对象，还可将对象的变化属性（如移动、旋转、缩放等）一起进行复制。对对象进行变换操作后，按Shift+D组合键即可复制并变换对象，多次按Shift+D组合键可以按照变化属性继续复制对象，如图2-28所示。

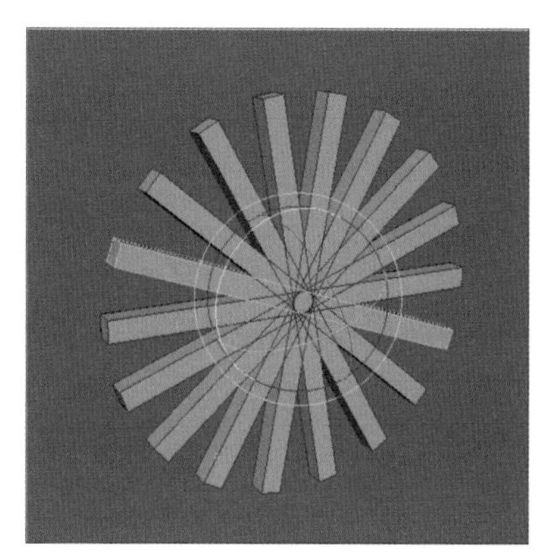

图 2-28

2.2.4 组合操作

在Maya中创建的对象都具有独立性，如果需要同时编辑多个物体，则需要将其组合在一起。将两个或多个对象组合成组后，所有的组成员都被严格链接在一个不可见的虚拟对象上，用户既可对组的整体进行统一编辑，又可切换到组中的独立个体进行修改。

1. 编组

选中需要进行编组的所有对象，执行“编辑”|“分组”命令，或按Ctrl+G组合键，即可将所选对象创建编组，如图2-29、图2-30所示。

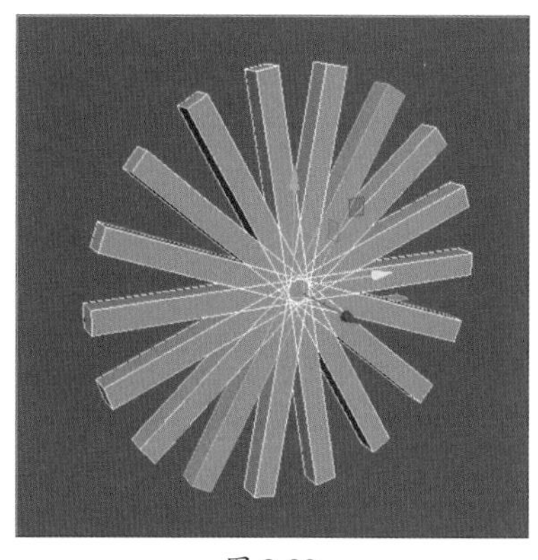

图 2-29

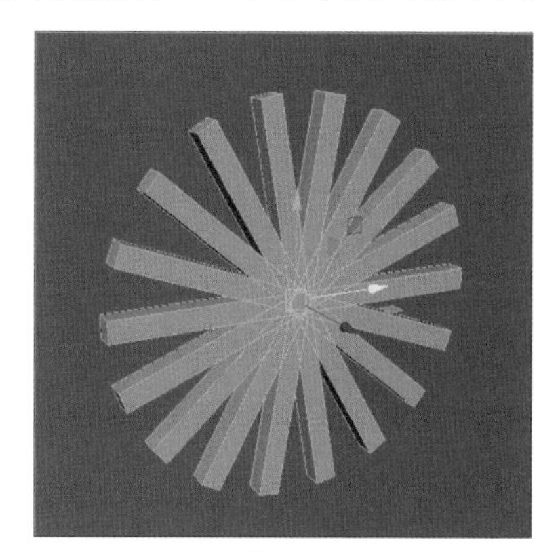

图 2-30

2. 取消编组

若要取消编组，则选中编组，执行“编辑”|“解组”命令即可。

3. 组的选择和切换

当对场景对象进行过编组操作后，若取消了当前组的选择状态，想要再次选中组时，则需要进行一些特别的选择方式，如执行“窗口”|“大纲视图”命令，在大纲视图中选择编好的组；或单独选中某一组内成员对象，然后按方向键↑切换至组的选择上，如图2-31、图2-32所示。

学习笔记

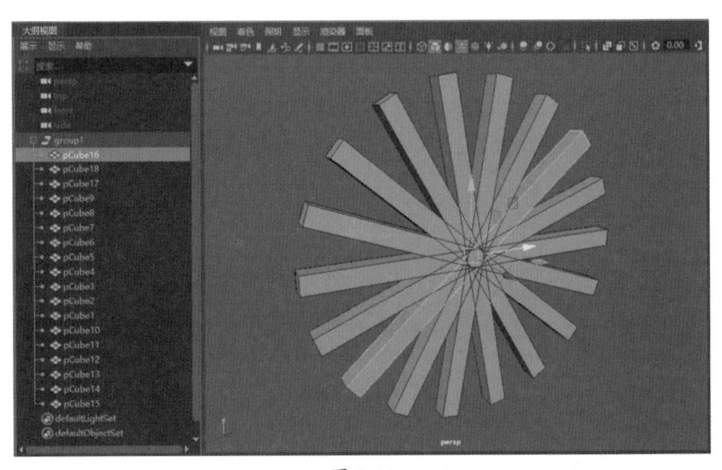

图 2-31

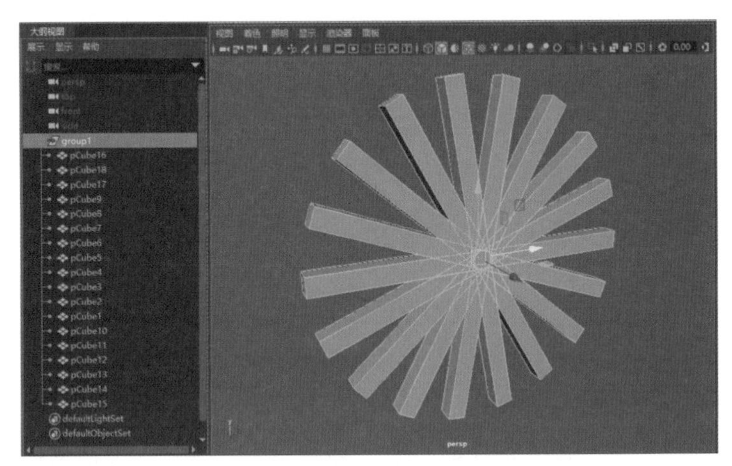

图 2-32

2.2.5 捕捉与对齐

用户在移动对象或者创建新对象时，使用捕捉或对齐功能可以方便、高效地完成相应操作。捕捉和对齐功能可以在相对彼此或相对激活曲面的基础上精确地控制对象的位置。

1. 捕捉设置

使用移动工具和各种创建工具编辑场景时，可以使用捕捉功能捕捉对象到场景中的现有对象上。Maya的状态栏提供了六种捕捉对象开关，如图2-33所示。在使用过程中，可选择单击按钮激活捕捉开关或使用相对应的快捷键。

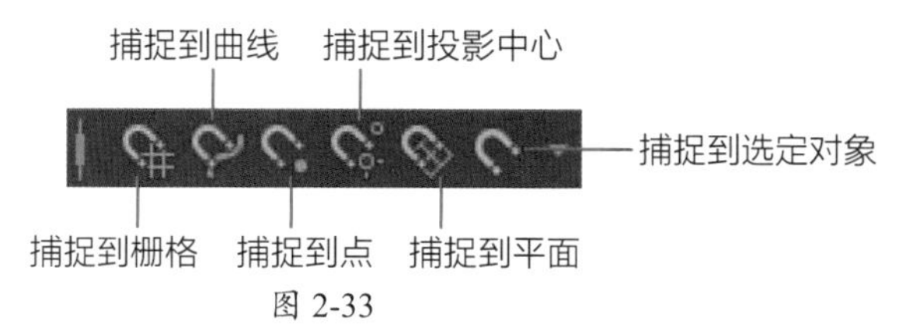

图 2-33

- **捕捉到栅格：** 单击该按钮，或按住X键，可以捕捉顶点（CV或多边形顶点）或枢轴点到栅格角。
- **捕捉到曲线：** 单击该按钮，或按住C键，可以捕捉顶点或枢轴点到曲线或曲面上的曲线。
- **捕捉到点：** 单击该按钮，或按住V键，可以捕捉顶点或枢轴点到点（包括面中心）。
- **捕捉到投影中心：** 单击该按钮，可以将对象（关节、定位器）捕捉到选定网格或NURBS曲面的中心。
- **捕捉到平面：** 单击该按钮，可以捕捉顶点或枢轴点到视图平面上。
- **捕捉到选定对象：** 将选定的曲面转化为激活的曲面。

2. 对齐操作

用户既可以使用“编辑枢轴”模式对齐对象，也可以使用交互式操纵器对齐对象，或者通过设置对齐选项来对齐对象。

- **使用“编辑枢轴”模式：** 按D键进入对象的“编辑枢轴”模式，然后激活捕捉模式，执行相应的操作，可快速实现对象与对象的对齐。
- **使用对齐工具：** 执行“修改”|“对齐工具”命令，按住Shift键选择要对齐的全部对象，然后在边界框上的对齐图标中选择合适的对齐方式，如图2-34所示。

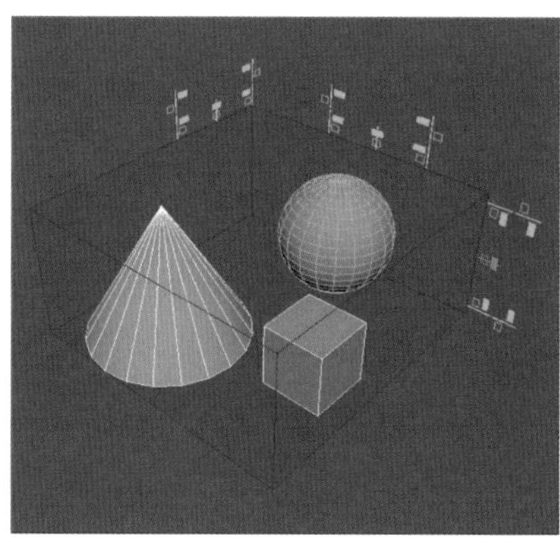

图 2-34

- **使用捕捉对齐：** 执行“修改”|“捕捉对齐对象”命令，在子菜单中可选择合适的选项进行对齐操作，如图2-35所示。

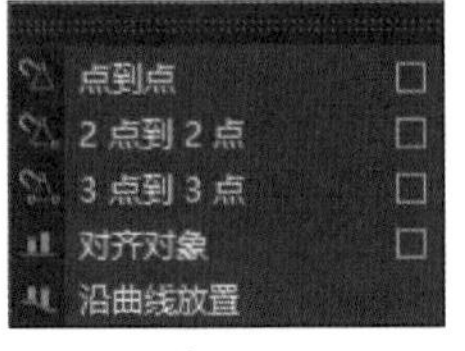

图 2-35

2.2.6 删除操作

当对象创建得不理想或不想让其出现在创建的场景中时，就可将其删除。“编辑”菜单中提供了三种删除方式，如图2-36所示。下面分别介绍。

学习笔记

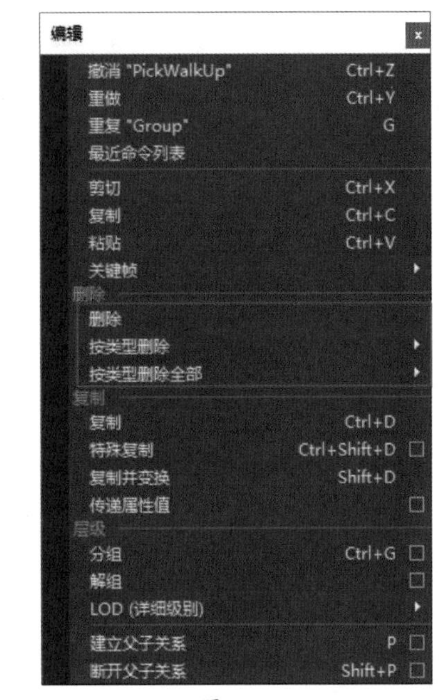

图 2-36

1. 删除

当物体处于对象模式时，可执行“编辑”|“删除”命令，来删除场景内的物体，或直接使用Delete键快速删除。

2. 按类型删除

执行“编辑”|“按类型删除”命令，可删除选定对象的某一类型参数。

3. 按类型删除全部

执行“编辑”|“按类型删除全部”命令，可删除场景内某一特定类型物体。

2.2.7 显示与隐藏操作

隐藏功能非常重要。在编辑对象时，有的物体会被其他物体遮挡住，这时就可以使用隐藏功能将部分物体暂时隐藏，待处理好场景后再将其显示出来。

执行“显示”|“隐藏”命令，在其子菜单中提供了各种隐藏方式，用户可以根据需要选择隐藏选定对象、隐藏未选定对象、隐藏指定类型对象等，如图2-37所示。执行“显示”|“显示”命令，在其子菜单中提供了多种显示方式，如图2-38所示。

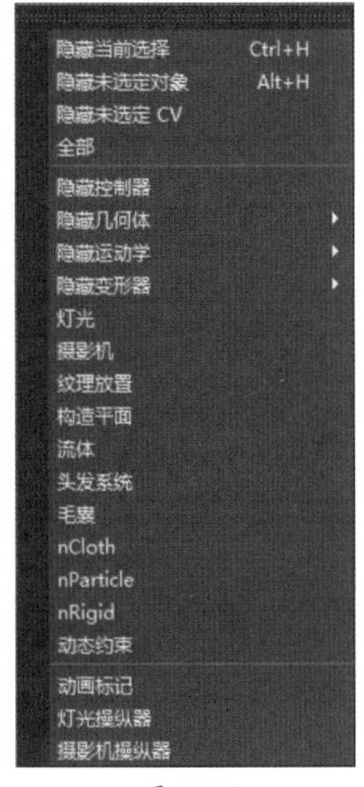

图 2-37

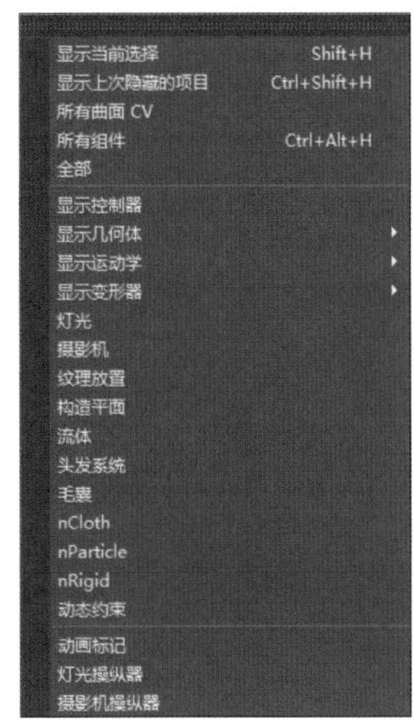

图 2-38

2.2.8 撤销与重复操作

用户进行一系列操作后，Maya会自动记录操作过程。用户可利用“撤销”命令对错误操作进行撤回，也可以恢复操作；当出现重复操作时，也可以利用“重复”命令以便更加快速地完成工作，如图2-39所示。

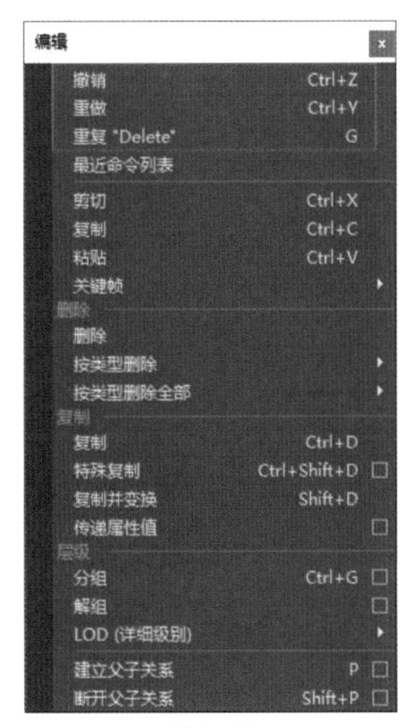

图 2-39

1. 撤销

在软件操作过程中，难免会遇到一些操作失误的情况，这时候可执行“编辑”|“撤销”命令，或使用快捷键Z。

2. 重复

当需要重复对不同的对象做相同命令时，可执行“编辑”|“重复”命令，或使用快捷键G，来快速完成工具的使用。

课堂练习 制作简易凉亭

本案例将利用对象的基本操作制作一个简单的凉亭模型，步骤如下。

步骤 01 在“多边形建模”选项卡中单击“多边形圆柱体”按钮，创建一个圆柱体作为凉亭底座，并在通道盒中调整半径、高度等参数，如图2-40、图2-41所示。

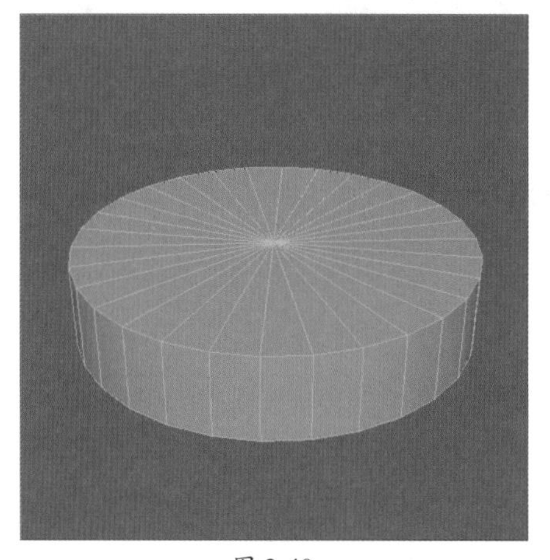

图 2-40

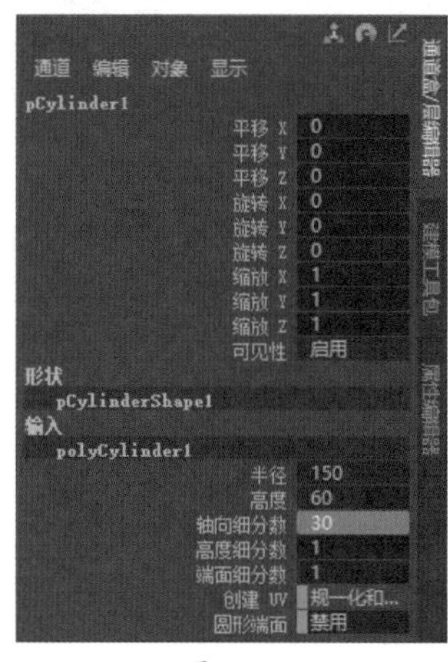

图 2-41

步骤 02 继续创建多边形圆柱体作为立柱，调整半径、高度等参数，并在视图中调整位置，如图2-42、图2-43所示。

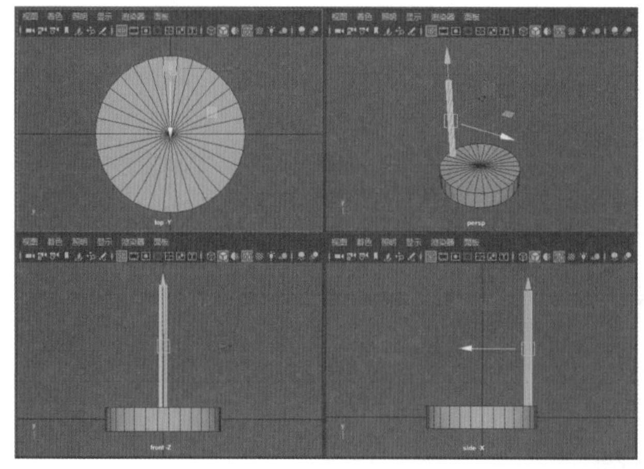

图 2-42

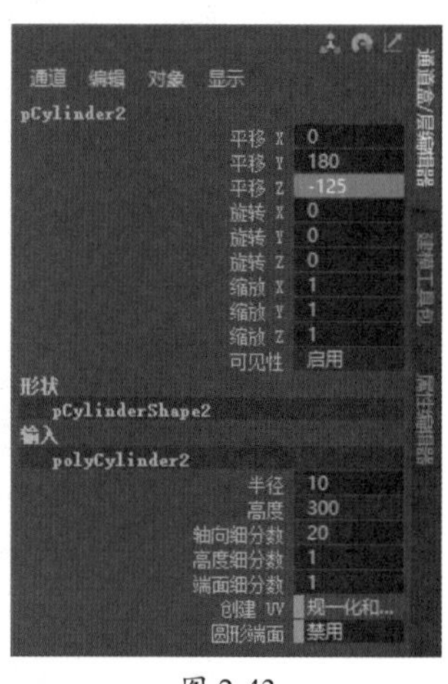

图 2-43

步骤 03 按住Shift键移动复制对象，并调整对象位置，如图2-44所示。

步骤 04 按住Shift键加选圆柱体对象，执行“编辑”|“分组”命令，将两个圆柱体创建成组，如图2-45所示。

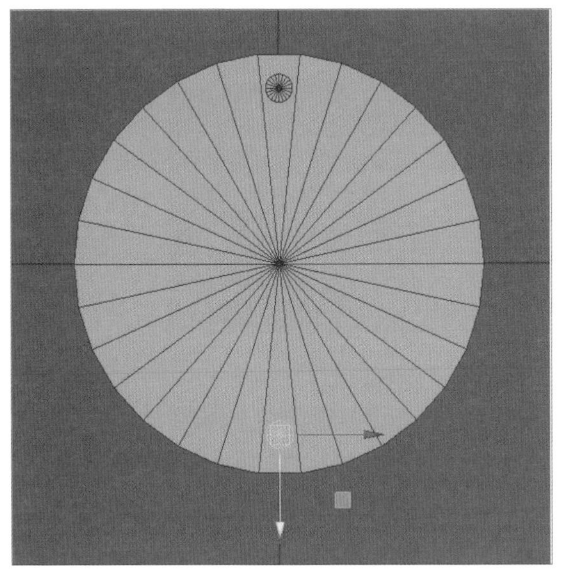

图 2-44

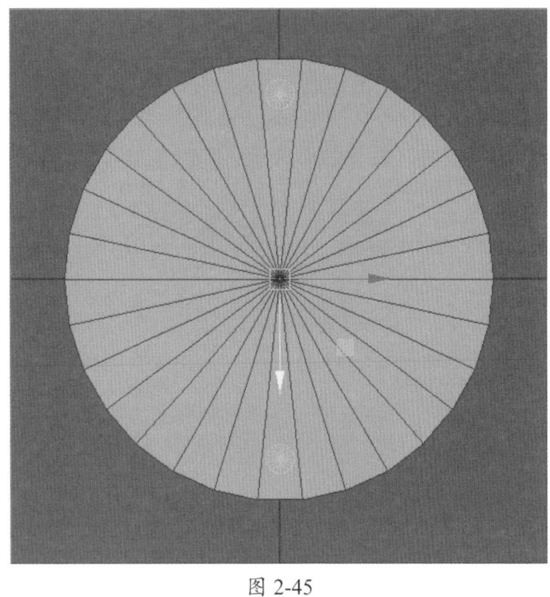

图 2-45

步骤 05 激活旋转工具，按住Shift键旋转复制对象，然后在通道盒中调整Y轴的旋转参数为45°，效果如图2-46所示。

步骤 06 按Shift+D组合键，继续进行复制和变换操作，如图2-47所示。

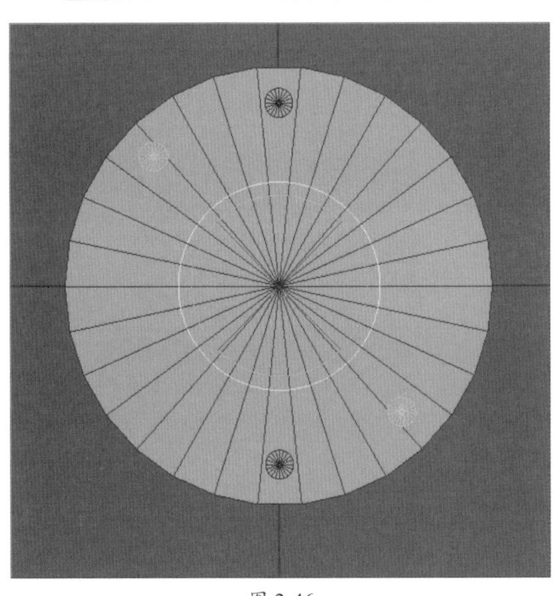

图 2-46

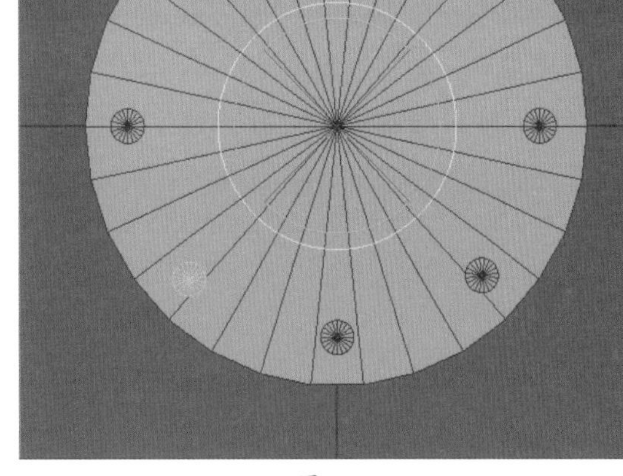

图 2-47

步骤 07 创建一个多边形圆锥体，在通道盒中设置半径及高度参数，并在左视图中调整对象位置，如图2-48、图2-49所示。

步骤 08 创建一个多边形长方体，在通道盒中调整对象参数，如图2-50、图2-51所示。

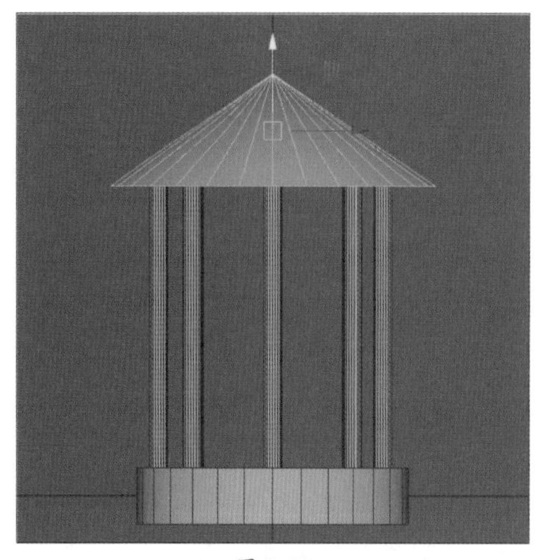
图 2-48

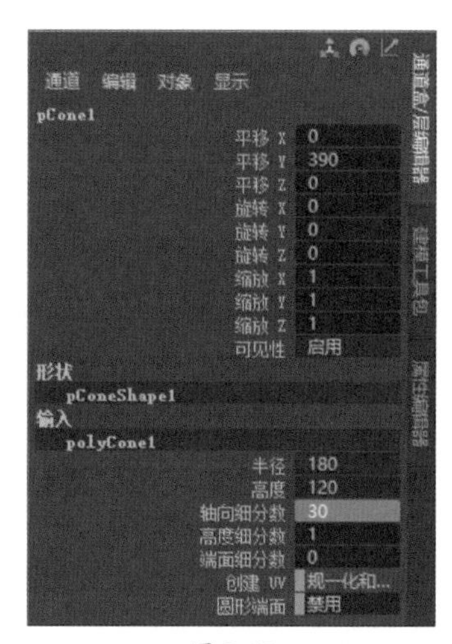

图 2-49

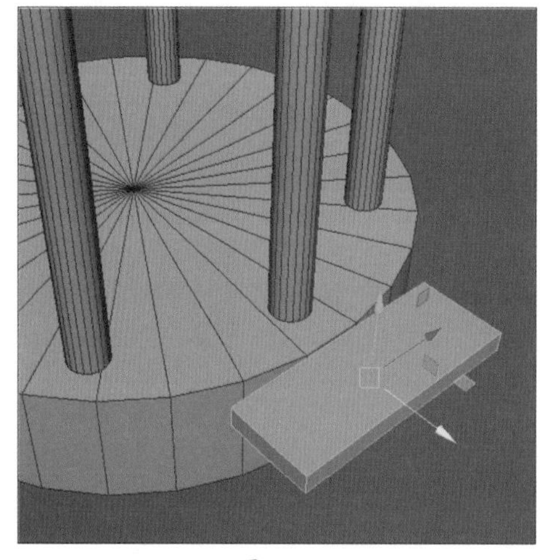
图 2-50

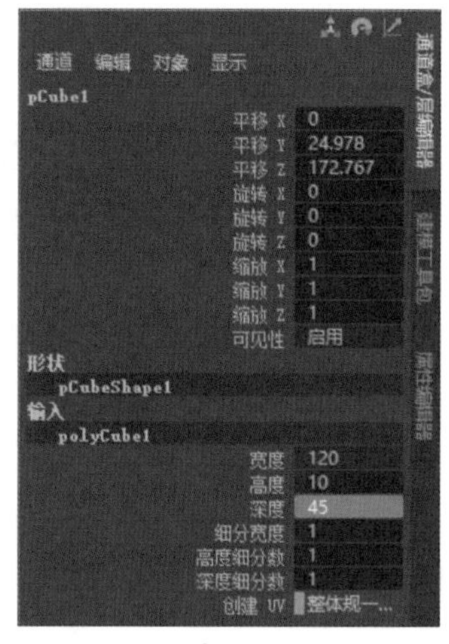

图 2-51

步骤 09 切换到左视图，按住Shift键移动复制对象，制作出阶梯造型，如图2-52所示。

步骤 10 全选阶梯模型，执行“编辑”|“分组”命令将其创建成组。将对象旋转22.5°，并调整对象位置，即可完成凉亭模型的制作，如图2-53所示。

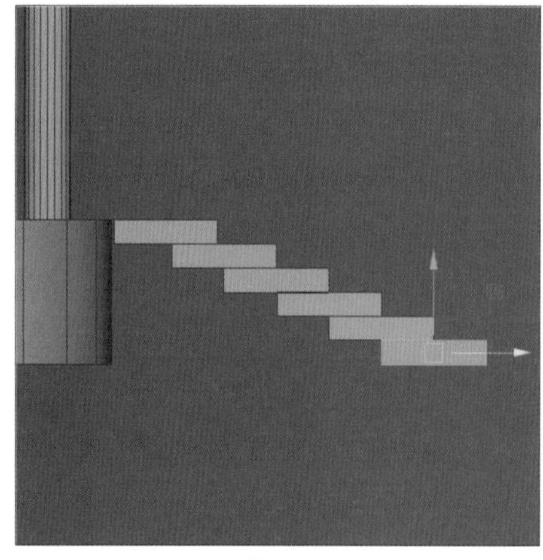
图 2-52

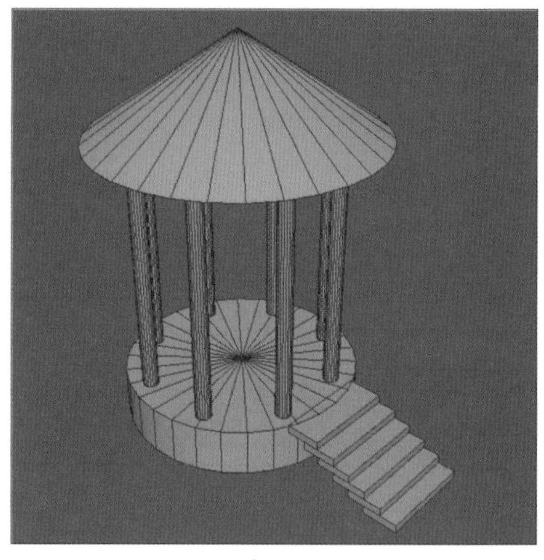
图 2-53

2.3 对象的修改操作

在创作过程中，除了编辑对象外，有时还需对对象的属性进行修改，此时就需要利用到“修改”菜单中的相关命令。

2.3.1 冻结变换和中心枢纽

下面对冻结变换与中心枢纽进行简单介绍。

1. 冻结变换

所谓冻结变换，其实就是对所选对象的变换属性进行归零的一种操作。选中对象，执行“修改”|“冻结变换”命令，即可将所选对象的变换属性归零，如图2-54所示。单击“冻结变换”命令后的按钮■，即会打开“冻结变换选项”对话框，在该对话框中可选择冻结对象和法线设置参数，如图2-55所示。

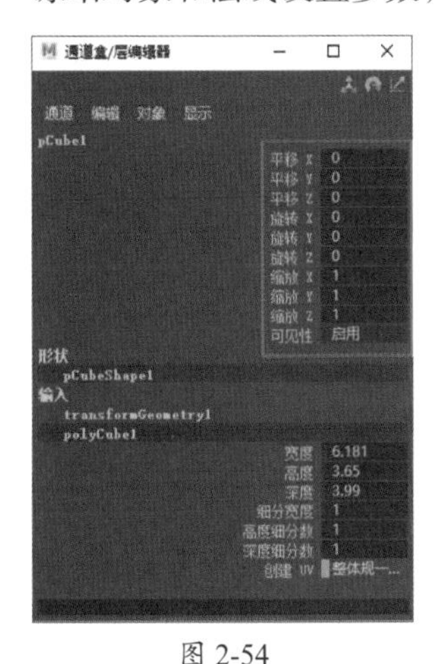

图 2-54

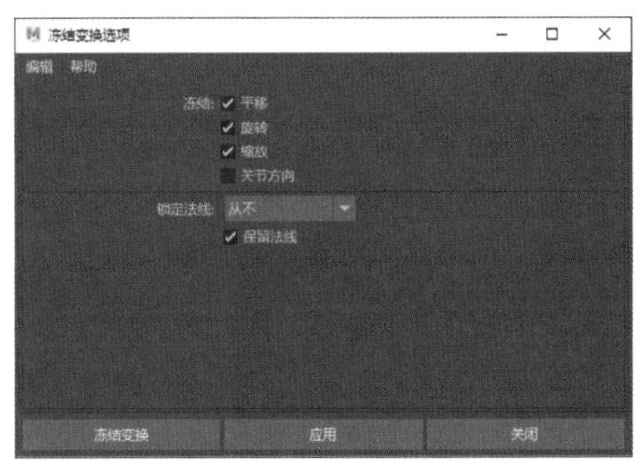

图 2-55

学习笔记

2. 中心枢纽

在编辑对象过程中，对象的中心枢纽有时并不处于对象的正中心，此时对其操作会有一定的难度。选择对象，执行“修改”|“中心枢纽”命令，即可使枢纽居中显示，如图2-56、图2-57所示。

图 2-56

图 2-57

2.3.2 改变对象枢轴位置

在某些情况下，需将对象的中心点脱离物体的中心，移动到某个特定的位置。此时可选中对象，按住D键，操纵器外形将变成圆形造型，并切换到移动工具，接下来便可移动对象的中心点。修改完成后释放快捷键即可退出中心点编辑状态，如图2-58、图2-59所示。

图 2-58

图 2-59

课堂练习 制作吧台凳

本案例将利用多边形模型对象的基本操作制作一个吧台凳模型，步骤如下。

步骤 01 创建一个多边形立方体，在通道盒中调整立方体的宽度、高度及深度，如图2-60、图2-61所示。

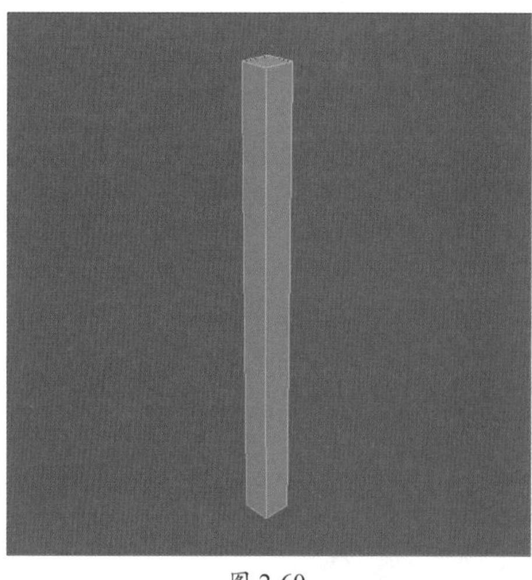

图 2-60

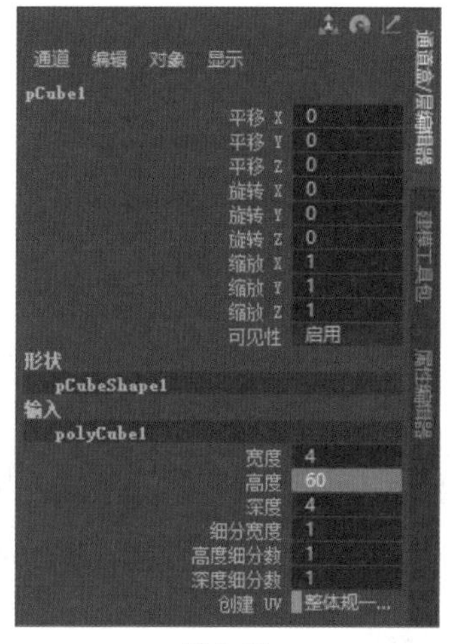

图 2-61

步骤 02 切换到左视图，进入顶点编辑模式，激活移动工具选择顶部顶点并向一侧移动，如图2-62所示。

步骤 03 切换到前视图，选择顶部顶点并向一侧移动，如图2-63所示。

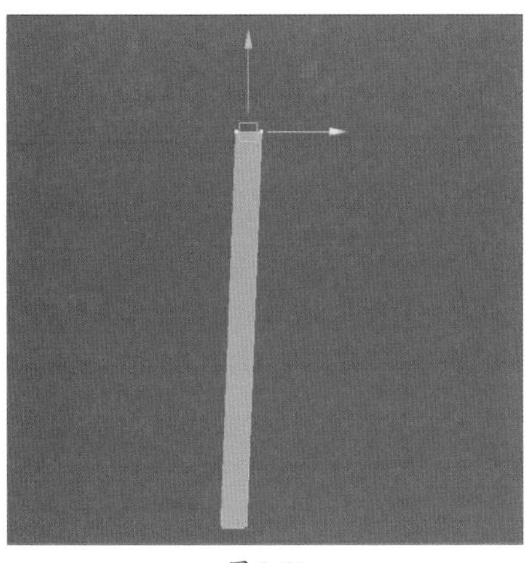

图 2-62

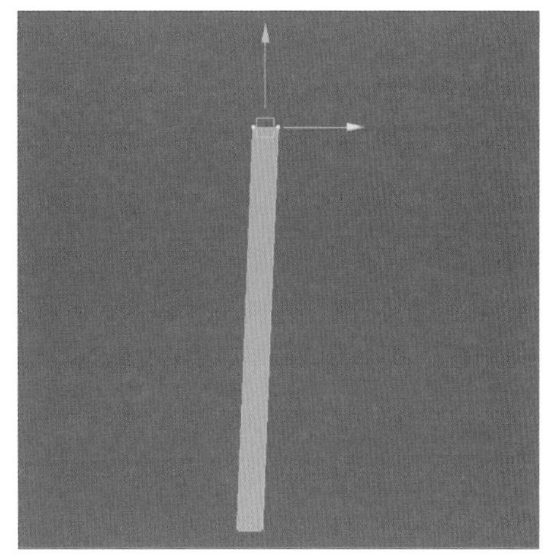

图 2-63

步骤 04 返回对象模式，按住Shift键移动复制对象，并在通道盒中调整X轴的移动距离和缩放值，如图2-64、图2-65所示。

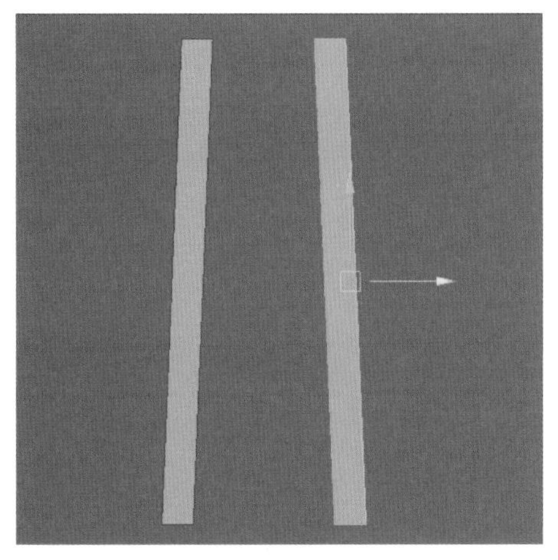

图 2-64

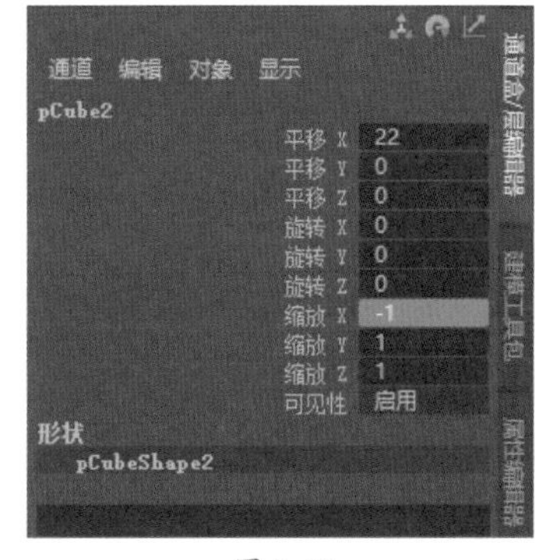

图 2-65

步骤 05 切换到左视图，选择两个多边形对象，再次按住Shift键进行移动复制。在通道盒中调整Z轴的移动距离和缩放值，如图2-66、图2-67所示。

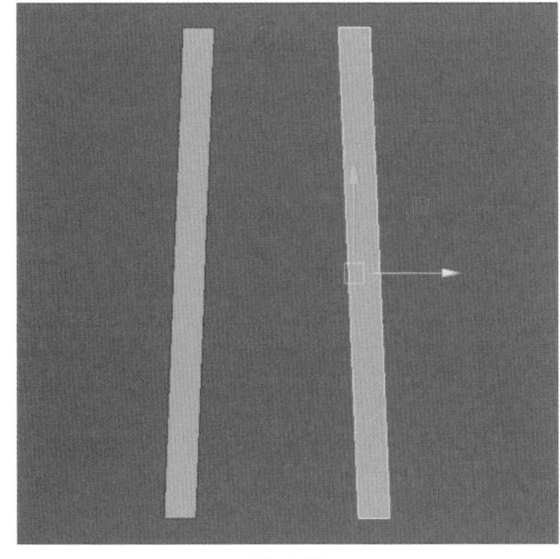

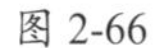

图 2-66

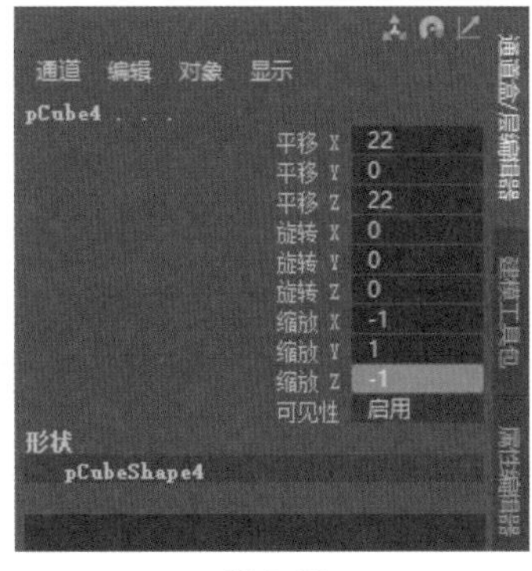

图 2-67

步骤 06 创建一个多边形圆柱体作为横撑，在通道盒中调整其半径及高度尺寸，然后调整位置，如图2-68、图2-69所示。

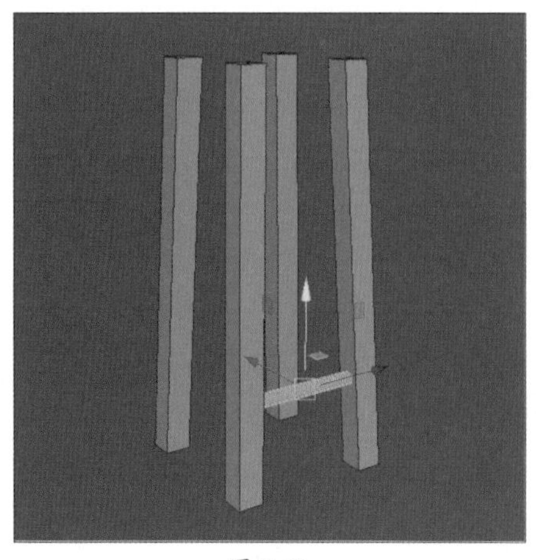

图 2-68

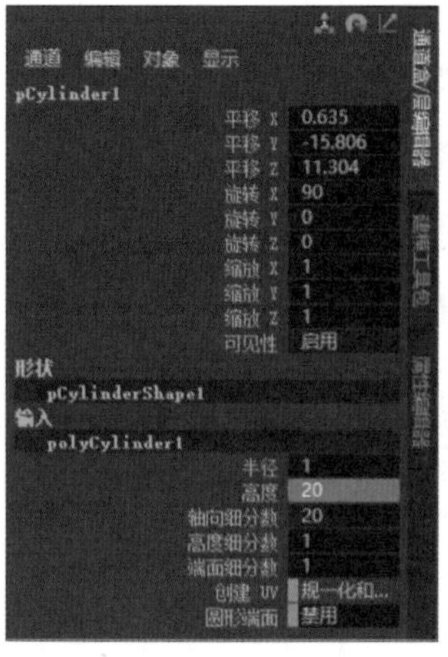

图 2-69

步骤 07 复制圆柱体对象，如图2-70所示。

步骤 08 继续复制圆柱体，旋转90°，并适当向上调整位置，如图2-71所示。

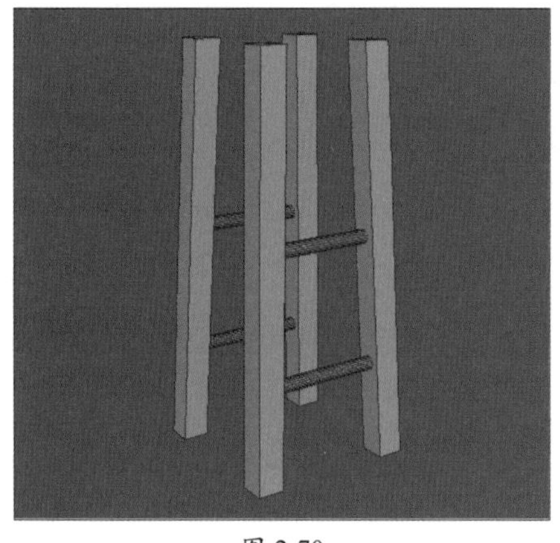

图 2-70

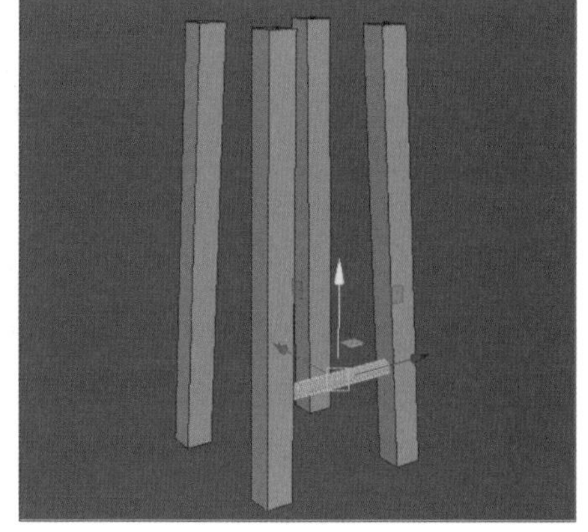

图 2-71

步骤 09 选择所有横撑，执行“编辑”|“分组”命令，将对象创建成组。激活旋转工具，选择对象，再执行“修改”|“中心枢纽”命令，调整枢纽位置，如图2-72、图2-73所示。

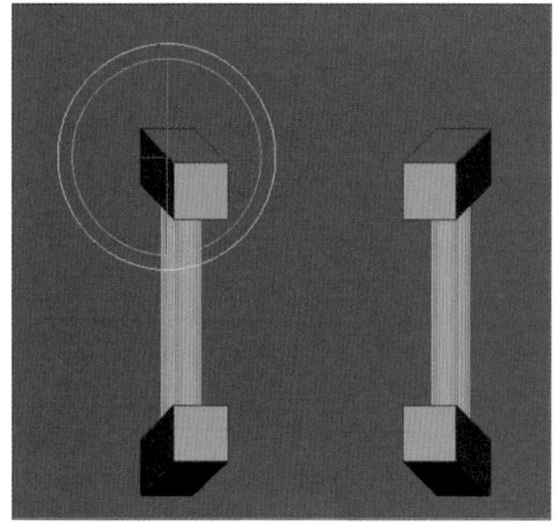

图 2-72

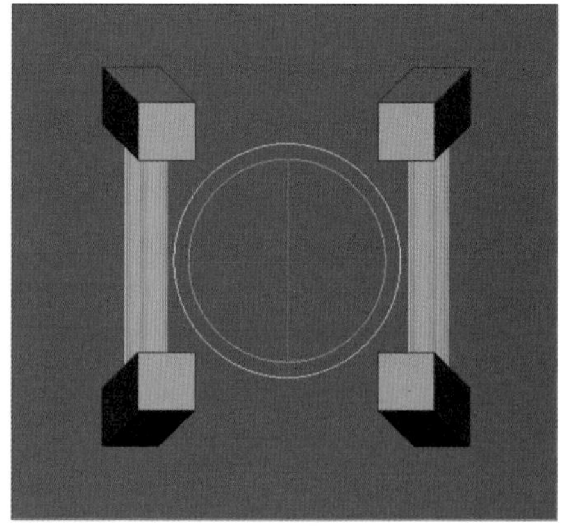

图 2-73

步骤 10 按住Shift键旋转复制对象，并在通道盒中设置Y轴旋转值为90°，如图2-74所示。

步骤 11 切换到透视图，使用移动工具将对象沿Y轴向上适当移动，如图2-75所示。

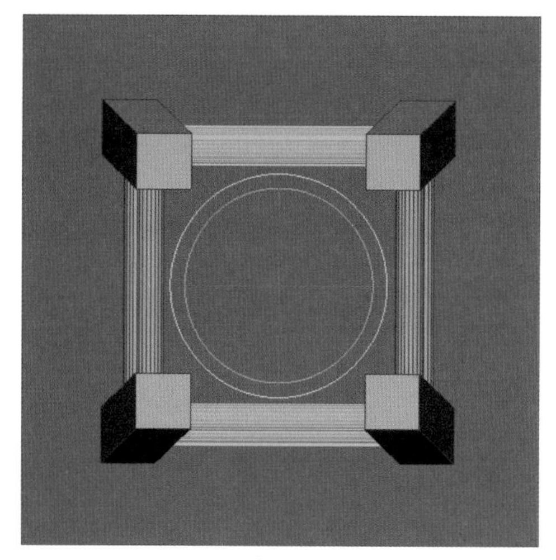

图 2-74

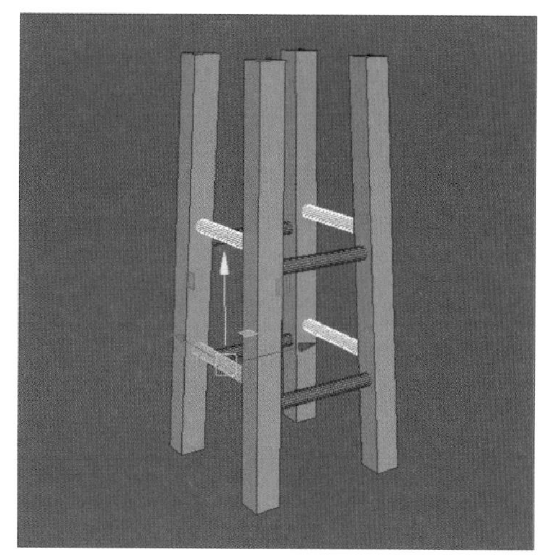

图 2-75

步骤 12 创建多边形长方体，设置对象的宽度、高度、深度后，进行复制和旋转操作，如图2-76所示。

步骤 13 创建一个圆柱体作为座板，在通道盒中设置参数，如图2-77所示。调整位置后，完成吧台凳模型的制作，如图2-78所示。

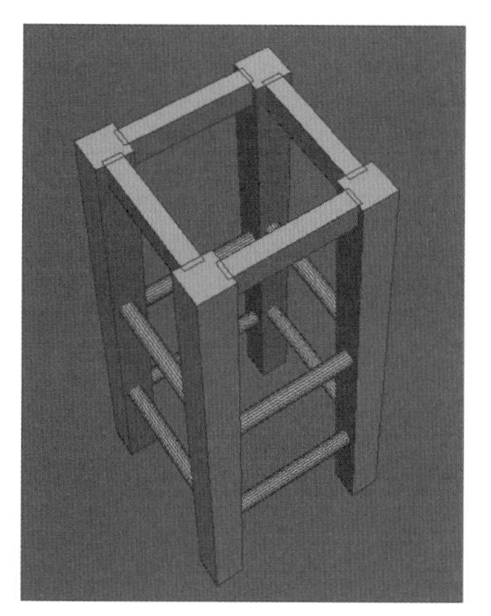

图 2-76

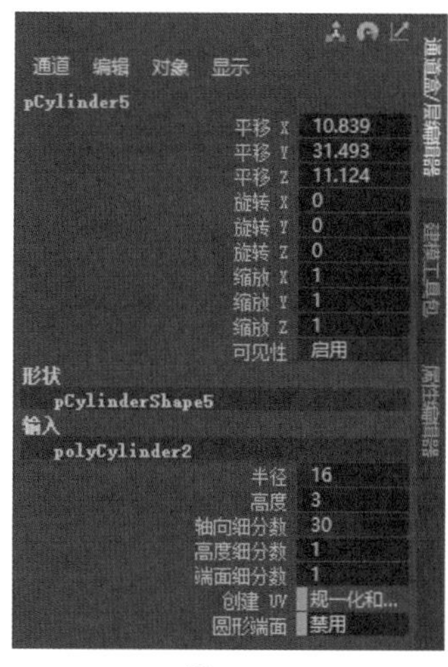

图 2-77

图 2-78

学习心得

强化训练

1. 项目名称

制作休闲椅。

2. 项目分析

制作造型简单的休闲椅，主要包括模型对象的移动、旋转、复制等操作，通过编组的变换操作则可以更好地节省时间。

3. 项目效果

项目效果如图2-79所示。

图 2-79

4. 操作提示

①利用多边形立方体创建出休闲椅的椅面、椅背、扶手及椅子腿等对象。

②通过对顶点的编辑调整对象的造型。

③对对象进行编组并复制，通过调整缩放值为-1得到镜像效果。

第3章 多边形建模技术

内容导读

本章将对Maya多边形建模技术的知识进行详细介绍，该建模方法容易理解且易操作，非常适合初学者学习，并且可以为以后制作更多高级别难度的模型打下良好的基础。

通过本章的学习，用户将会了解多边形建模菜单中的基础命令，学会如何对多边形模型的网格进行合理划分，掌握通过操作以及编辑相关的构成元素来调整模型的形状。

学习目标

- 了解多边形建模基础知识
- 掌握多边形编辑命令
- 掌握多边形组件编辑命令

3.1 多边形建模

多边形建模是一种非常直观的建模方式，它的方法比较容易理解，也非常适合初学者学习，在建模的过程中用户也有更多的想象空间和修改余地。

多边形是由顶点和连接它们的直线定义的直边形状（三边或更多边），其内部区域称为面。顶点、边和面是构成多边形的基本元素，用户可以通过选择和修改这些基本元素来调整多边形，如图3-1所示。

知识拓展

多边形对象与NURBS对象有着本质的区别。NURBS对象是参数化的曲面，有严格的UV走向，除了剪切边外，NURBS对象只可能出现四边面；多边形对象是三维空间中一系列离散的点构成的拓扑结构，编辑起来相对自由。

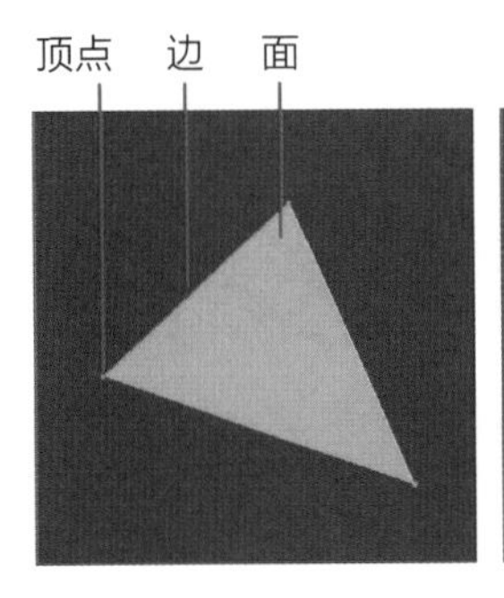

图 3-1

多边形模型则是由许多单独的多边形组成，这些多边形组合形成一个多边形网格，而多边形网格通常共享各个面之间的公用顶点和边，我们称之为共享顶点和共享边。

3.1.1 多边形建模方法

目前，多边形建模方法已经相当成熟，大多数三维软件都有多边形建模系统。由于调节多边形相对比较自由，所以很适合创建生物和建筑类模型。

初学者多采用基本体向上建模法创建模型，该方法是以多边形基本体作为模型的起始点，除了可以直接利用基本体进行模型的组建，还可以对其进行加工细化、修改基本体相关属性，从而制作出更为复杂多样的模型。

操作技巧

使用菜单命令创建基本体时，用户还可以预先指定基本体属性，然后再创建基本体。以球体为例，执行“创建”|“多边形基本体”命令，在子菜单中单击“球体”命令右侧的选项框，会打开相应的“多边形球体选项”对话框，可更改非交互式创建属性，如图3-2所示。

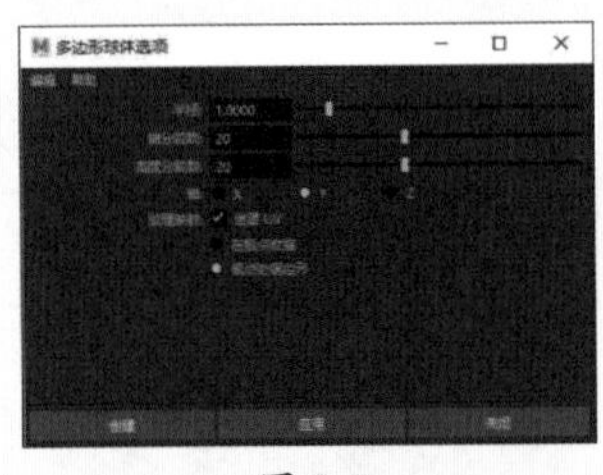

图 3-2

1. 创建多边形基本体

多边形基本体是Maya系统提供的三维几何形状，主要包括球体、立方体、圆柱体、圆锥体、圆环、平面等17种。执行“创建”|“多边形基本体”命令，在子菜单中可以看到所有多边形命令，如图3-3所示。

2. 使用工具架创建

除了菜单外，还可以使用工具架中的命令按钮创建多边形基本体。选择工具架中的“多边形建模”选项卡，在其中单击需要的命令按钮即可。

3. 交互式创建

在创建对象时，可选择交互式或非交互式创建方式。交互式创建是可通过鼠标与键盘的控制来调整基本体的创建结果，而非交互式创建则是使用鼠标单击命令后直接在场景内生成一个默认设置的基本体；用户可通过菜单中的“交互式创建”选项来进行创建模式的切换，如图3-4所示。

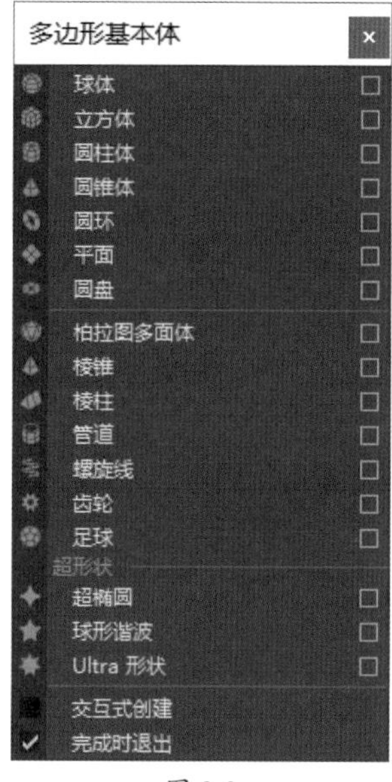

图 3-3

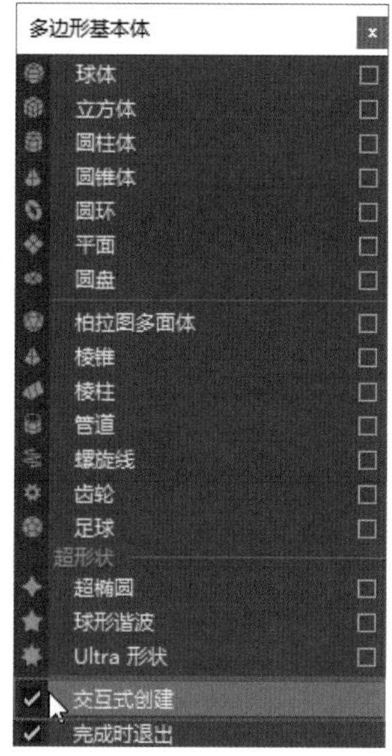

图 3-4

在交互式创建基本体的过程中，按住Shift键、Ctrl键、Ctrl+Shift组合键可以实现以下效果。

- **Ctrl键：** 以光标为中心扩大平面基本体和立方体基本体，而不影响所有其他基本体。在交互式调整基本属性时，按住Ctrl键可立即降低鼠标移动速度。
- **Shift键：** 将所有基本体约束到三维等边比例，并以光标或光标所在水平面为基础点或基础平面扩大模型。按后续交互式步骤调整基本属性时，按住Shift键可立即提高鼠标移动速度。
- **Ctrl+Shift键：** 将所有基本体约束到三维等边比例，并以光标为中心扩大模型。

此外，在交互式创建过程中随时按住Enter键，可立即完成基本体的创建，并跳过剩余的属性设置。

4. 使用热盒菜单创建

除了上述创建方法，还可以在视图中按住空格键，打开热盒菜单，执行“创建”|“多边形基本体”命令，在子菜单中可以看到所有创建多边形的命令，如图3-5所示。

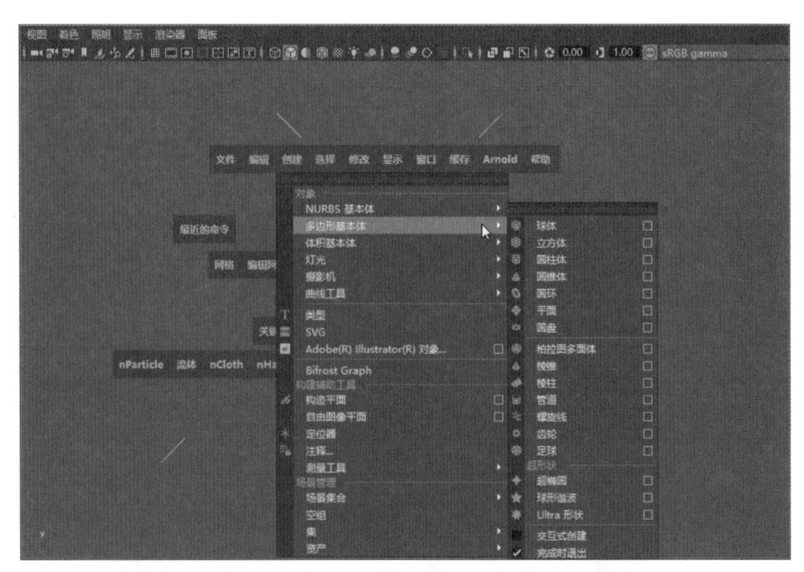

图 3-5

3.1.2 通道盒参数

基本体创建完成后，打开通道盒，可观察到基本体的对应信息。这里可将信息分为两类。

（1）变换参数。

在物体的变换参数中，主要有平移、旋转、缩放三种类型，它们和对象的变换操作一一对应。在使用操纵器变换对象的同时，可观察通道盒中参数的变化，也可直接在变换参数中输入数值来实现精准修改，如图3-6、图3-7所示。

知识拓展

Maya默认的单位是cm，并且Maya的动力学和灯光衰减都是基于默认单位cm。当使用Maya与Rhino、3ds Max等三维软件进行交互时，一定要注意统一单位。

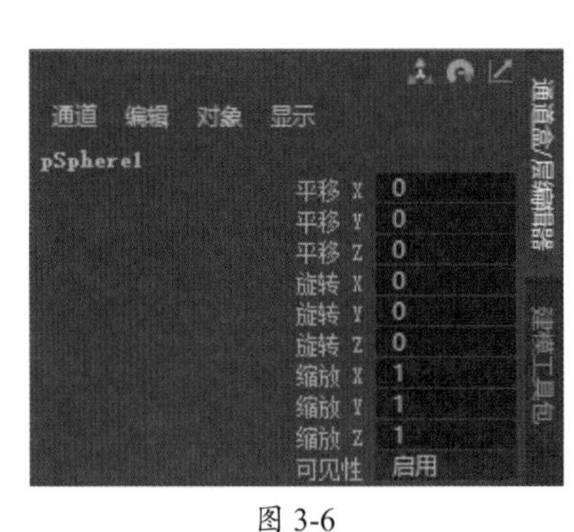

图 3-6

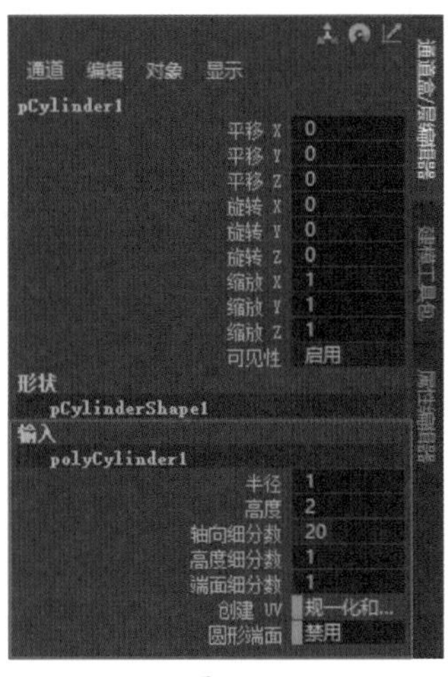

图 3-7

（2）属性参数。

在“输入”属性中可直接观察到对象的构成参数，例如基本体的半径、高度及三个轴向上的细分数，这里的数值都可直接输入以修改模型的结构。

3.1.3 多边形的构成元素

多边形对象的构成元素有顶点、边和面，另外还包括多边形的法线和UV坐标。

1. 顶点

在多边形物体上，边与边的交点就是这两条边的顶点，也就是多边形的基本构成元素点，如图3-8所示。

2. 边

边也就是多边形基本构成元素中的线，它是顶点之间的边线，也是多边形对象上的棱边，如图3-9所示。

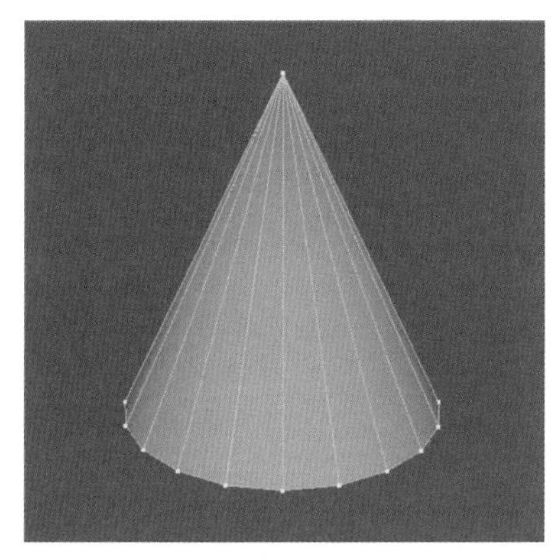

图 3-8

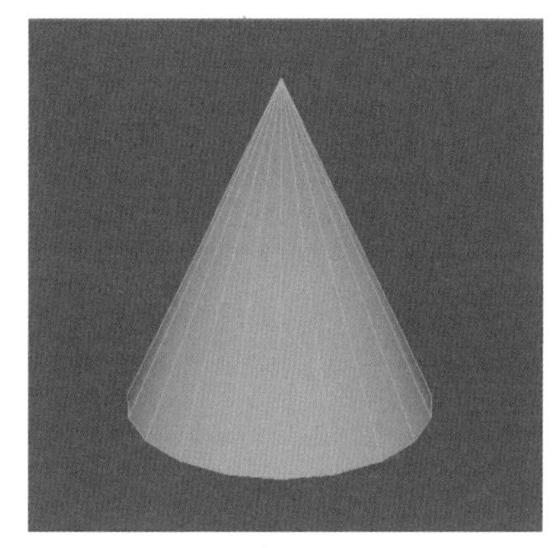

图 3-9

3. 面

在多边形对象上，三个或三个以上的点用直线连接起来形成的闭合的图像称为面。面的种类比较多，包括从三边围成的三角面到由*N*条边围成的*N*边面。Maya中通常使用三边形或四边形，大于四边的面相对使用较少，如图3-10所示。

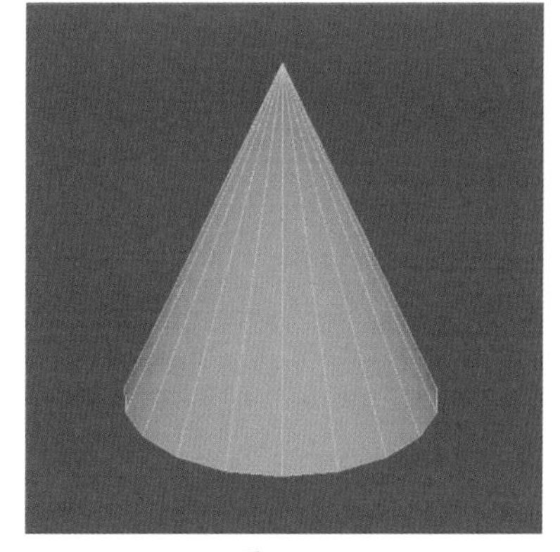

图 3-10

4. 法线

法线是一条虚拟的直线，它与多边形表面垂直，用来确定表面的方向。Maya中的法线可以分为“面法线”和“顶点法线”两种。

- **面法线：** 面法线用来定义多边形面的正面，与多边形面垂直，如果面法线的方向不对，那么在渲染的时候可能出现错误的效果。执行“显示”|“多边形”|“面法线”命令，即可显示面法线，如图3-11所示。

- **顶点法线：** 顶点法线是从多边形顶点发射出来的一组线，用来决定两个多边形面的视觉光滑程度。执行“显示”|“多边形”|“顶点法线”命令，即可显示顶点法线，如图3-12所示。

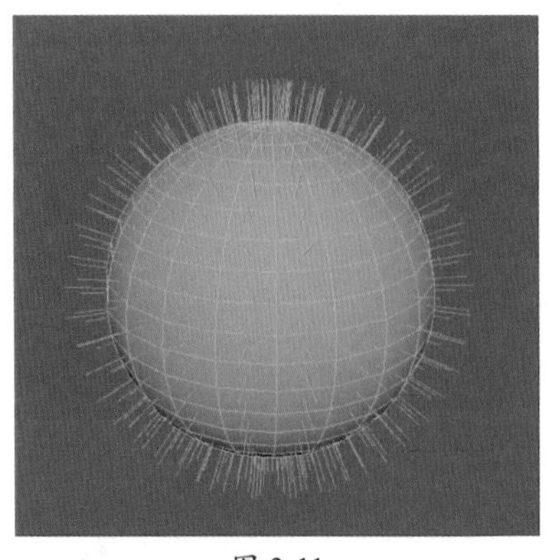

图 3-11

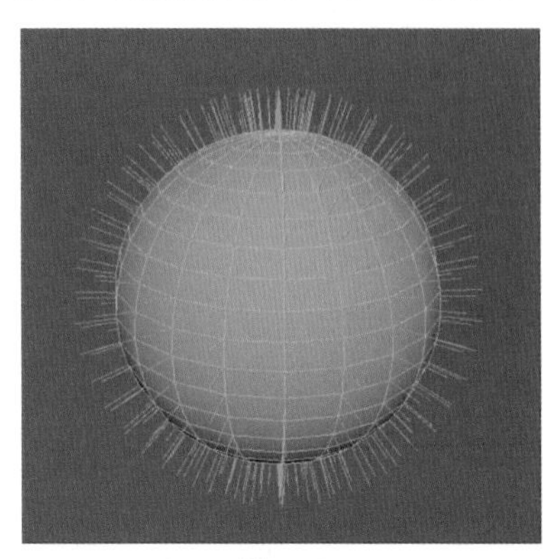

图 3-12

5. UV坐标

为了把二维纹理图案映射到三维的模型表面上，需要建立三维模型空间的形状描述体系和二维纹理的描述体系，然后在两者之间建立关联关系。描述三维模型的空间形状用三维直角坐标，而描述二维纹理平面则用另一套坐标系统，即UV坐标。

多边形的UV对应着每个顶点，呈褐色点显示。如果需要编辑UV坐标，则需要在UV编辑器中进行操作，如图3-13所示（详细的操作方法会在后面的章节中进行介绍）。

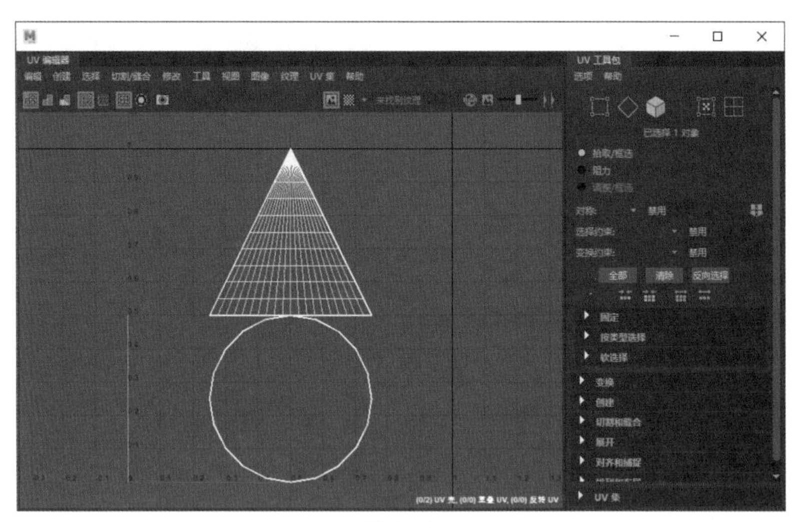

图 3-13

3.1.4 多边形右键菜单

使用多边形右键快捷菜单可快速创建和编辑多边形对象。在没有选择任何对象时，按住Shift键右击，在弹出的快捷菜单中是一些多边形基本体的创建命令，如图3-14所示。

在选择了多边形对象后，右击，在弹出的快捷菜单中显示的是一些多边形的次物体级别命令，如图3-15所示。

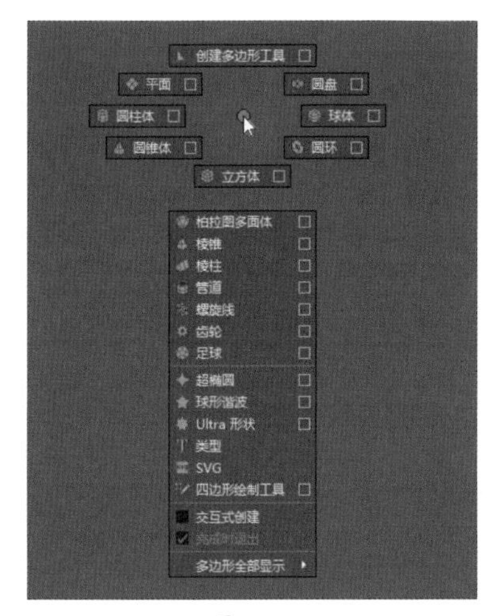

图 3-14

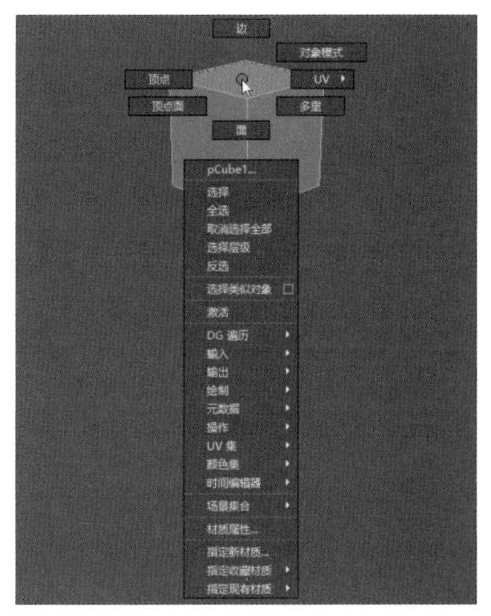

图 3-15

当进入次物体级别时，比如面级别，按住Shift键的同时右击，在弹出的快捷菜单中可以看到一些编辑面的工具与命令，如图3-16所示。

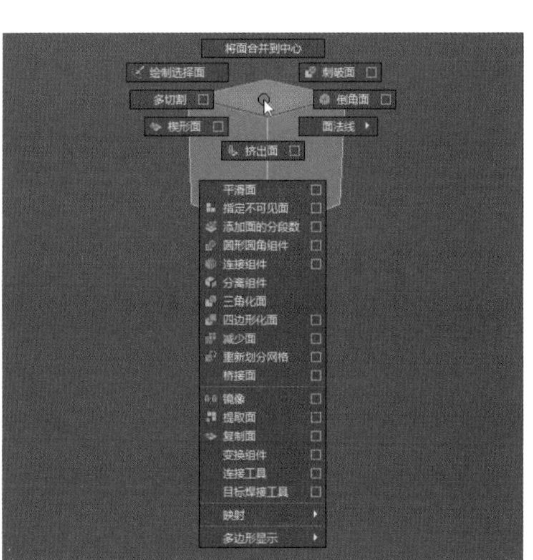

图 3-16

3.1.5 多边形循环或环形选择

通过多边形元素循环选择技巧，可以快速选择多边形网格上的多个元素，而不需要单独进行每一个元素的选择。

（1）顶点循环。

顶点循环是通过共享边按顺序连接顶点路径。例如，选择球体上的一个顶点，按住Shift键的同时，双击要选择的顶点循环方向上相邻边的下一个顶点，即可选择顶点相同纬度线或经度线上的所有顶点，如图3-17所示。

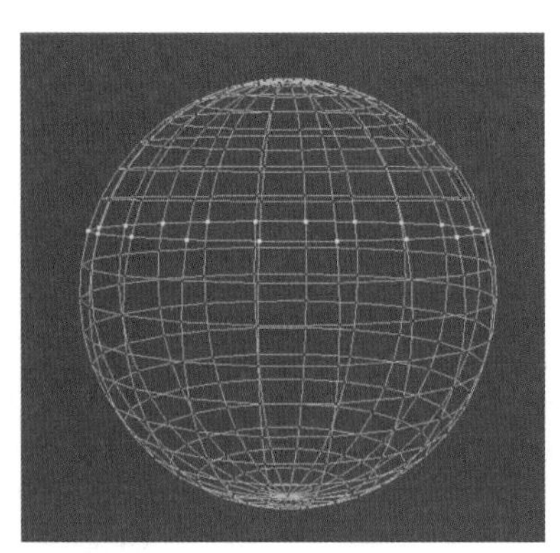

图 3-17

（2）循环边或环形边。

循环边是由共享顶点按顺序连接多边形边的路径。若要选择球体上的循环边，首先需要选择球体上的一条边，然后按住Shift键的同时双击处于相同经度线或纬度线上的相邻边，即可循环选择沿球体经度线或纬度线的所有边，如图3-18所示。

环形边是由多边形边的共享面按顺序连接的多边形边的路径。若要选择球体上的环形边，首先需要选择球体上的一条边，然后按住Shift键的同时双击与选定边同一环形路径的另一条边，即可完成环形边选择，如图3-19所示。

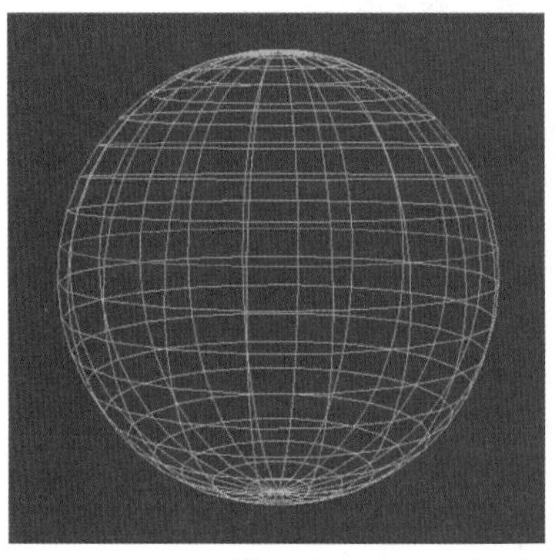

图 3-18

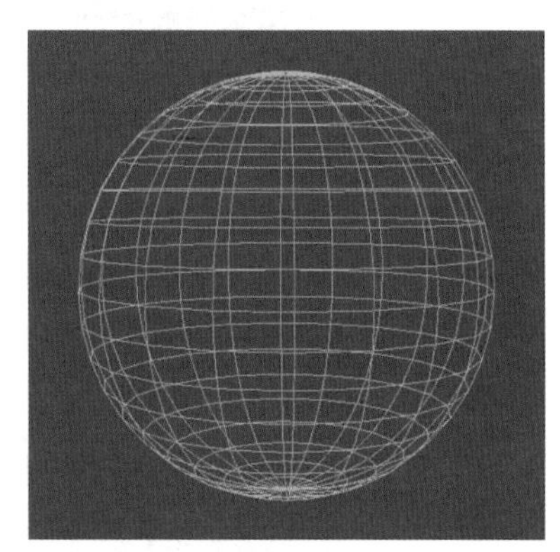

图 3-19

（3）面循环。

面循环是多边形面按照其共享边顺序连接的路径。若要选择球体上的循环面，首先需要选择其上的一个面，然后按住Shift键的同时双击与选定面同一方向的相邻面，即可循环选择与所选面同一条纬度线或经度线的所有面，如图3-20所示。

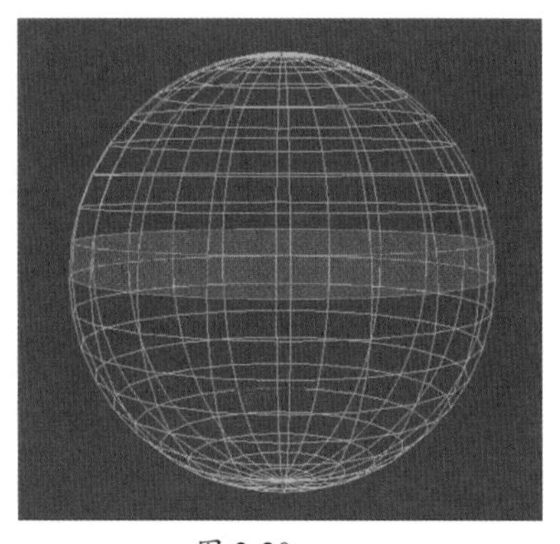

图 3-20

3.2 编辑多边形

多边形模型的建模不仅是简单地对点、线、面元素进行变换操作，而且要在制作中对模型不断地进行结构的删减、添加、修改，因此我们需要学习和掌握多边形网格菜单中相关的工具来帮助我们完成工作。

3.2.1 编辑法线

在创建完物体后，如果未显示法线，可执行“显示”|“多边形”|“面法线”或“顶点法线”命令来显示法线，如图3-21、图3-22所示。

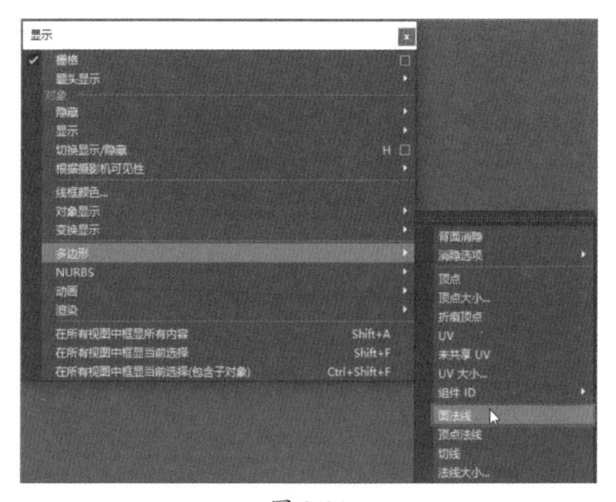

图 3-21

图 3-22

下面对“网格显示”菜单进行介绍。

1. 一致

“一致”命令用来统一多边形法线的方向，此命令可快速将同一物体的法线进行统一。选择面，执行“网格显示”|“一致”命令，即可快速将物体的所有法线统一，实际操作效果如图3-23、图3-24所示。

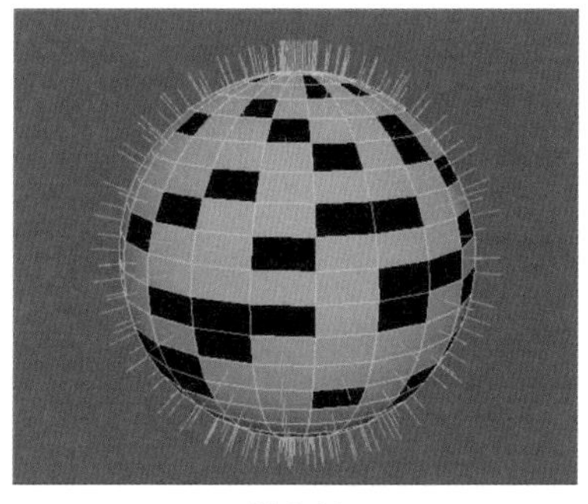

图 3-23

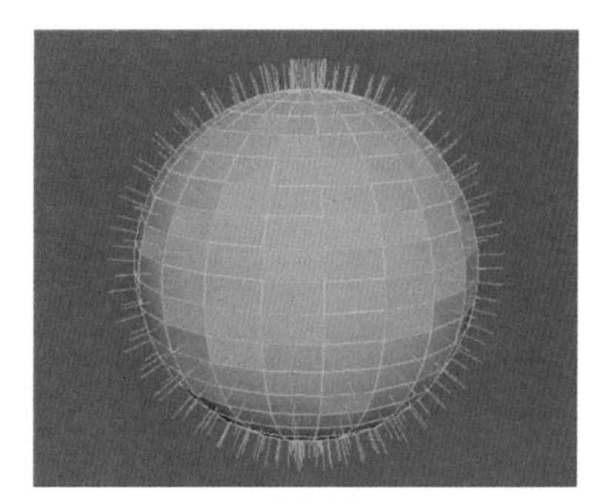

图 3-24

2. 反向

如果法线的方向不对，则可执行“网格显示”|“反向”命令来纠正法线方向，如图3-25、图3-26所示。

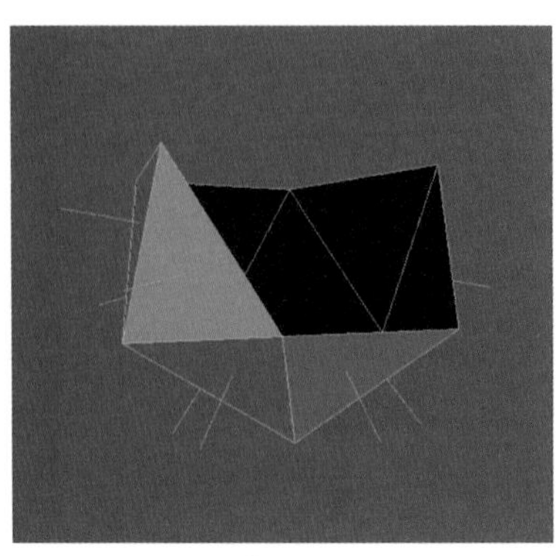

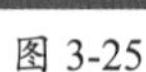

图 3-25

图 3-26

3. 软化边和硬化边

“软化边”和“硬化边”命令是通过改变点的法线方向，软化或硬化多边形的边界，从而影响渲染结果。“软化边”应用效果如图3-27、图3-28所示。“硬化边”的应用效果与之相反。

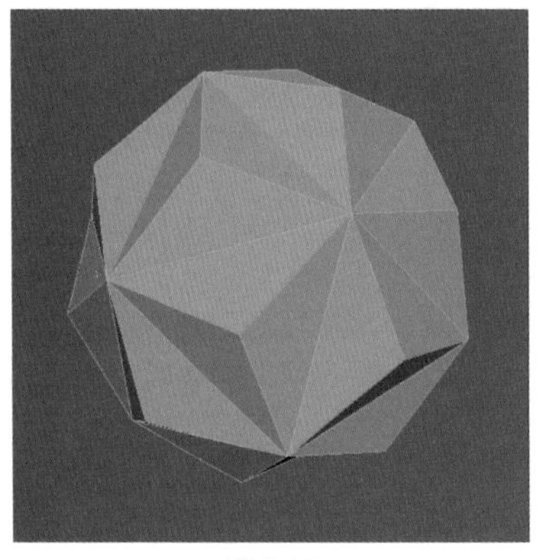

图 3-27

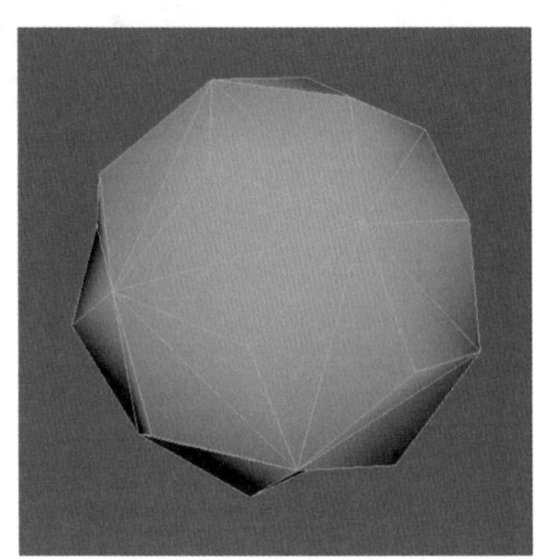

图 3-28

3.2.2 布尔运算

布尔运算是一种比较实用和直观的建模方法，是一个对象作用于另一个对象的建模方式。“布尔”命令包括并集、差集、交集三种布尔运算方式。通过这些运算，用户可以很便捷地对多个对象执行相加、减去或相交操作，从而将其组合成其他建模技术很难创建的新形状。下面介绍多边形布尔运算的具体操作。

创建一个球体和一个圆锥体，调整它们的大小及位置，如图3-29所示。

（1）并集运算。

对选中的圆锥体和球体使用并集命令，球体和圆锥体结合成为一个物体，如图3-30所示。

（2）差集运算。

对选中的球体和圆锥体使用差集命令，球体被圆锥体减去了一部分，如图3-31所示。

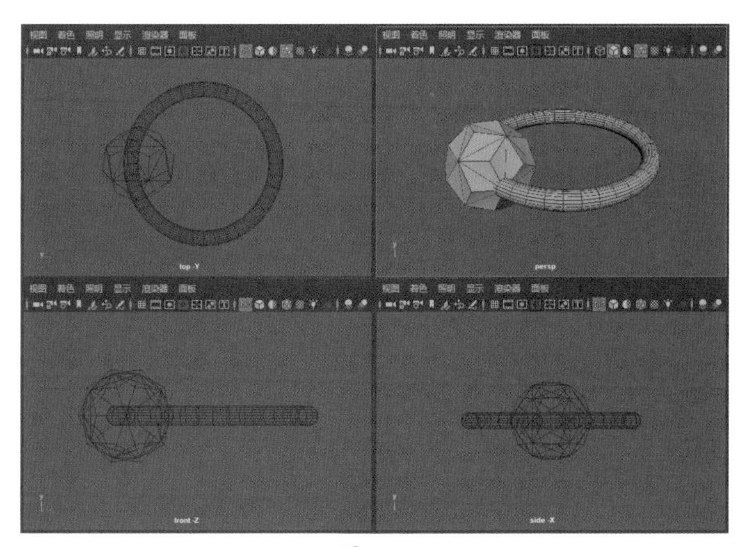

图 3-29

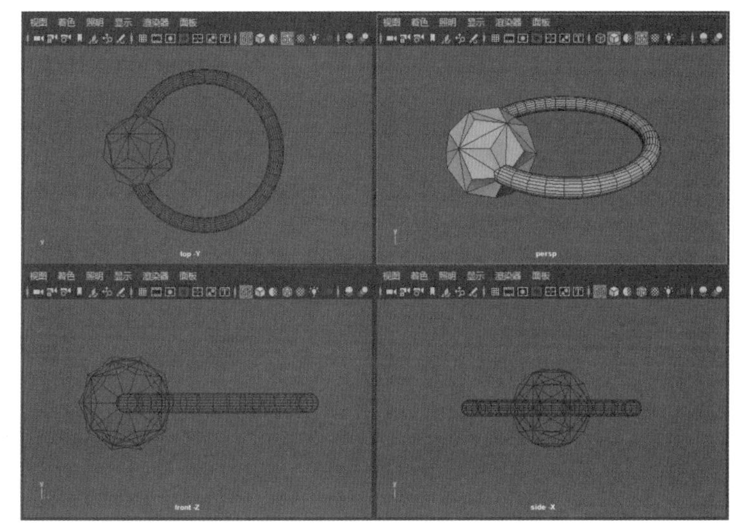

图 3-30

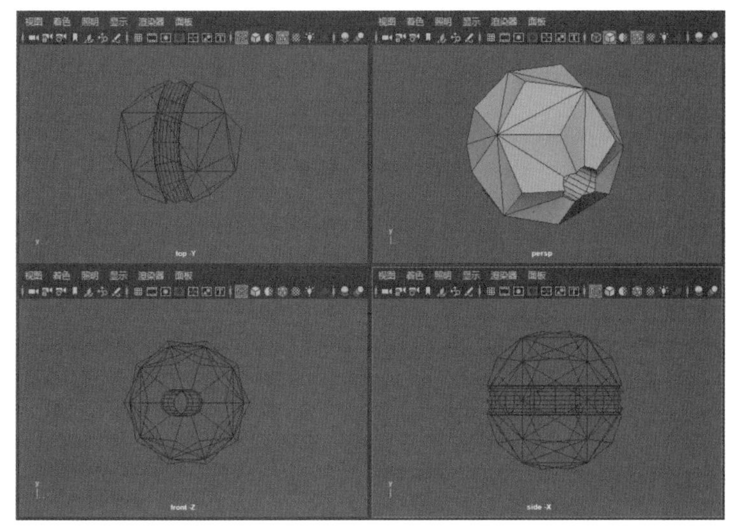

图 3-31

（3）交集运算。

对选中的球体和圆锥体使用交集命令，球体和圆锥体重叠的部分被保留下来，如图3-32所示。

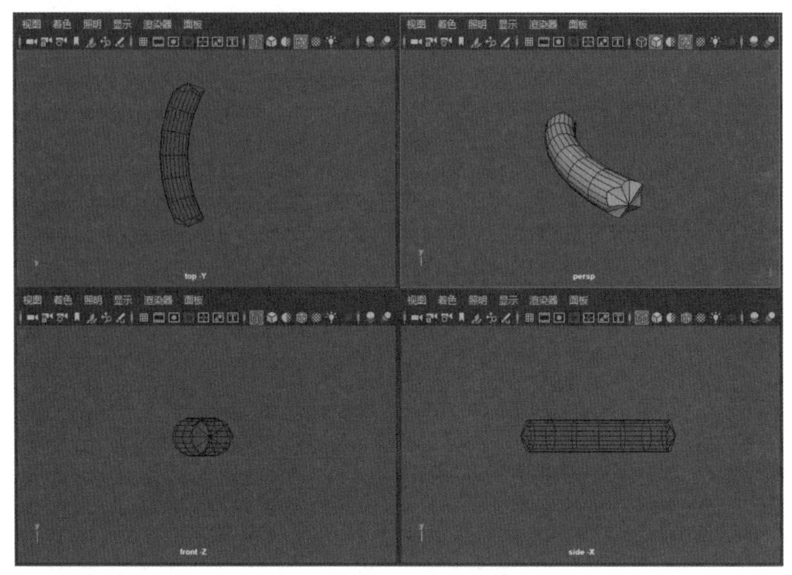

图 3-32

3.2.3 结合/分离

在Maya中，可运用“结合”和“分离”工具快速合并对象或分离对象，下面简单介绍结合和分离的操作方法。

1. 结合

在多边形建模中，可以使用“结合”工具将两个或者两个以上的对象合并成一个对象，在结合的时候不需要对象之间有重叠的区域。选择对象，执行“网格”|“结合”命令即可将其合并为一个对象，如图3-33、图3-34所示。

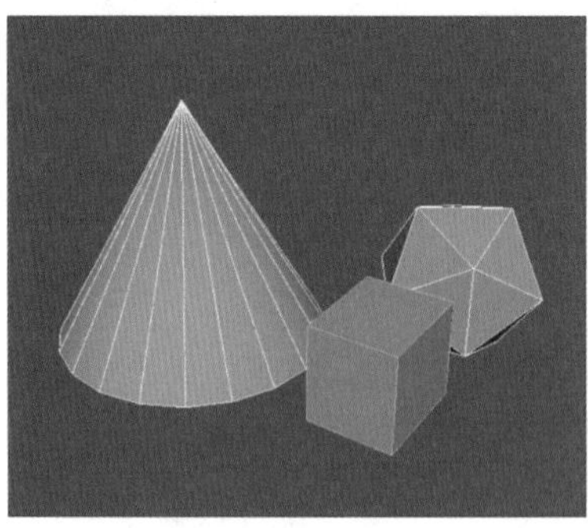

图 3-33

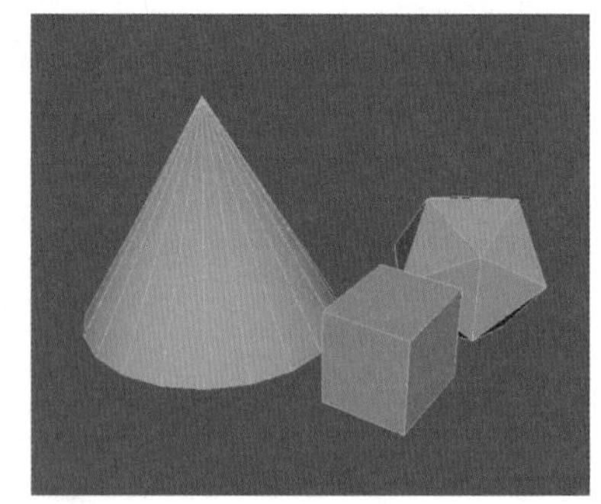

图 3-34

2. 分离

“分离”工具与“结合”工具的功能相反，可以将使用过“结合”工具并留有操作记录的多个对象进行分离，也可以分离本身就

是开放的、没有公共边的模型。选择对象，执行“网格”|“分离”命令即可将对象分离。

3.2.4　减少/平滑

“减少”命令可以简化多边形的面。如果一个模型的面数太多，就可以使用该命令对其进行简化。选择多边形，执行“网格”|“减少”命令，即可均匀减少多边形的面数，如图3-35所示。

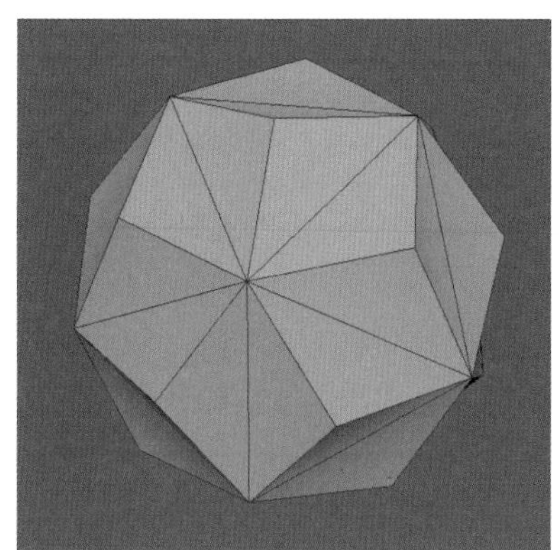
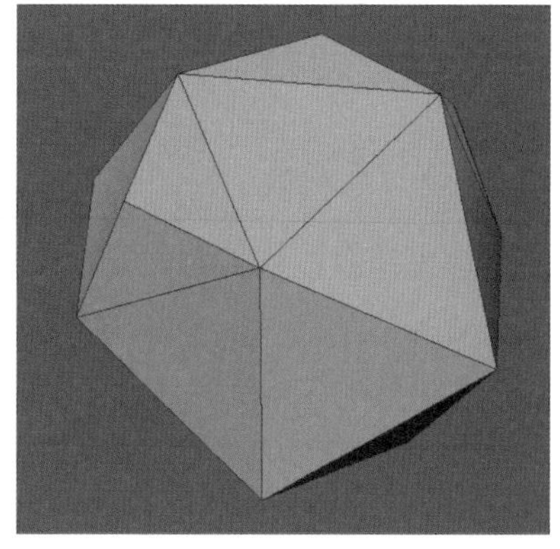

图 3-35

“平滑”是多边形建模中使用频率比较高的命令，它是通过细分来光滑多边形，细分的面越多，模型就越光滑。它的使用方法也很简单，选择模型对象，执行“网格”|“平滑”命令即可，如图3-36所示。

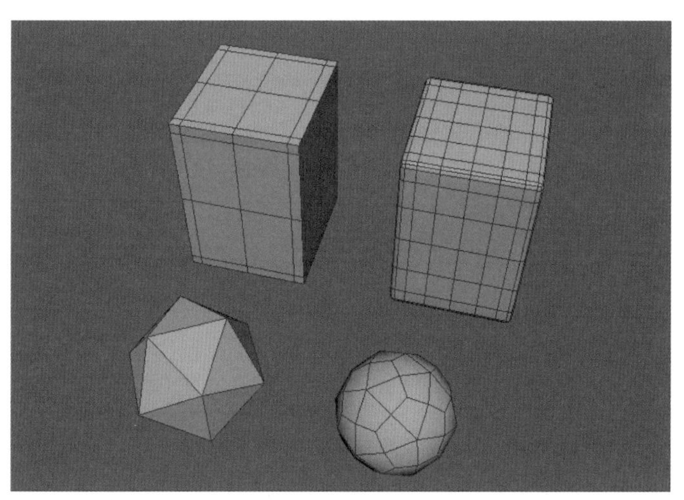

图 3-36

操作技巧

菜单栏中的“网格”|“分离”命令用于将一个多边形对象分离成多个多边形对象。用户如果想要在多边形组件层级执行分离操作，选择相应组件，执行“编辑网格”|“分离”命令，即可在不生成独立多边形对象的同时将组件分离出来。

3.2.5　填充洞

使用“填充洞”工具可以填充多边形上的洞，并且可以一次性填充多个洞。选择多边形，执行“网格”|“填充洞”命令，系统会自动将洞口补好，如图3-37、图3-38所示。

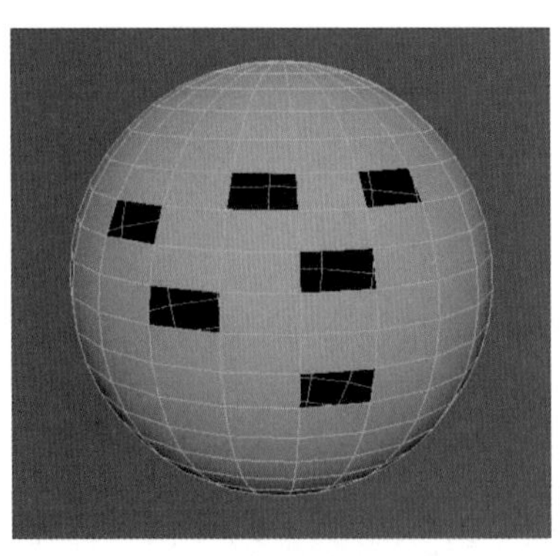

图 3-37

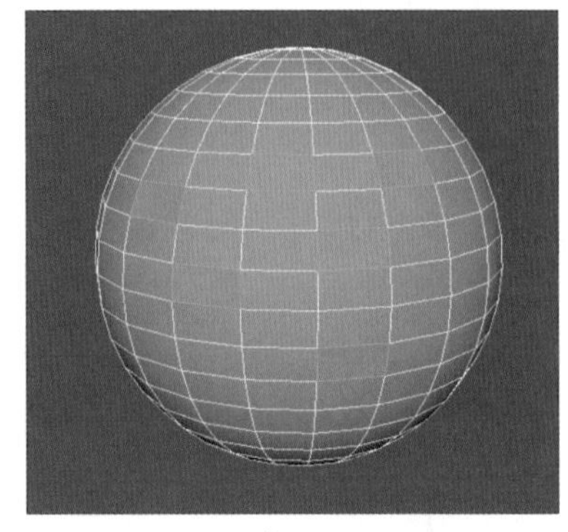

图 3-38

3.2.6 镜像

在创建有对称关系的模型时，比如家具、人物等，只需要创建一半。然后选择对象，执行“网格”|“镜像”命令，就会镜像复制出另一半模型，合并成一个完整的模型即可，如图3-39所示。

学习笔记

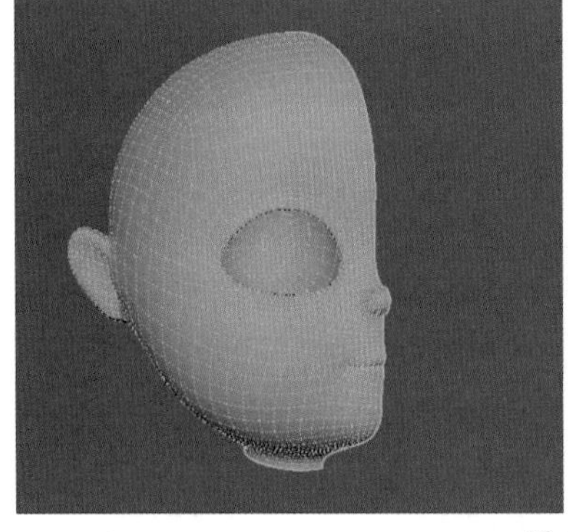

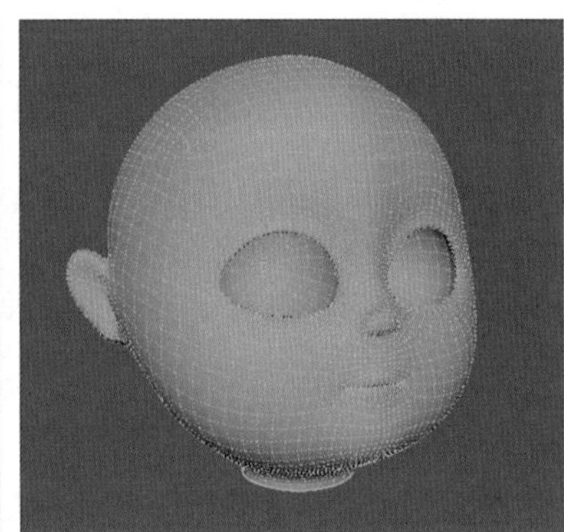

图 3-39

单击“镜像”命令右侧的设置按钮■，打开“镜像选项”对话框，可以对镜像的复制类型、镜像轴位置、镜像轴、镜像方向等参数做具体的调节，如图3-40所示。

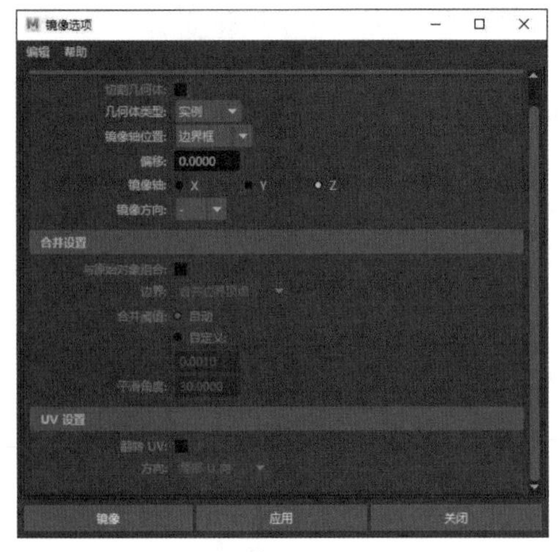

图 3-40

在某些情况下，可能需要剪掉物体的一部分并镜像，这时可以勾选“切割几何体”复选框。此时视图中会出现一个操作手柄和旋转轴，用户可以对镜像物体进行移动、旋转等操作，如图3-41所示。镜像操作后，用参数面板可以再进行参数调节，如图3-42所示。

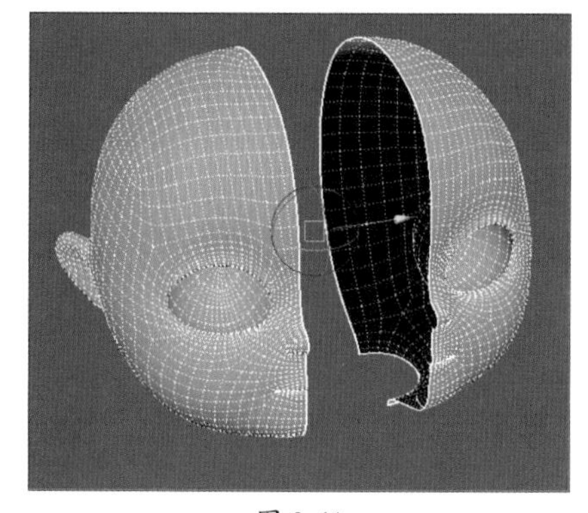

图 3-41

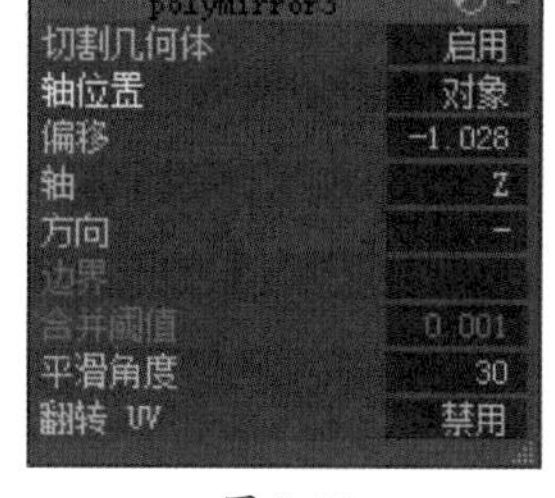

图 3-42

3.2.7 插入循环边

“插入循环边”工具用于在原有的多边形上插入一条环形边，如图3-43所示。

在实际操作过程中，选择“插入循环边”工具，在原有边的基础上单击，可在当前位置插入一圆环形的边。若按住拖曳移动，即可滑动插入循环边的虚线，松开鼠标左键即确定插入，如图3-44所示。

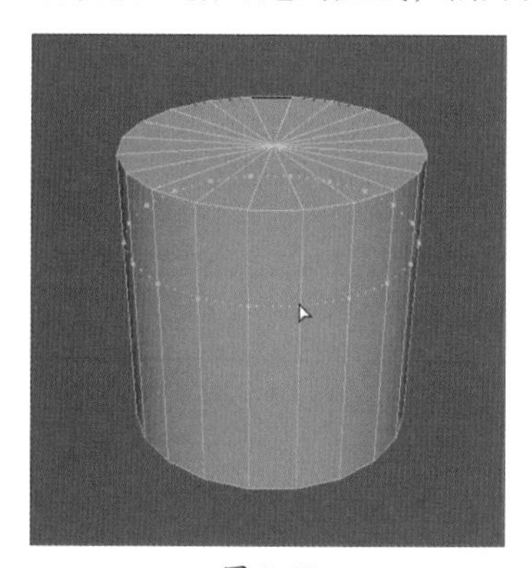

图 3-43

图 3-44

在“工具设置”面板中，可对插入段数等参数进行调节，例如若想在某线段上等分插入两段线段，可将插入位置切换为多个并将“循环边”数量调整为2，如图3-45、图3-46所示。

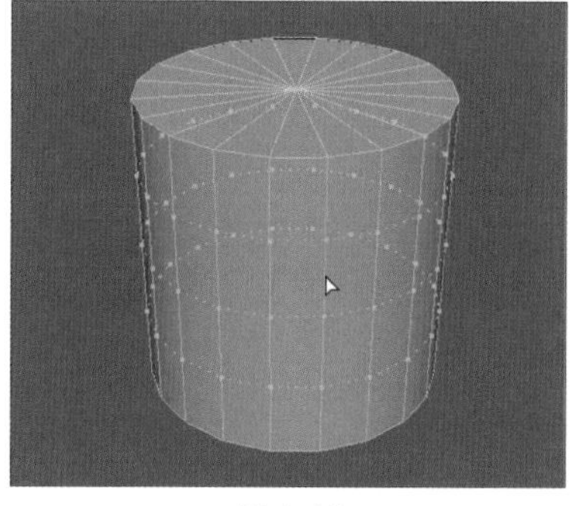

图 3-45

知识拓展

为弧形多边形添加循环边后，按住Shift键打开热盒，从中选择“编辑边流”命令，可以改变边的位置。参数为0时，所选边线将会移动到附近其他边的中间，从而形成平面，如图3-47所示；参数为1时，可变换选定边的曲面曲率以遵循周围网格的曲率，如图3-48所示。

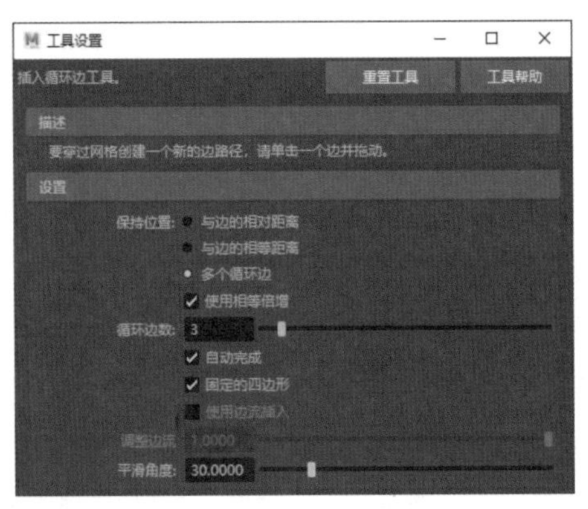

图 3-46

图 3-47

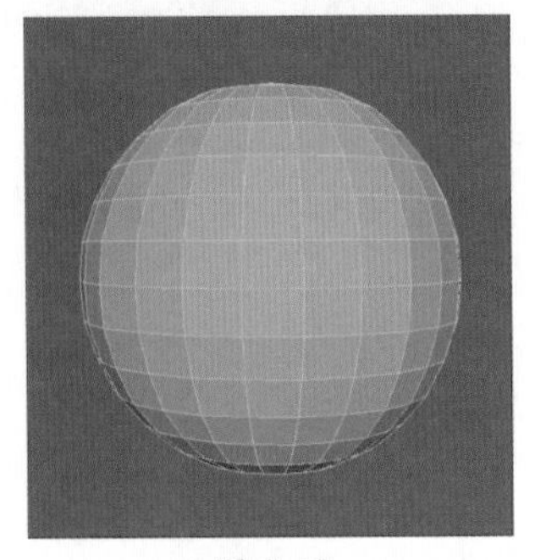

图 3-48

3.2.8 偏移循环边

“偏移循环边”工具用于以偏移的方式在原有的边两侧添加新的边。在操作过程中，选择“偏移循环边”命令后，将光标移动到模型原有的某条边上按住鼠标左键拖曳，即可在原有边的两侧添加新的边，并可顺着鼠标的拖曳来控制距离，如图3-49所示。

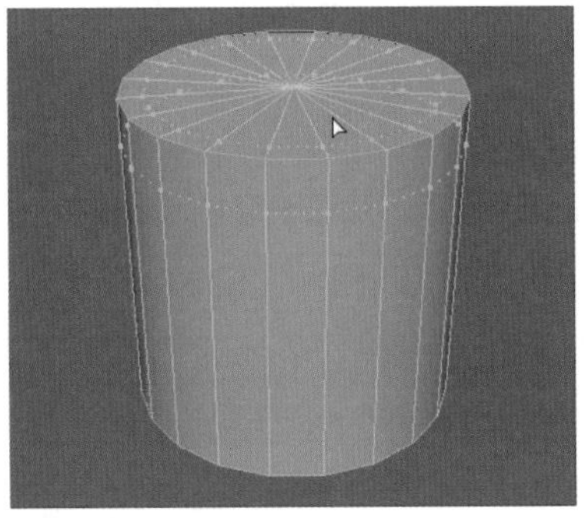

图 3-49

3.2.9 多切割

“多切割”命令可通过依次在多边形的边上进行单击，从而创造出新的线段来分割原有的多边形面。执行“网格工具”|“多切割”命令，在多边形的边上单击即可创建切割点，拖曳鼠标至下一条边上单击即可创建新的边，右击则完成线段的创建，如图3-50所示。

操作技巧

在操作时，最后结束的切割点必须连接到已有的线上，否则操作不成立。

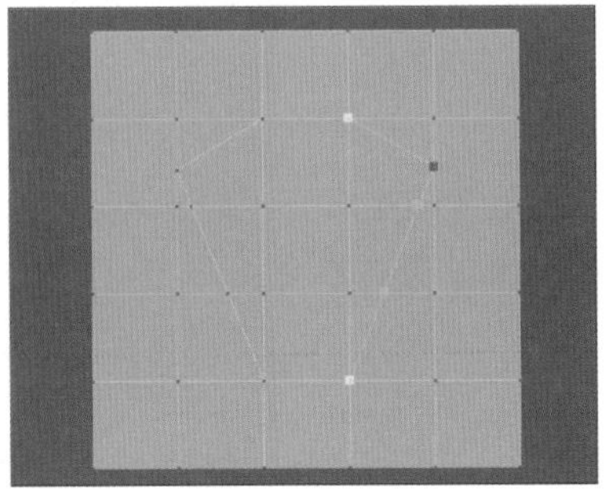

图 3-50

在多切割的“工具设置”面板中，可通过修改“捕捉步长”参数来控制切割点在线段上的创建位置，这里设置“捕捉步长”参数为50%，如图3-51所示。

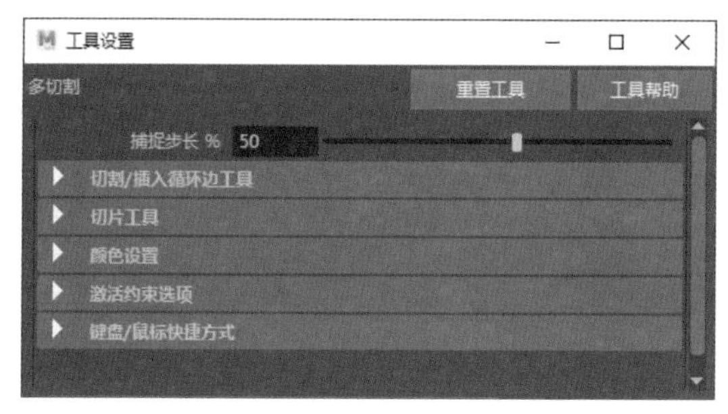

图 3-51

按住Shift键时，切割点会自动捕捉到原有线段的中心位置；再按住Shift键捕捉下一线段的中心位置，即可创建新的线段，如图3-52、图3-53所示。

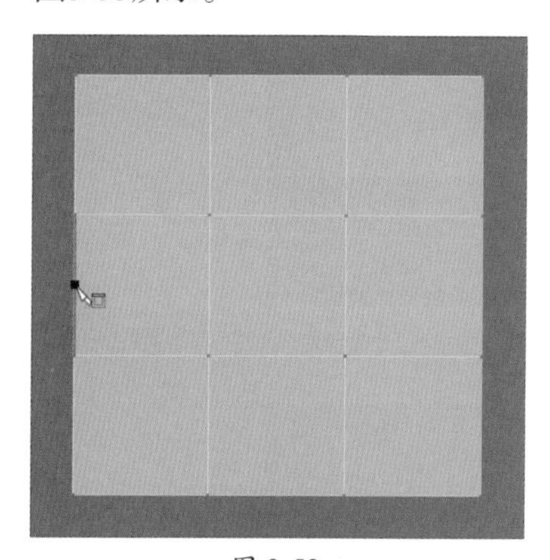

图 3-52

图 3-53

3.2.10 滑动边

“滑动边”命令可让选中的边在原有的水平面内进行移动而不改变模型的形状。选中需要移动的边，执行“网格”|“滑动边”命令，然后按住鼠标中键并进行拖曳即可在水平面内移动边，如图3-54、图3-55所示。

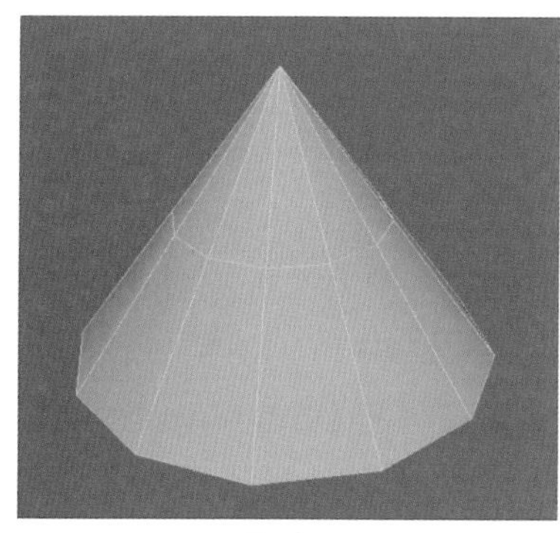

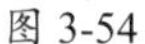

图 3-54

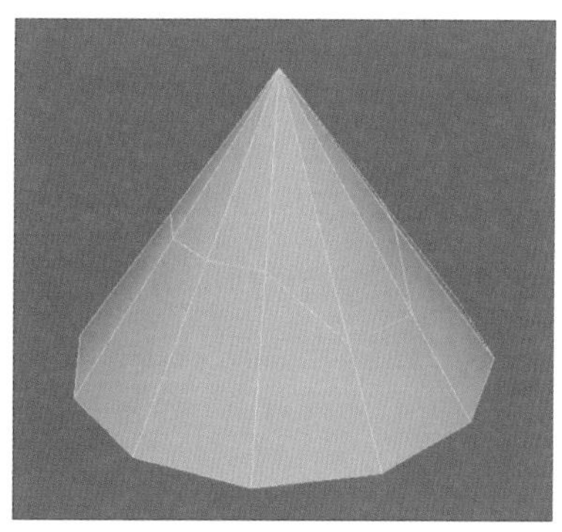

图 3-55

课堂练习 制作Q版卡通模型

本案例将通过组合和修改对象形状来制作一个简单的方形Q版卡通模型，操作步骤介绍如下。

步骤 01 启动应用程序，切换到前视图，在工作区执行“视图”|“图像平面”|“导入平面”命令，在弹出的“打开”对话框中找到准备好的图片，单击“打开”按钮，即可将正面图片导入工作区并作为制作参照，如图3-56、图3-57所示。

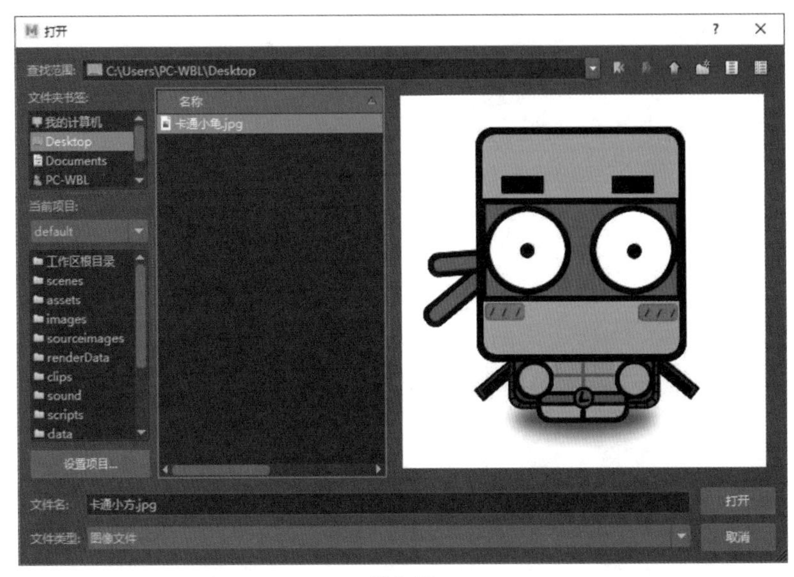

图 3-56

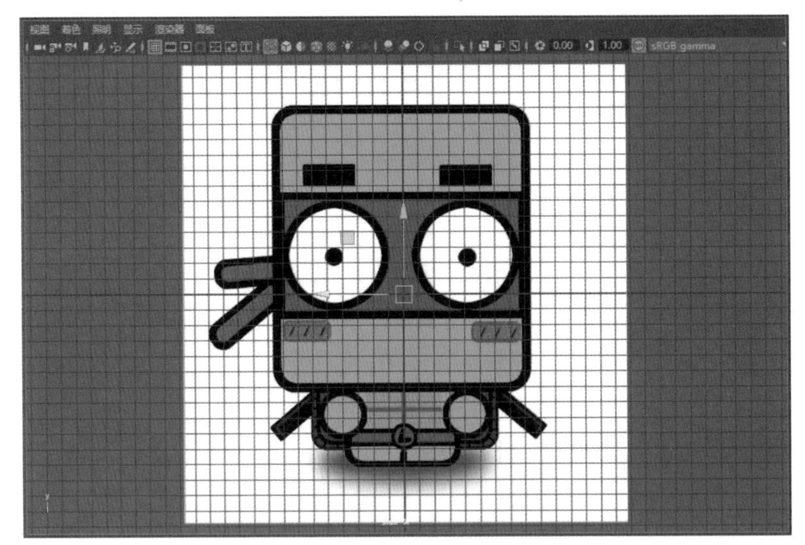

图 3-57

步骤 02 单击“多边形立方体”按钮，自动创建多边形立方体。在通道盒中设置立方体的大小，并调整位置；在“视图”面板中取消“栅格”显示，激活“线框”模式，如图3-58、图3-59所示。

步骤 03 选中模型，右击进入“顶点”编辑模式，根据参考图，使用移动工具修改模型四边顶点的位置以吻合造型，如图3-60所示。

步骤 04 切换到透视图，进入“边”编辑模式，按住Shift键选择如图3-61所示的边线。

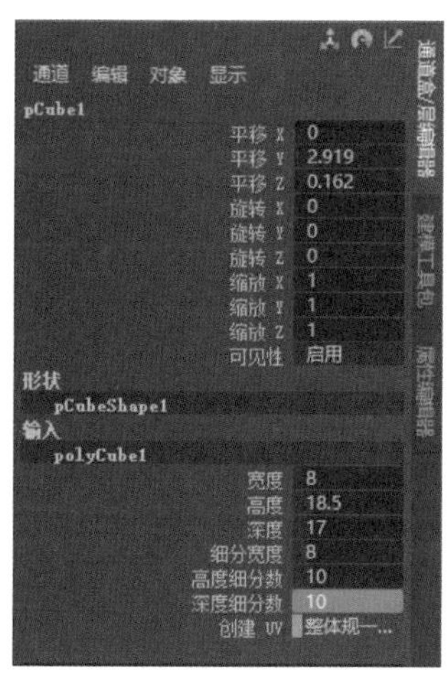

图 3-58

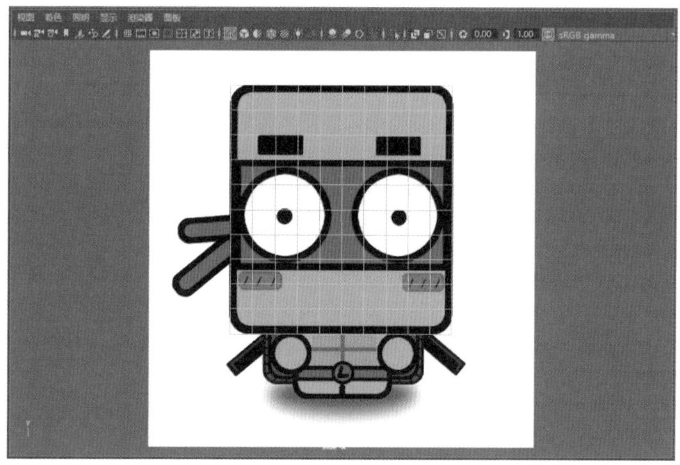

图 3-59

图 3-60

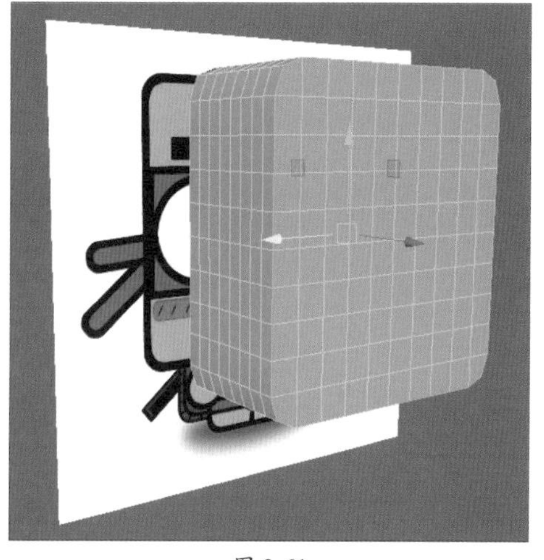

图 3-61

步骤 05 执行“编辑网格”|“倒角”命令，并在参数框中设置“分数”“分段”参数，同时可以在视图中预览倒角效果，如图3-62所示。

步骤 06 进入对象模式，再执行“网格”|“平滑”命令，使对象变得平滑，如图3-63所示。

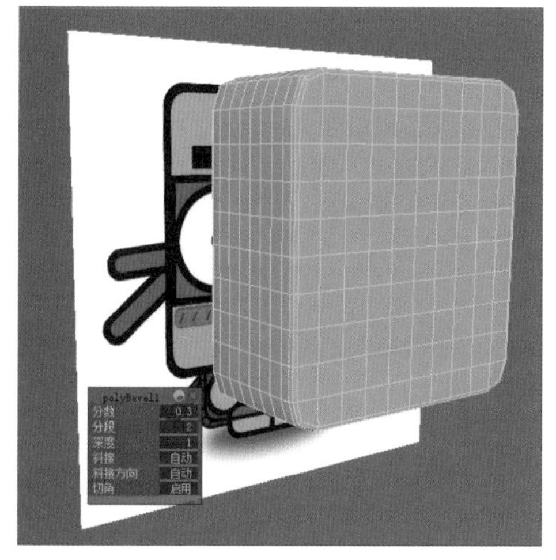

图 3-62

图 3-63

步骤 07 制作眼罩。单击“多边形立方体”按钮再次创建一个多边形，在通道盒中修改多边形的参数，如图3-64所示。

步骤 08 进入“面”编辑模式，删除顶部和底部的两个面，如图3-65所示。

图 3-64

图 3-65

步骤 09 进入对象模式，执行“编辑网格”|“挤出”命令，设置“厚度”为0.2，将面挤出厚度，如图3-66所示。

步骤 10 进入“边”编辑模式，全选边线，执行“编辑网格”|“倒角”命令，对边线进行倒角处理，参数保持默认，如图3-67所示。

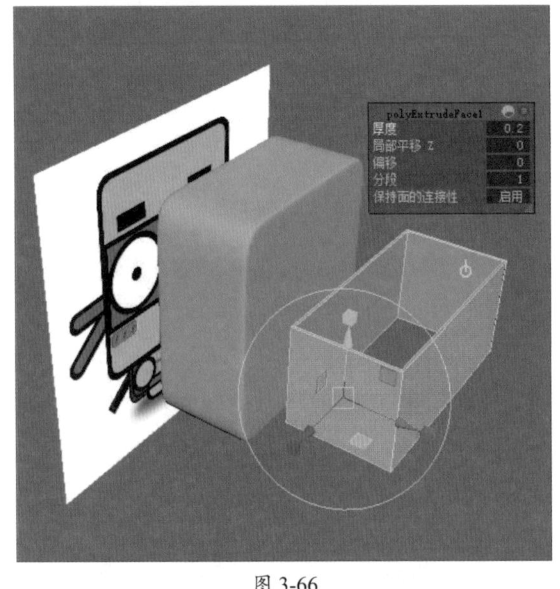

图 3-66

图 3-67

步骤 11 调整对象位置，如图3-68所示。

步骤 12 制作飘带。创建多边形长方体，设置宽度为0.2、高度为1.5、深度为6，并调整位置和角度，如图3-69所示。

图 3-68

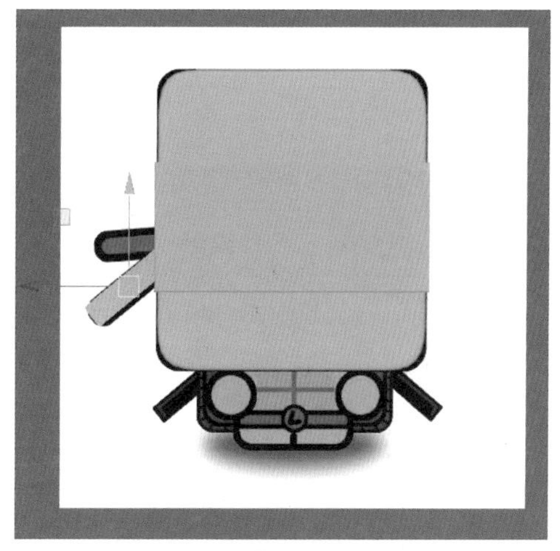

图 3-69

步骤 13 进入“边”编辑模式，选择如图3-70所示的两条边。

步骤 14 执行“编辑网格”|“倒角”命令，设置“分段”数值，制作出倒角效果，如图3-71所示。

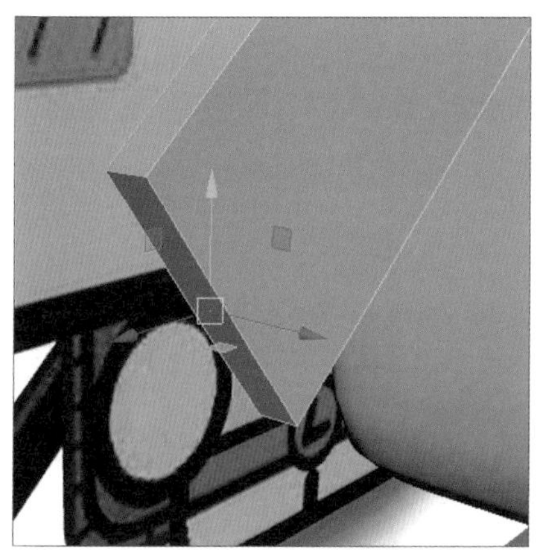

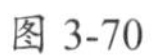

图 3-70

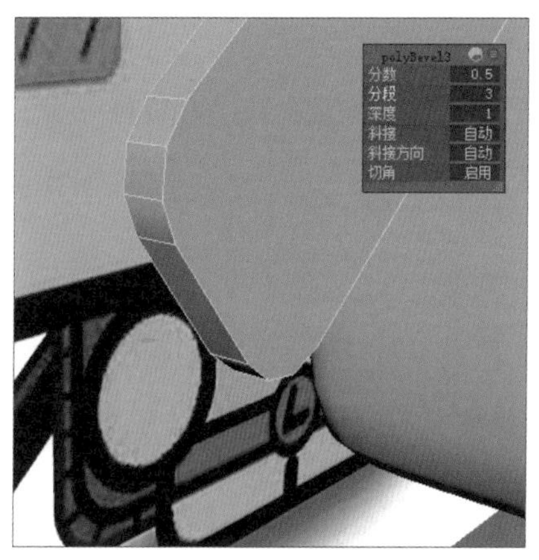

图 3-71

步骤 15 按照此操作方法制作倒角处理的多边形作为飘带和腮红，如图3-72所示。

步骤 16 制作眉毛和眼睛。创建多边形长方体作为头部的眉毛，如图3-73所示。

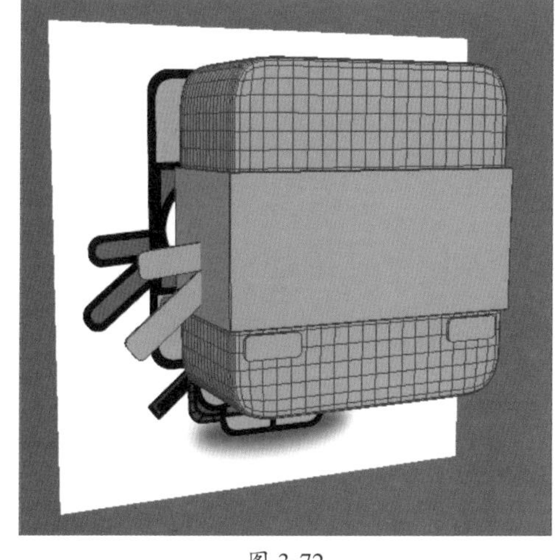

图 3-72

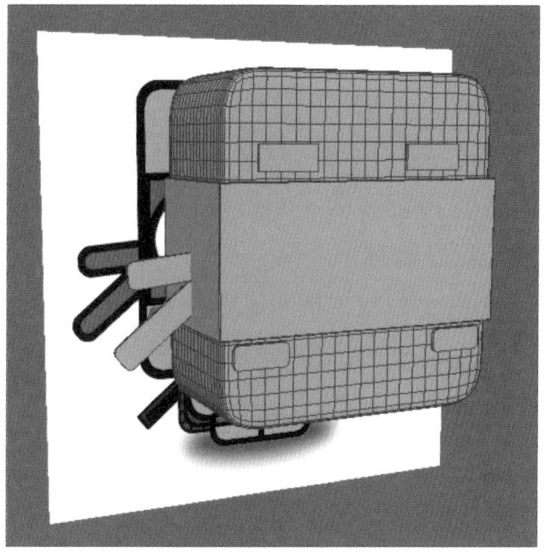

图 3-73

步骤 17 单击“多边形球体”按钮创建球体，调整半径为3.5，如图3-74所示。

步骤 18 切换到透视图，调整球体位置，使用“缩放”工具沿红色轴缩放对象，如图3-75所示。

图 3-74

图 3-75

步骤 19 复制对象，完成头部模型的制作，如图3-76所示。

步骤 20 制作身体。创建多边形长方体，设置宽度为4、高度为4、深度为12，如图3-77所示。

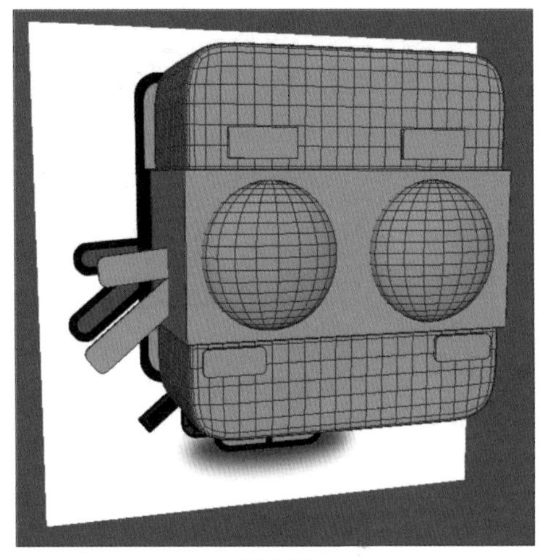

图 3-76

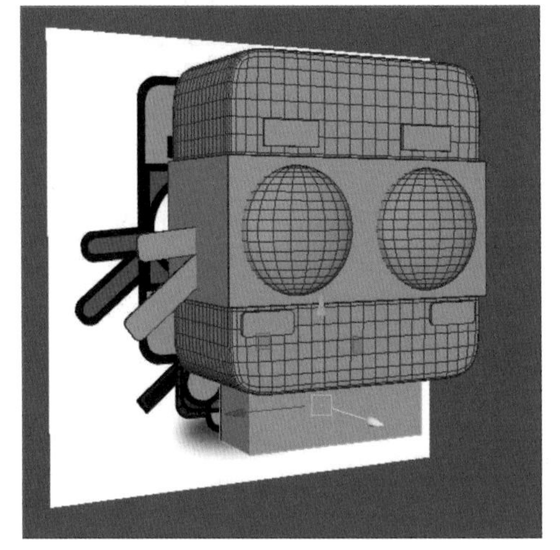

图 3-77

步骤 21 进入“边”编辑模式，选择下方的两条边，执行“编辑网格”|“倒角”命令，设置“分段”数值，制作出倒角效果，如图3-78所示。

步骤 22 选择背面的一圈边线，执行“编辑网格”|“倒角”命令，设置“分数”和“分段”参数，制作出背面的倒角效果，如图3-79、图3-80所示。

步骤 23 再次创建宽度为4、高度为6、深度为7.5的长方体，使用“倒角”命令对其底部进行倒角处理，如图3-81、图3-82所示。

步骤 24 按照制作眼罩的方法制作宽度为4、高度为1、深度为7.5、挤出厚度为0.2的腰带，如图3-83所示。

步骤 25 创建半径为0.9、高度为0.2、轴向细分度为30的多边形圆柱体，绕Z轴旋转90°，作为腰带上的徽章，如图3-84、图3-85所示。

图 3-78

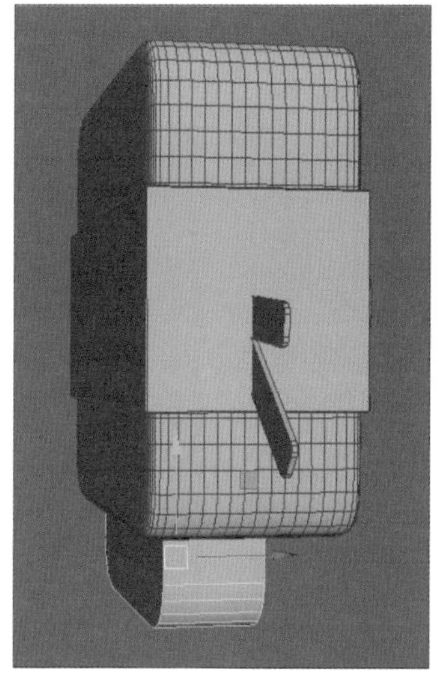

图 3-79

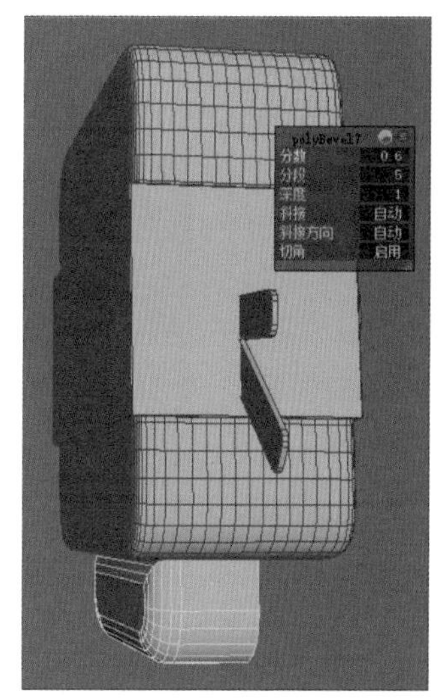

图 3-80

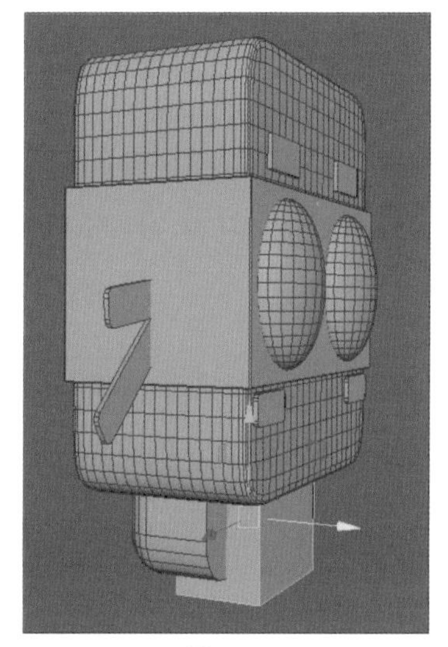

图 3-81

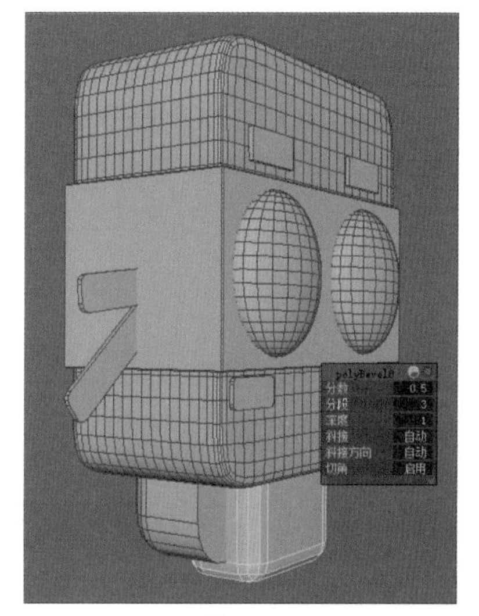

图 3-82

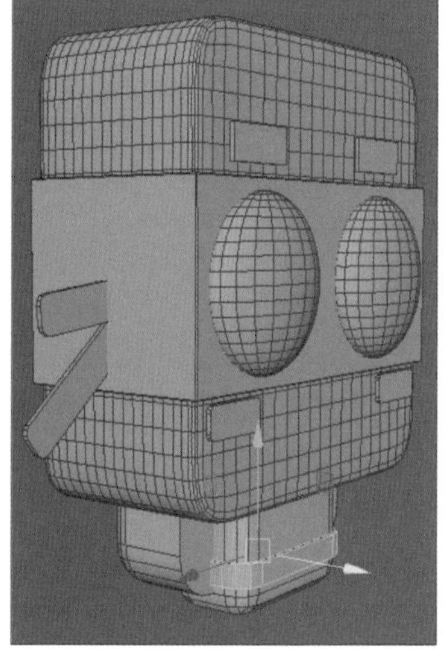

图 3-83

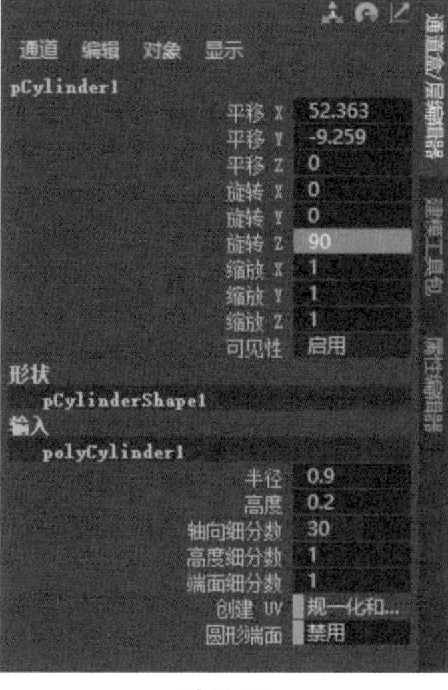

图 3-84

图 3-85

步骤 26 创建半径为1.6、高度为2、轴向细分度为30的多边形圆柱体，绕Z轴旋转90°，调整位置后进行复制操作，制作出足部，如图3-86、图3-87所示。

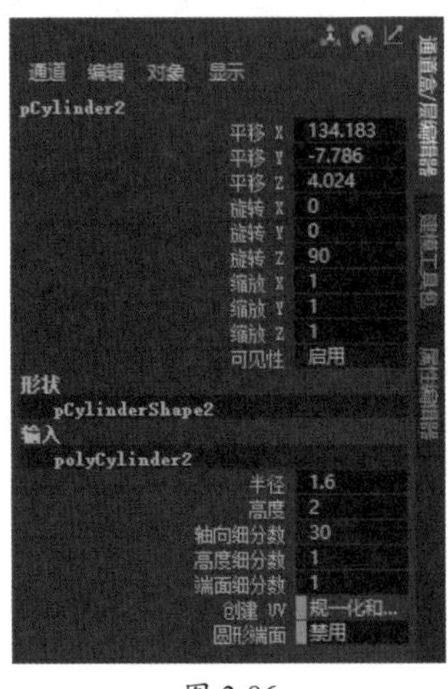

图 3-86

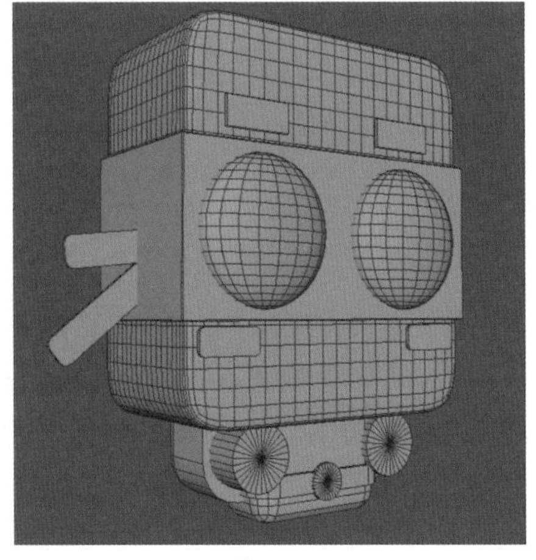

图 3-87

步骤 27 创建宽度为3.5、高度为1、深度为4的多边形长方体，绕X轴旋转40°。复制对象后，将二者分别调整到身体两侧，至此完成方形卡通模型的制作，如图3-88、图3-89所示。

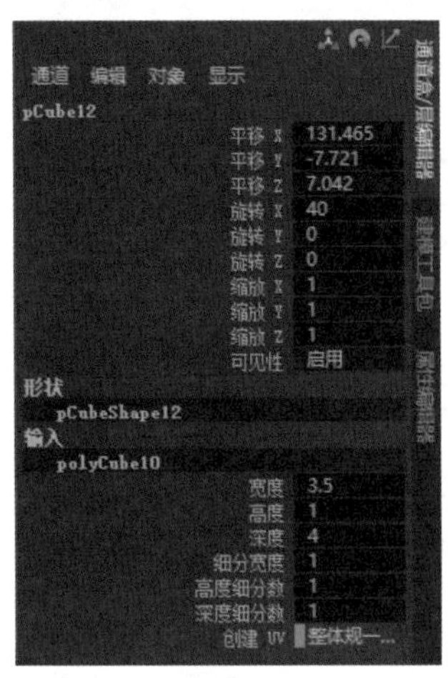

图 3-88

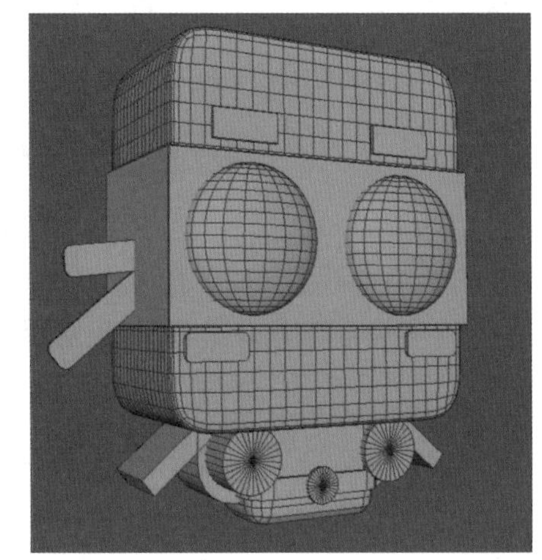

图 3-89

3.3 编辑多边形组件

编辑多边形组件命令能够满足用户创建更复杂模型的需求，这些命令有着复杂的参数设置与功能效果，大多集中于“编辑网格”菜单中。

3.3.1 添加分段

“添加分段”命令常用于面或边组件层级，根据组件类型，可以按指数或线性方式对选定的组件进行细分或分割操作。该命令与“平滑”命令的不同之处，在于“添加分段”命令不会改变模型的外形。

在实际操作中，直接选中模型，执行“编辑网格”|“添加分段”命令，并对分段的数量进行设置，即可在视图中看到分段效果，如图3-90、图3-91所示。

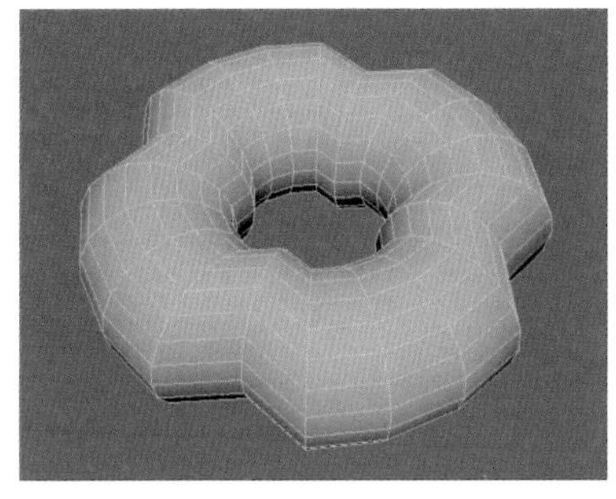

图 3-90

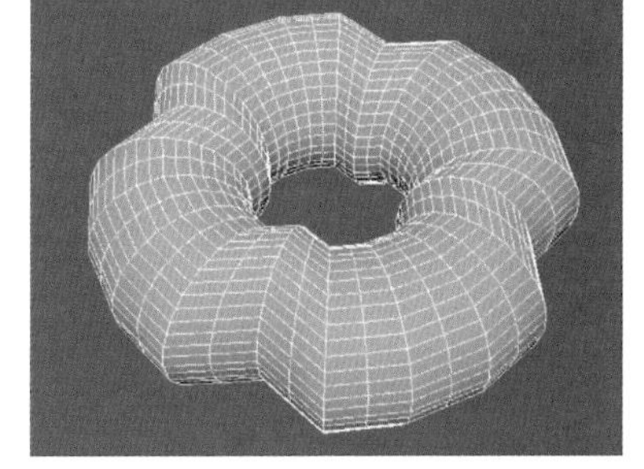

图 3-91

也可切换到多边形构成元素的选择状态，选中模型上的局部区域来添加分段，如图3-92、图3-93所示。

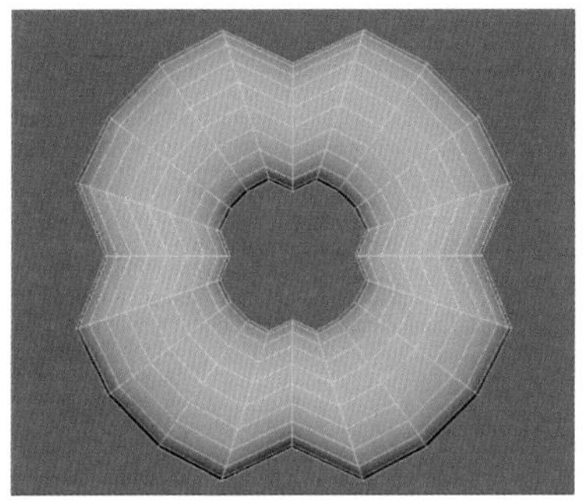

图 3-92

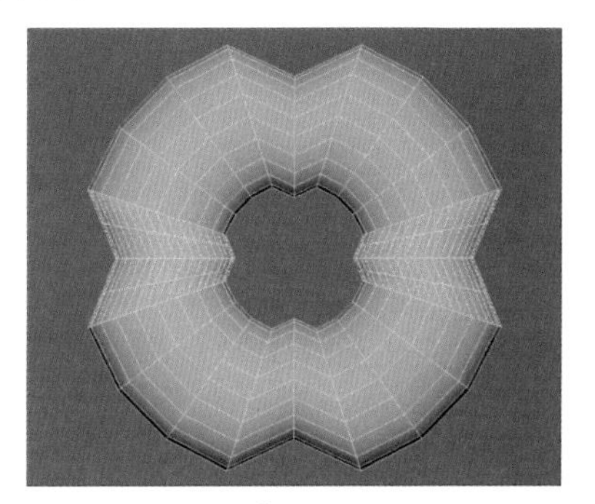

图 3-93

3.3.2 倒角

“倒角”命令可使模型面与面的公共边上产生新的倒角面，是最常用的命令之一。

在实际操作中，可直接对整体模型使用“倒角”命令。选择模型对象，执行“编辑网格”|“倒角”命令，即可看到倒角效果，如图3-94、图3-95所示。

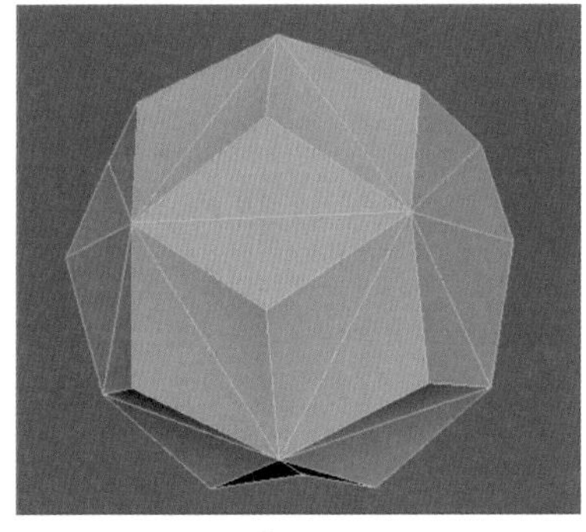

图 3-94

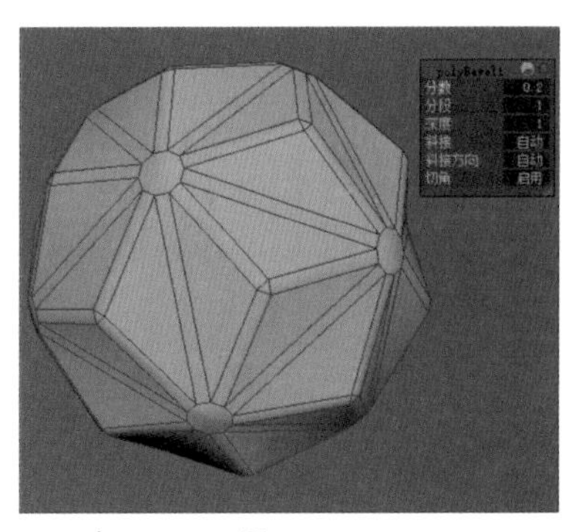

图 3-95

部分倒角参数介绍如下。

- **分段：** 确定沿倒角多边形的边创建的分段数量，可使用滑块或通过输入值更改分段的数量，默认值为1。
- **深度：** 调整向内或向外倒角边的距离，默认值为1。
- **切角：** 用于指定是否要对倒角边进行切角处理。

大多数情况下是选择具体需要进行倒角处理的局部来单独使用命令。如图3-96所示，切换至模型的“边”编辑模式，选择边元素，执行“倒角”命令，还可通过修改倒角的“分数”及“分段”来确定倒角面的平滑程度，如图3-97所示。

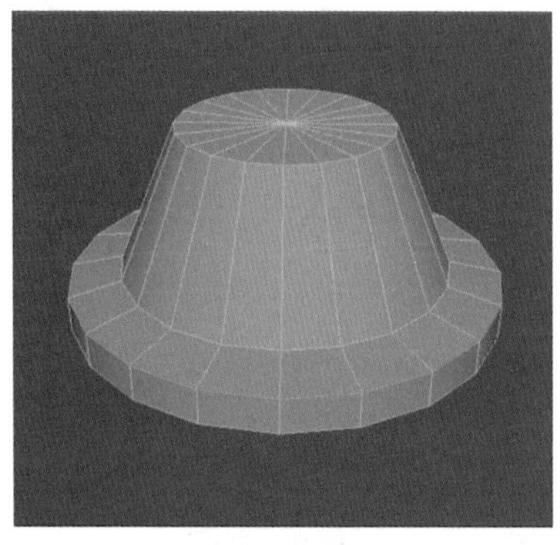

图 3-96

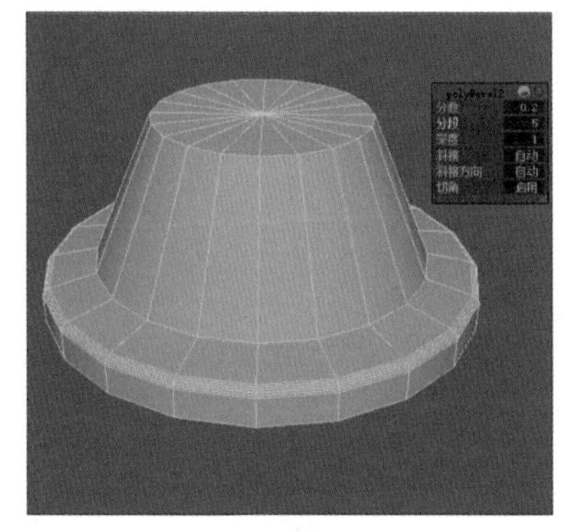

图 3-97

3.3.3 挤出

挤出是多边形建模的重要手段之一，其结果相当于在选定元素的基础上生成新的多边形结构。使用挤出工具时，不同的操作方式和参数设置会得到不同的结果。下面以面元素为例示范几种挤出操作方式。

切换到“面”编辑模式，按住Shift键连续选择四个面并单击挤出工具，此时会出现挤出工具的操作手柄，如图3-98、图3-99所示。

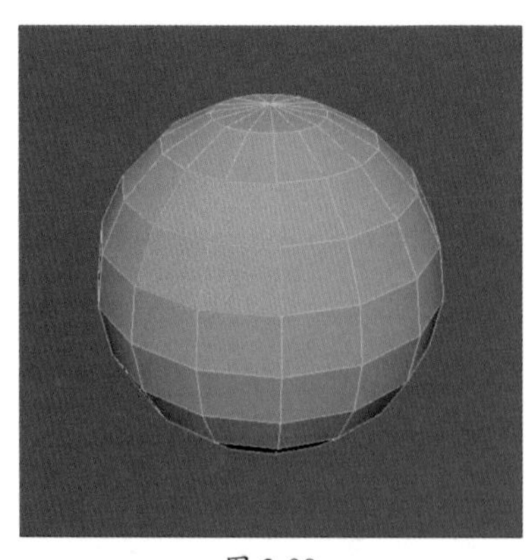

图 3-98

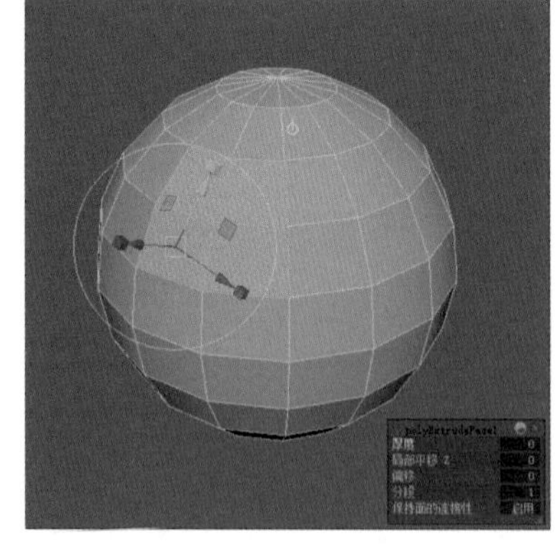

图 3-99

用户可拖曳方向箭头来移动新挤出的面，如图3-100所示。还可单击操作手柄上的小方块对面进行缩放操作，如图3-101所示。

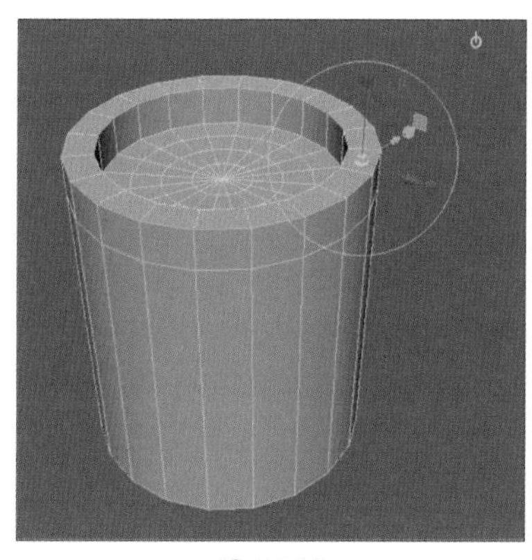

图 3-100

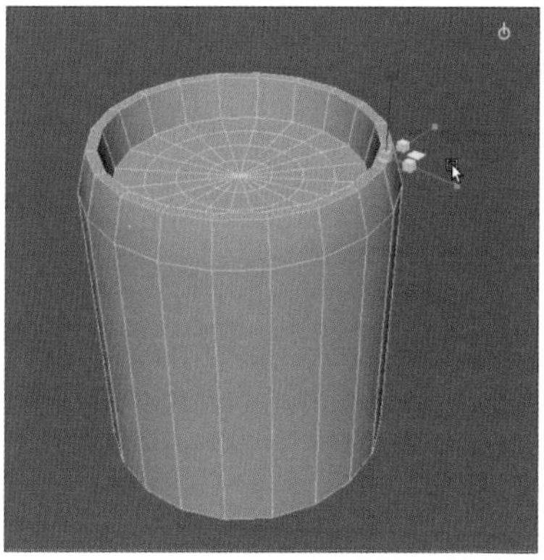

图 3-101

除了使用操作手柄来控制挤出面的状态，还可通过出现在视图中的参数面板来调整挤出的面，如厚度和偏移参数，如图3-102所示。

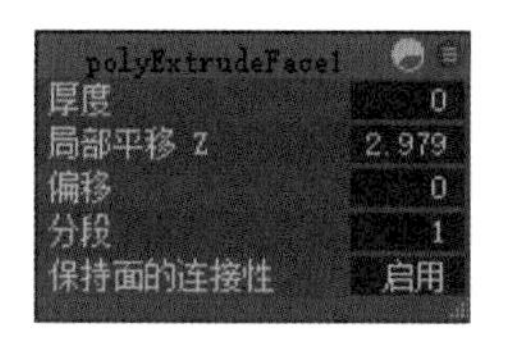

图 3-102

挤出工具还有两种特殊的使用方法。

1. 沿曲线挤出

沿曲线挤出是创建一条曲线让选定面沿着曲线去做挤出。为了保证挤出面可形成曲线弯曲的造型，在挤出时需要调整挤出的段数，方法是在弹出的命令面板中修改。

选择需要挤出的面，按住Shift键加选创建好的曲线，应用挤出工具，并调整分段数，如图3-103、图3-104所示。

操作技巧

在选择挤出面时，需要从热盒中选择面模式，而不可以从“建模工具包”面板中选择面模式，否则无法加选曲线。

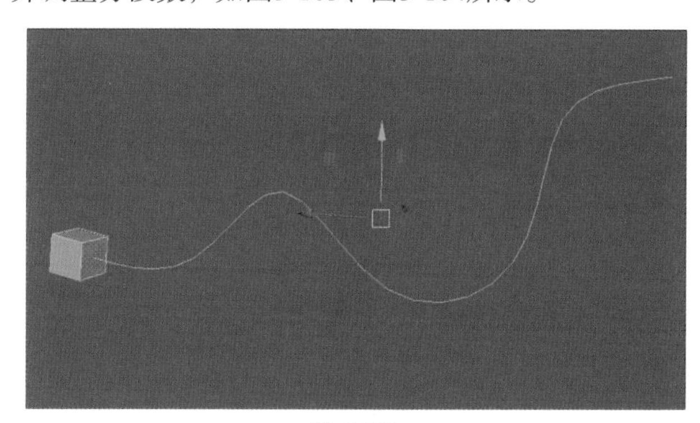

图 3-103

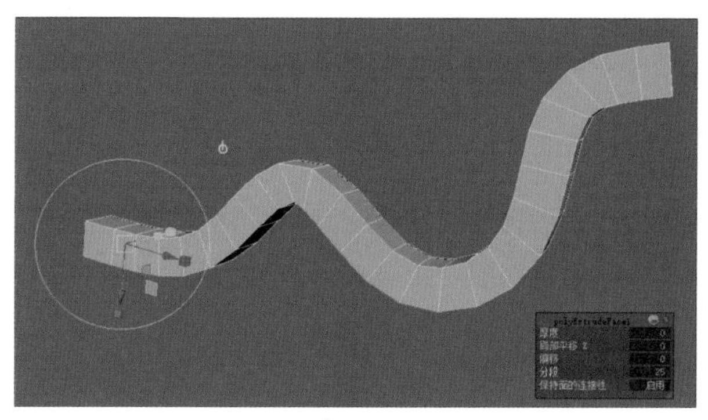

图 3-104

“挤出”命令还有两个比较常见的调节参数——“锥化”和“扭曲”。执行“编辑网格”|“挤出”命令，单击右侧的设置按钮■，在“挤出面选项”对话框中进行先调整，或者应用命令之后在右侧的“属性编辑器”面板中对属性进行调节，如图3-105、图3-106所示。

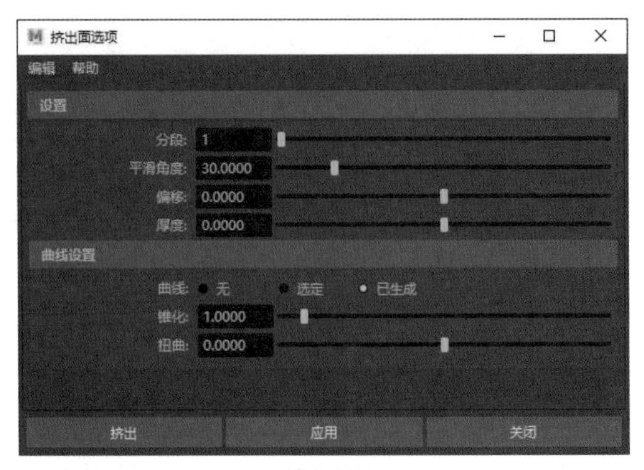

图 3-105

学习笔记

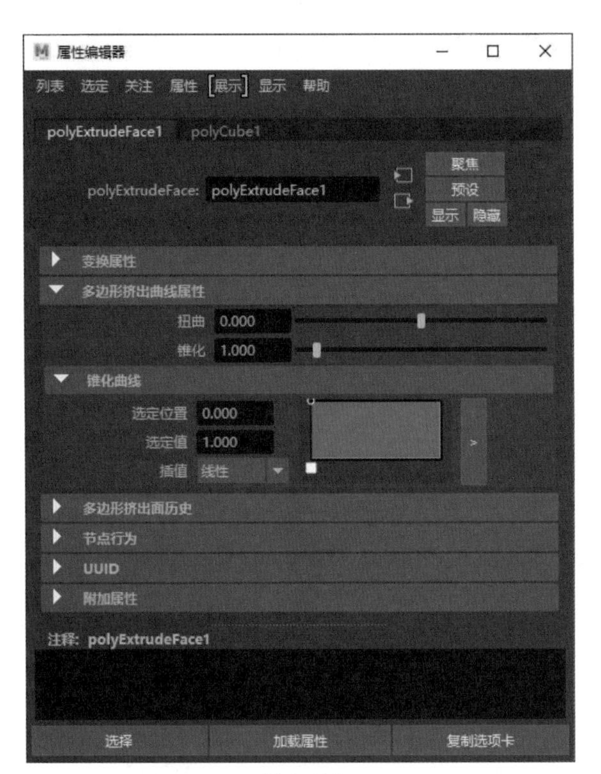

图 3-106

2. 修改连接线

修改连接线挤出的形式是修改面的连接线。在某些情况下对相连的多个面一起做挤出时，希望得到一个互相分开并可按每个面独有的法线进行移动的效果，此时可在使用“挤出”命令后在弹出的面板中对“保持面的连接性”属性做修改，如图3-107、图3-108所示。

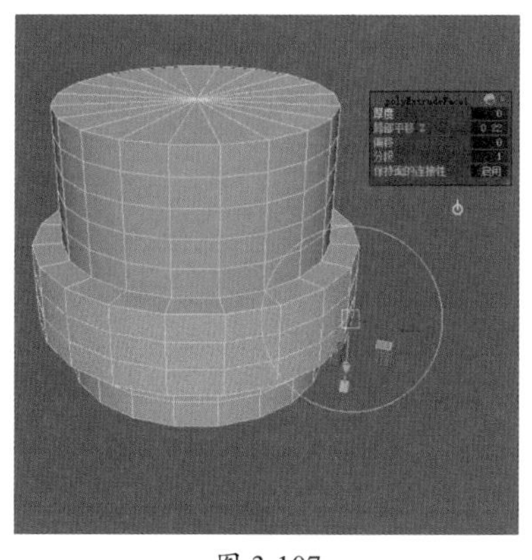
图 3-107

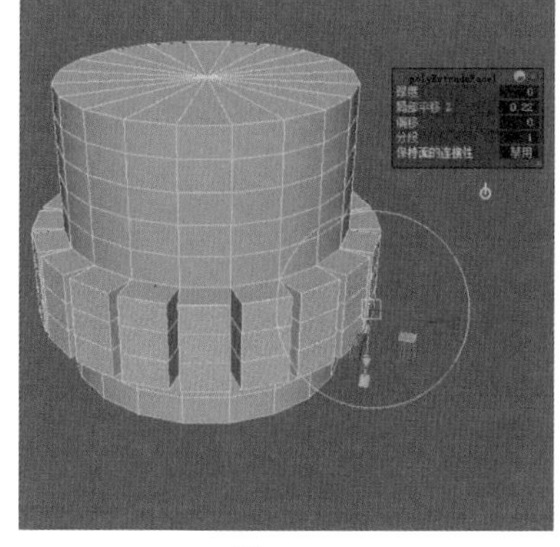
图 3-108

3.3.4 合并

执行“编辑网格”|“合并”命令，可将模型上的两个或者多个点合并成一个点。在实际操作中，选择需要合并的顶点，使用“合并”命令即可，如图3-109、图3-110所示。

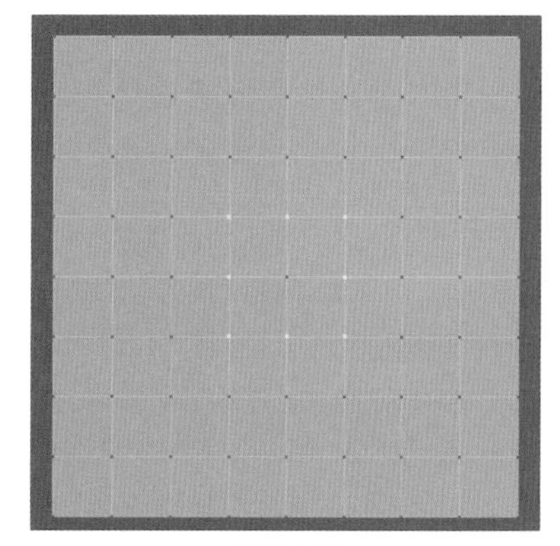
图 3-109

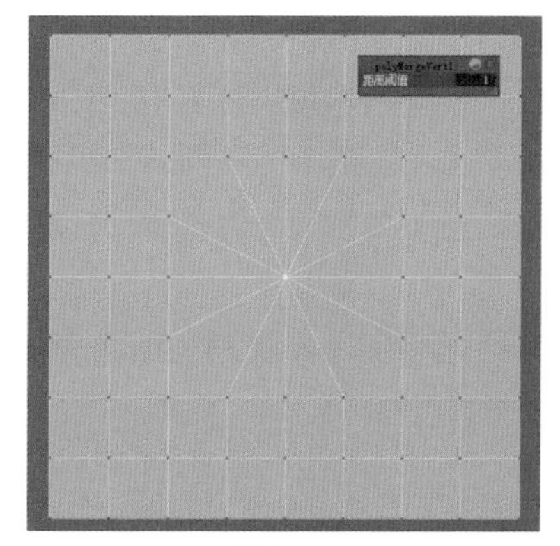
图 3-110

在很多情况下，在对接和缝合模型体时都会使用“合并”命令来将同一模型体中断开的部位连接在一起。在操作中，经常需要同时选中多个顶点来进行合并操作，这时需要调整“合并”命令的“距离阈值”参数，如图3-111所示。

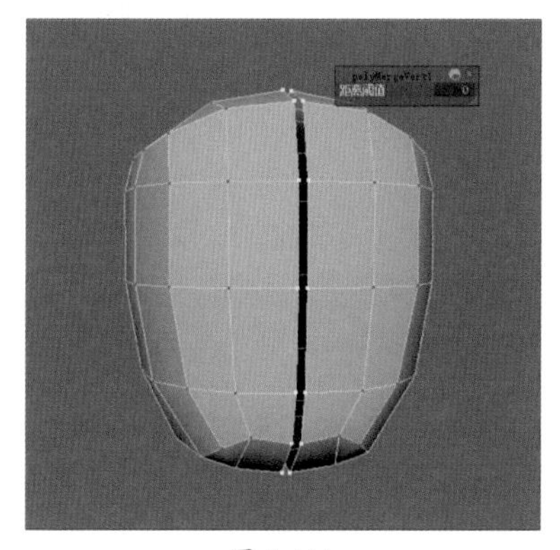
图 3-111

阈值其实指的就是合并的强度，多个点进行合并时，由于点与点之间的距离不同，可能会出现合并失败或者多点粘连到一点的现象，这时可根据点的距离远近合理调节阈值，如图3-112所示。

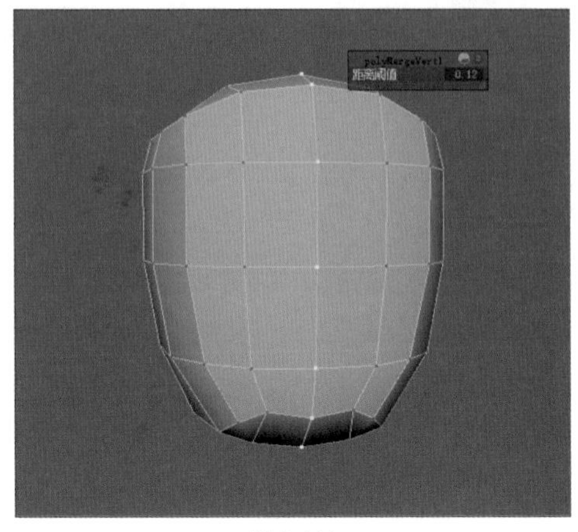

图 3-112

学习笔记

3.3.5 删除边/顶点

在多边形建模过程中，经常需要删除多余的构成元素来简化模型。在创建一个多边形对象后，进入“边”或者“顶点”编辑模式，选中要删除的边或顶点，执行“编辑网格”|“删除边/顶点”命令即可将其删除（该操作同样对面起作用），如图3-113所示。也可以直接按Backspace或Delete键将所选元素删除。

图 3-113

3.3.6 刺破面

“刺破”命令可在选定面上自动添加对角分割线，并由此产生一个中心顶点。实际操作中，选中面后直接执行“刺破”命令即可，产生的对角分割线数量由面本身的角数决定，如图3-114、图3-115所示。

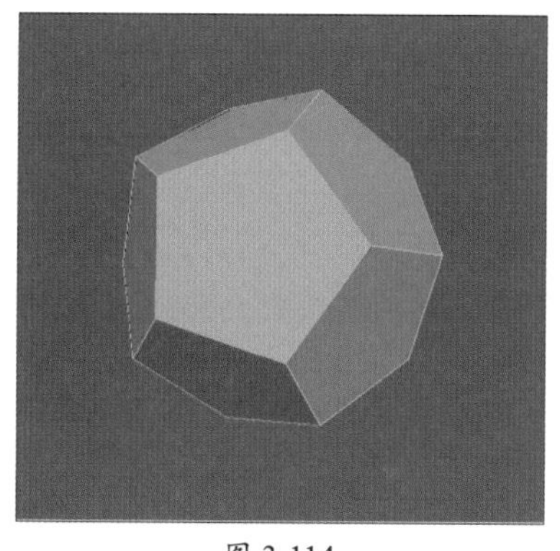
图 3-114

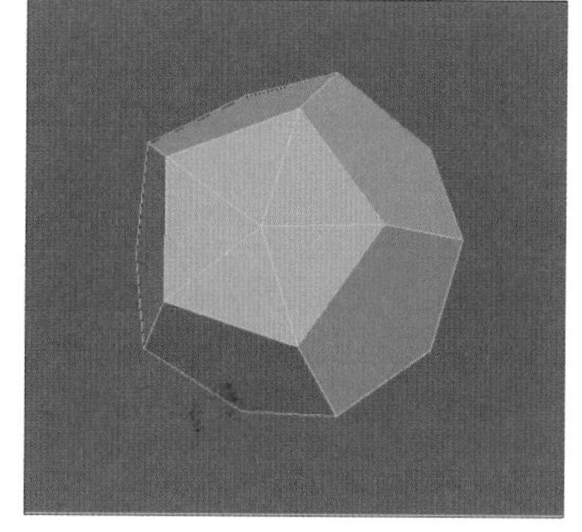
图 3-115

3.3.7 楔形面

“楔形”命令可使选定面朝着指定方向进行翻转，产生一个带弧度的圆角结构。在实际操作中，选择面之后还需要再加选一条面周围的线段来指定面的翻转方向，如图3-116、图3-117所示。

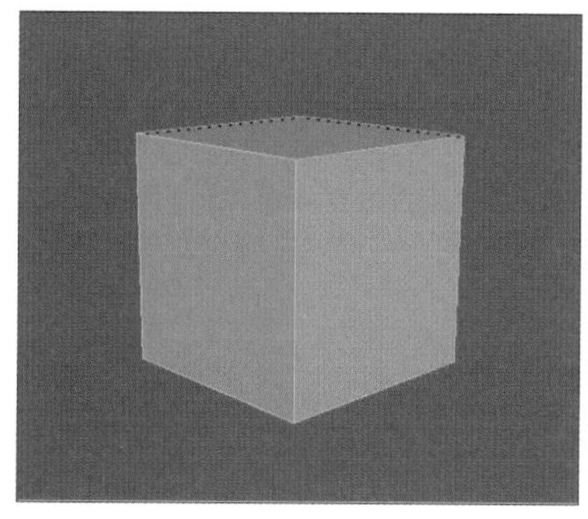
图 3-116

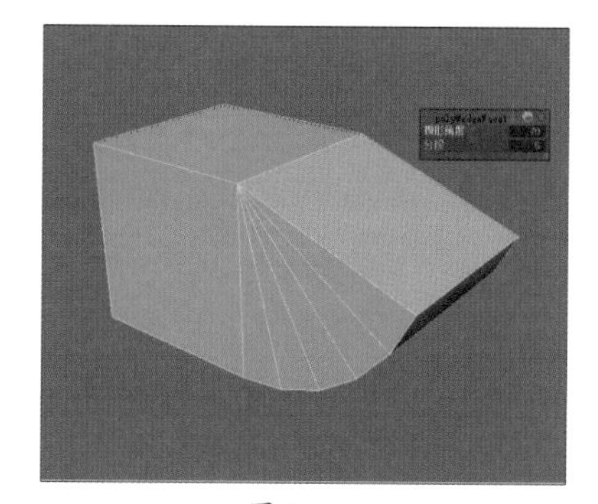
图 3-117

3.3.8 复制/提取

“复制”与“提取”命令非常相似，都是对模型的面元素进行单独操作。

“复制”命令会保持原有模型不变，重新复制一个所选的面，如图3-118所示。“提取”命令则是对原有模型上所选择面的一种剥离，如图3-119所示。两个命令的结果都是得到两个模型体。

图 3-118

图 3-119

课堂练习 制作胡桃夹子玩偶

本案例将利用多边形球体、多边形圆柱体以及多边形立方体等工具制作出一个胡桃夹子造型，操作步骤如下。

步骤 01 单击“多边形球体”图标，创建一个球体，并在通道盒中设置属性参数，如图3-120、图3-121所示。

图 3-120

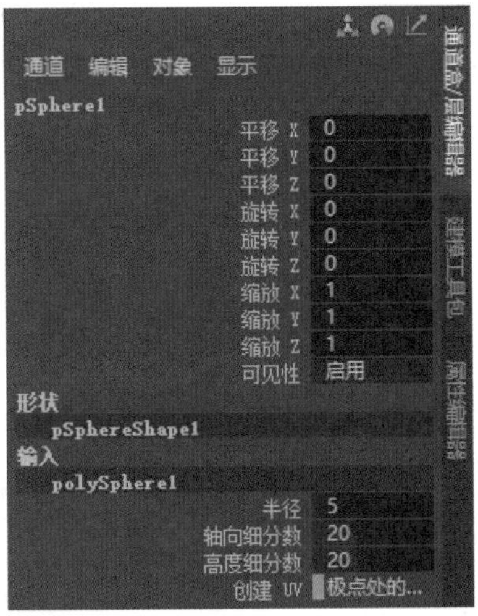

图 3-121

步骤 02 选择球体并单击鼠标右键，在弹出的热盒中选择“顶点”选项，如图3-122所示。

步骤 03 进入“顶点”编辑模式，切换到左视图，选择顶点，并利用移动工具调整顶点位置，如图3-123所示。

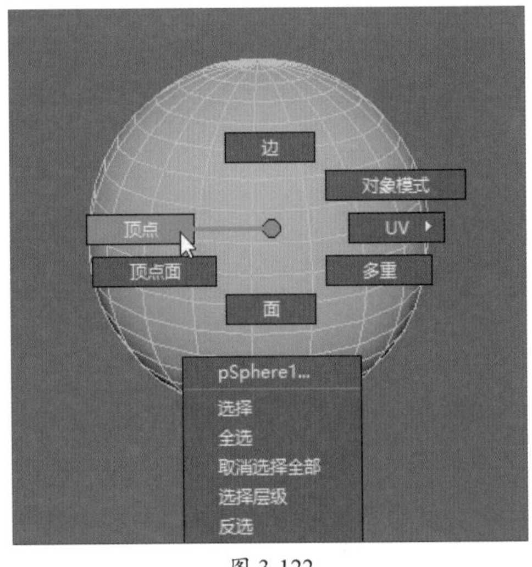

图 3-122

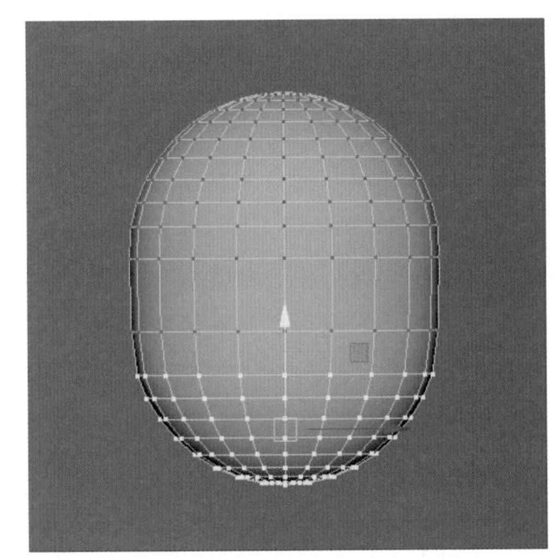

图 3-123

步骤 04 切换到透视图，使用缩放工具沿红蓝平面进行缩放，再返回对象模式，如图3-124所示。

步骤 05 单击“多边形圆柱体”图标，创建一个圆柱体，在通道盒中设置半径、高度等参数，如图3-125所示。

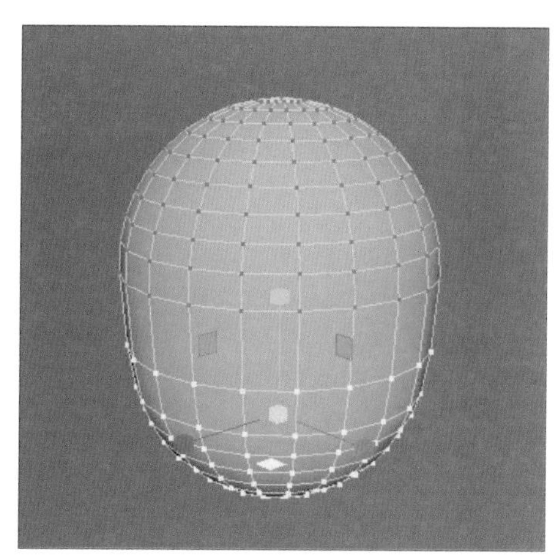

图 3-124

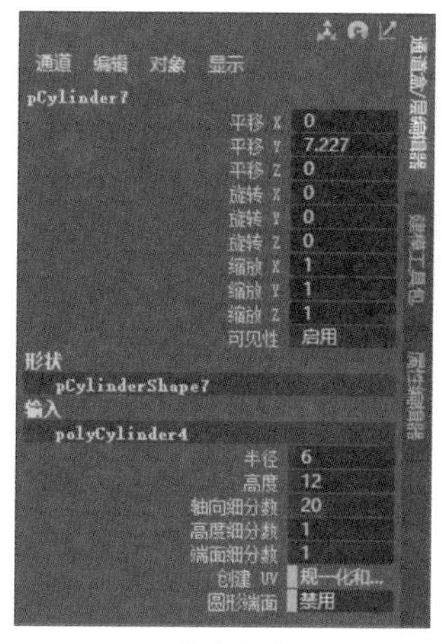

图 3-125

步骤 06 切换到前视图，使用移动工具移动对象的位置，如图3-126所示。

步骤 07 执行“网格工具”|“插入循环边”命令，在竖向边线上单击并拖曳鼠标，即可创建一条新的循环边，如图3-127所示。

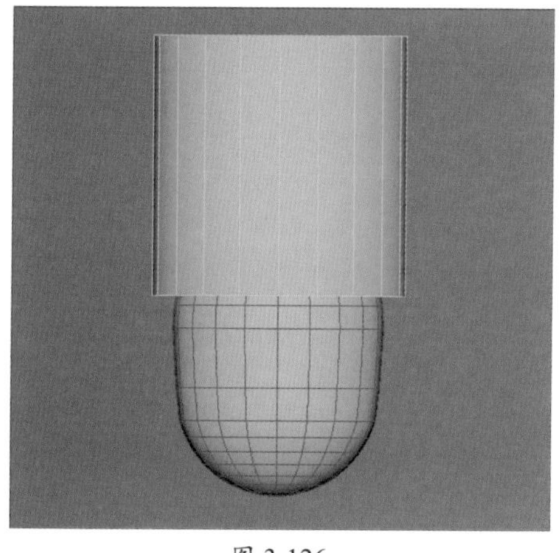

图 3-126

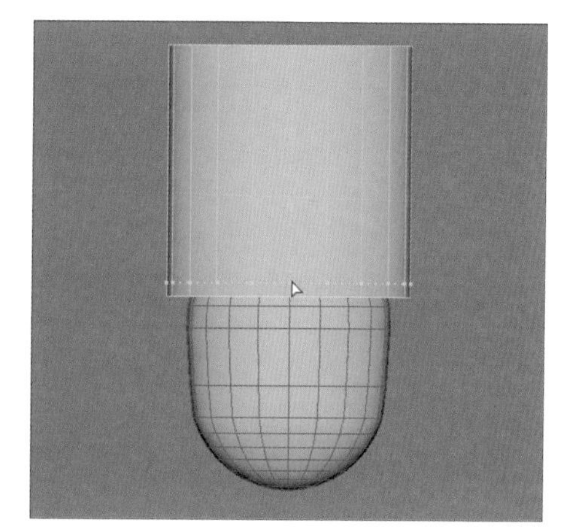

图 3-127

步骤 08 进入“顶点”编辑模式，激活缩放工具，选择底部的两圈顶点，如图3-128所示。

步骤 09 沿红蓝平面等比例缩放对象，如图3-129所示。

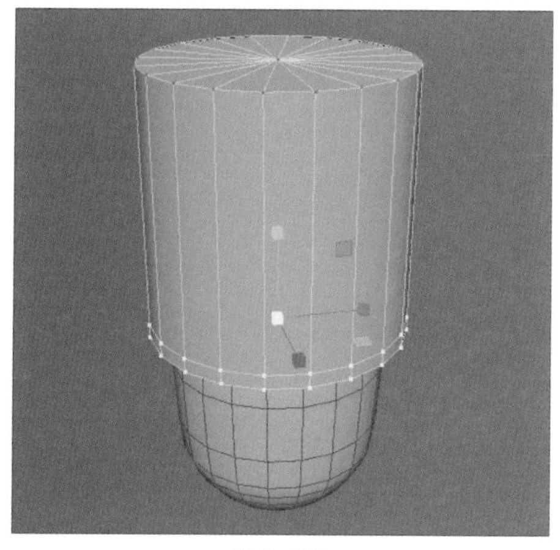

图 3-128

图 3-129

步骤 10 进入“面”编辑模式，选择一个面，按住Shift键加选一圈环形面，如图3-130所示。

步骤 11 单击“挤出”按钮，设置“局部平移Z”参数为1，如图3-131所示。

图 3-130

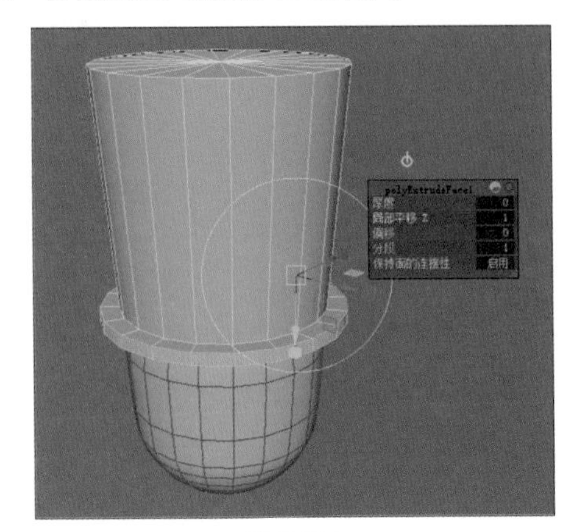

图 3-131

步骤 12 进入“顶点”编辑模式，选择一圈顶点，使用移动工具移动顶点位置，如图3-132所示。

步骤 13 切换到顶视图，选择边缘的半圈顶点并调整位置，如图3-133所示。

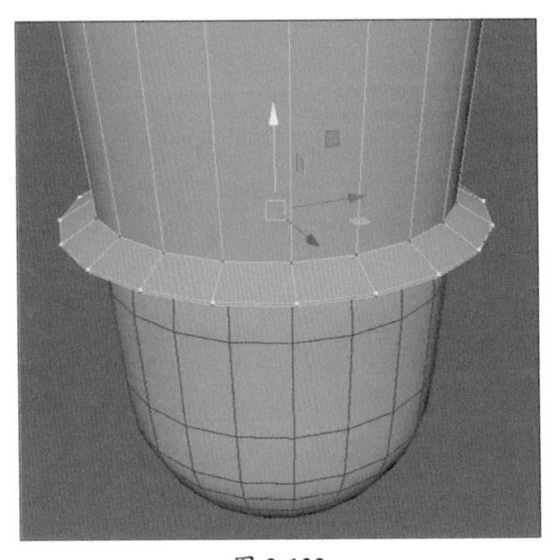

图 3-132

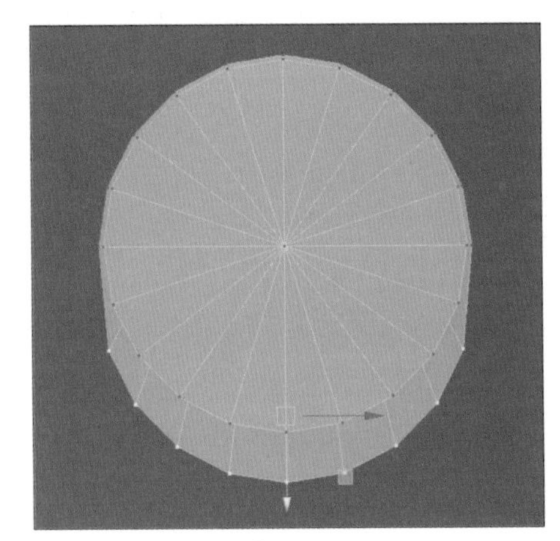

图 3-133

步骤 14 进入“边”编辑模式，选择顶部的一圈边线，如图3-134所示。

步骤 15 执行“编辑网格”|“倒角”命令，在设置框中设置“分段”参数为6，如图3-135所示。

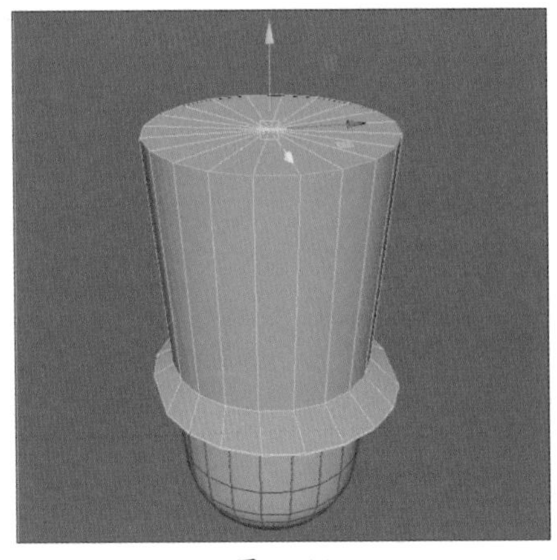

图 3-134

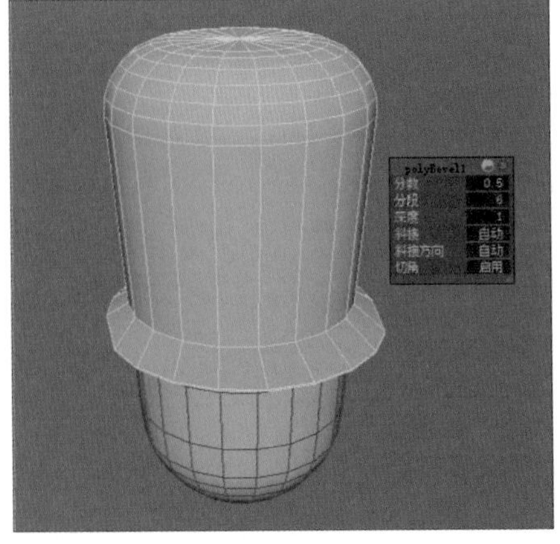

图 3-135

步骤 16 创建一个半径为2的球体，并将其调整到帽子顶部，再使用缩放工具进行垂直缩放，如图3-136所示。

步骤 17 创建一个半径为1的球体，调整其位置，如图3-137所示。

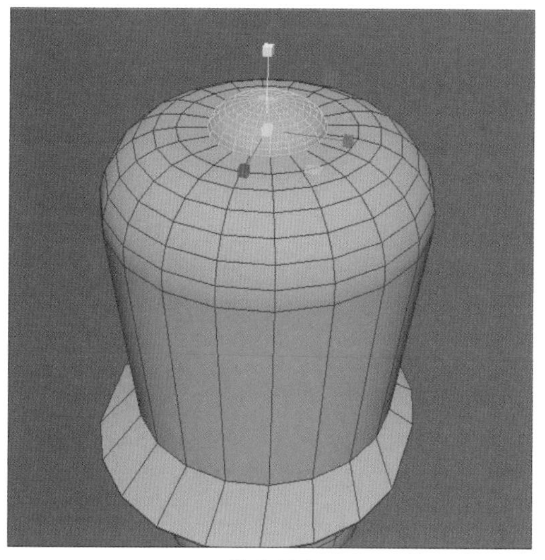

图 3-136

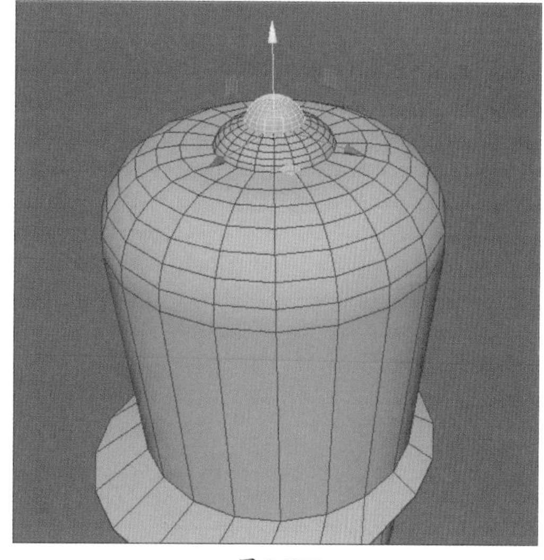

图 3-137

步骤 18 继续创建球体，使用变换工具调整球体的形状、角度和位置，如图3-138所示。

步骤 19 按住Shift键复制对象，再使用缩放工具调整对象形状，如图3-139所示。

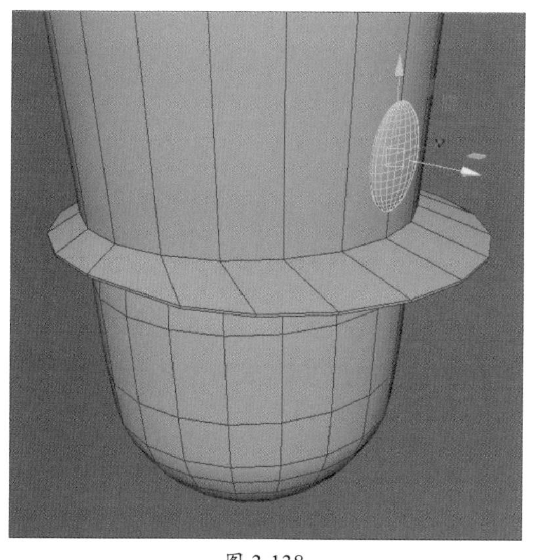

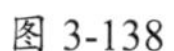

图 3-138

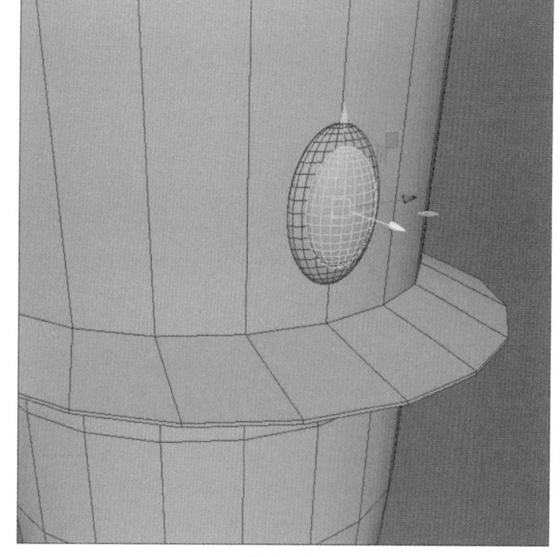

图 3-139

步骤 20 创建一个长方体作为眉毛造型，在通道盒中设置对象参数，如图3-140、图3-141所示。

步骤 21 进入“顶点”编辑模式，在前视图中初步调整眉毛造型，如图3-142所示。

步骤 22 切换到其他视图，继续调整眉毛造型，如图3-143所示。

步骤 23 创建一个圆柱体，在通道盒中设置参数，并使用变换工具调整对象位置和角度，将其作为玩偶的眼睛，如图3-144所示。

步骤 24 选择眉毛和眼睛对象，执行“网格” | “镜像”命令镜像复制对象，如图3-145所示。

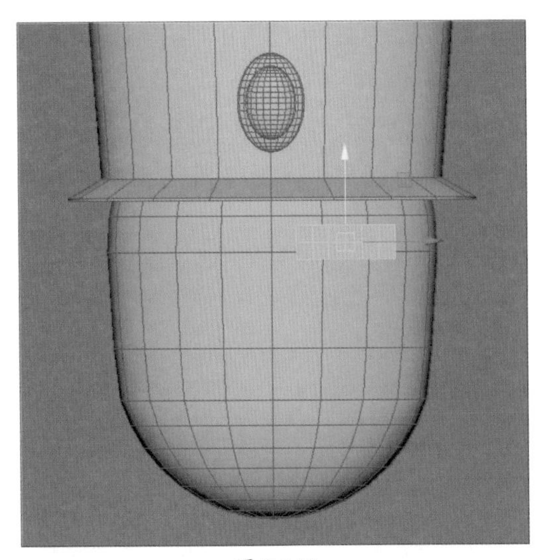

图 3-140

通道 编辑 对象 显示

pCube6

平移 X	2.23
平移 Y	0.014
平移 Z	7.618
旋转 X	0
旋转 Y	0
旋转 Z	0
缩放 X	1
缩放 Y	1
缩放 Z	1
可见性	启用

形状

pCubeShape6

输入

polyCube4

宽度	3
高度	1
深度	1
细分宽度	6
高度细分数	2
深度细分数	2
创建 UV	整体规一...

通道盒/层编辑器 建模工具包 属性编辑器

图 3-141

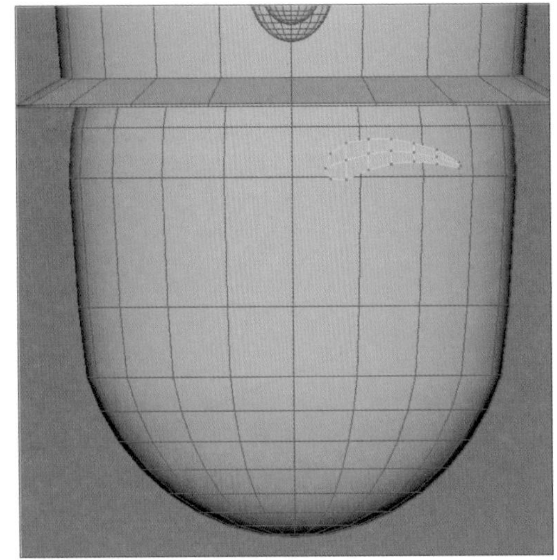

图 3-142

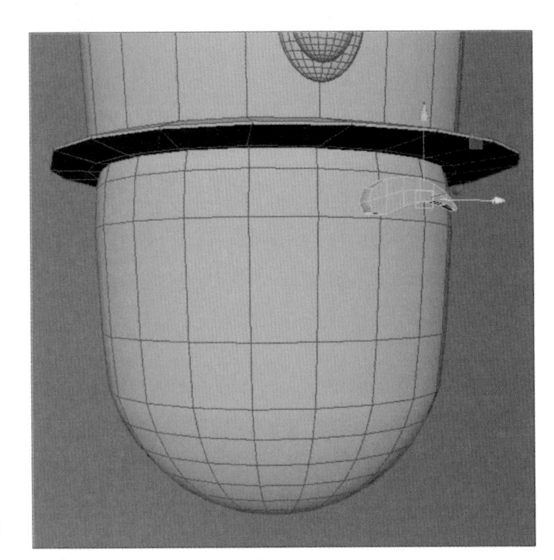

图 3-143

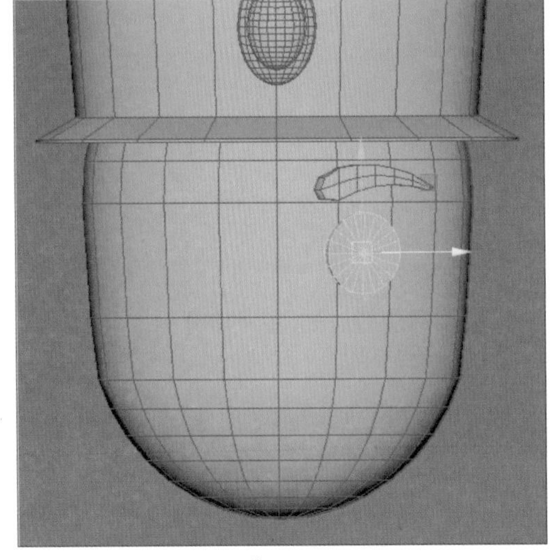

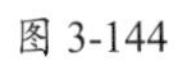

图 3-144

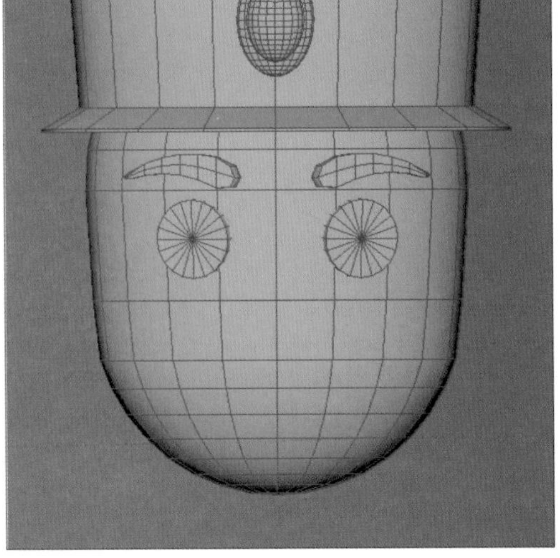

图 3-145

步骤 25 创建一个长方体，制作鼻子造型，在通道盒中设置参数，并调整对象的位置，如图3-146、图3-147所示。

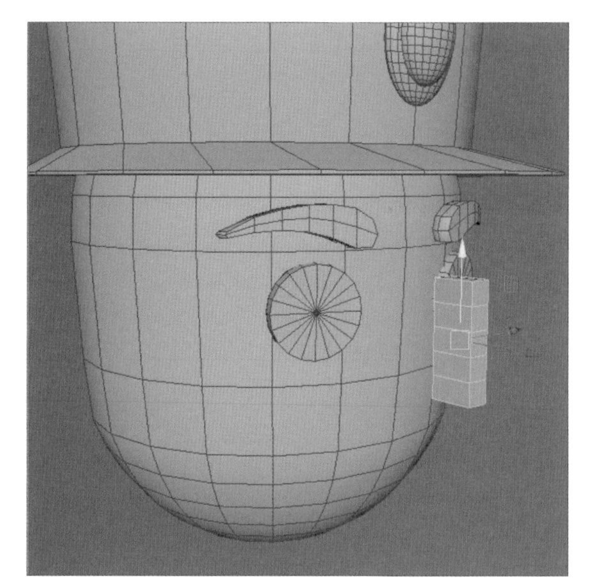

图 3-146

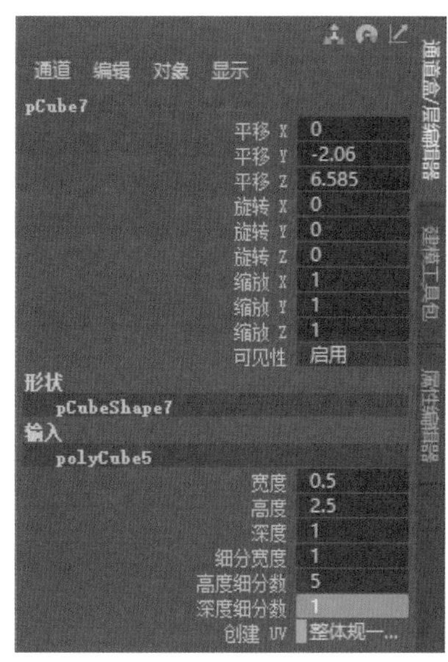

图 3-147

步骤 26 进入“顶点”编辑模式，在左视图中调整顶点。退出编辑模式后调整位置，如图3-148所示。

步骤 27 最后按照制作眉毛的方法制作胡子造型，完成胡桃夹子玩偶的制作，如图3-149所示。

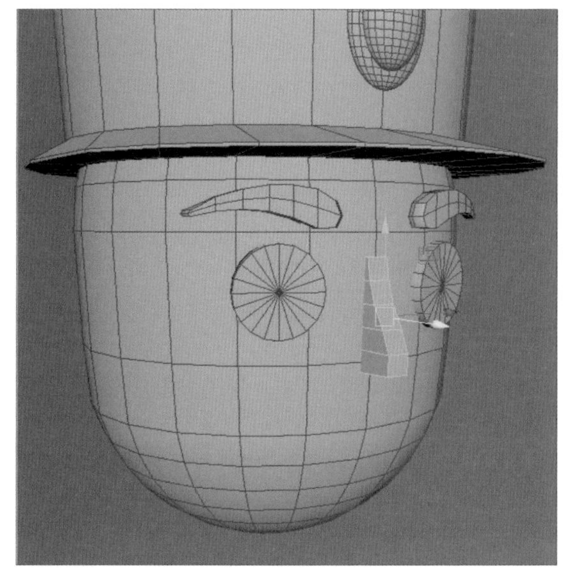

图 3-148

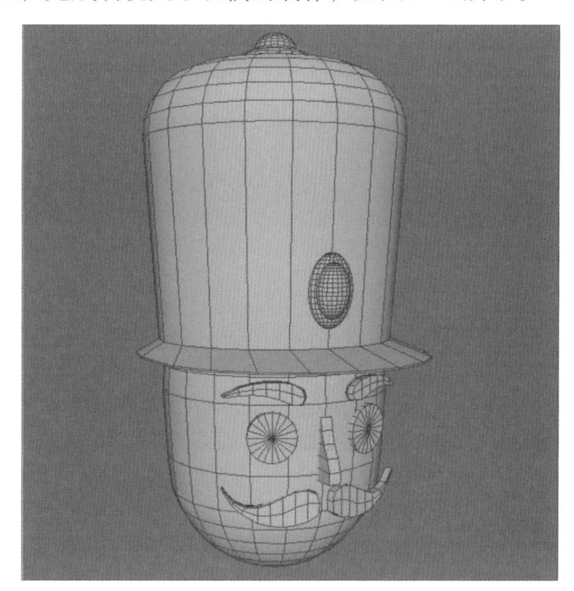

图 3-149

强化训练

1. 项目名称

制作卡通建筑模型。

2. 项目分析

在动画及游戏场景的制作过程中，建筑模型是较为常见的。该模型的制作涉及多边形基本模型的应用，顶点、面等多边形组件的编辑，以及多边形对象的编辑操作等，通过训练可进一步掌握多边形建模技巧。

3. 项目效果

项目效果如图3-150所示。

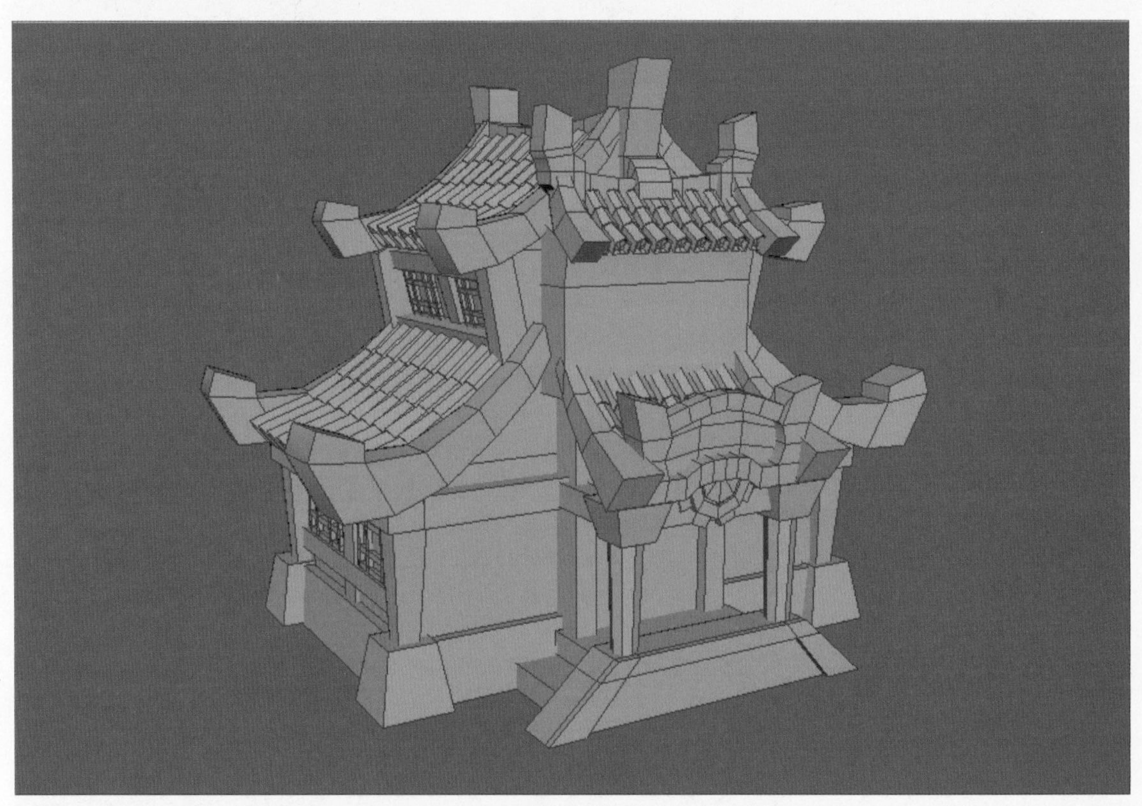

图 3-150

4. 操作提示

①创建长方体，通过长方体变形制作建筑主体轮廓、台阶、斗拱、窗户、基台等造型。

②创建圆柱体，制作瓦片结构。

③利用镜像功能和挤出功能编辑对称多边形，制作门头造型。

第4章

NURBS曲面建模技术

内容导读

NURBS曲面建模主要用于工业造型和生物有机模型的创建，在制作模型时经常会使用到NURBS建模技术。本章将对Maya的NURBS建模技术进行详细介绍，包括NURBS建模基础知识、曲线编辑方法、曲面成形法、曲面编辑方法等。通过本章的学习，可以为制作高难度的模型打下良好的基础。

学习目标

- 了解NURBS建模基础知识
- 掌握NURBS曲线的编辑操作
- 掌握NURBS曲面成形命令的应用
- 掌握NURBS曲面的编辑操作

4.1 NURBS建模基础知识

与传统多边形建模方式相比，NURBS建模技术可以更好地控制模型表面的曲线度，适合创建含有复杂曲线的曲面模型，其造型也更为生动逼真。

4.1.1 NURBS概述

NURBS是非均匀有理B样条线的英文缩写，是一种可以用于创建3D曲线和曲面的几何体类型。用户可以通过以下方法进行NURBS建模。

（1）用NURBS基本体构建三维模型。

该方法是用原始的NURBS基本体进行变形来得到想要的造型，用户可以通过编辑基本体的属性来修改形状，也可以使用修剪工具修剪基本体的形状或使用雕刻工具对基本体进行雕刻等。这种方法灵活多变，对美术功底要求比较高。

（2）从曲线构建三维模型。

该建模方法主要通过由点到线，再由线到面的方法来塑造模型，即利用曲线定义要构建的三维曲面的基本轮廓，再通过修改和编辑这些曲线来更改曲面造型。通过这种方法创建出来的模型精度比较高，很适用于工业领域的模型。

4.1.2 创建NURBS基本体

操作技巧

勾选“交互式创建”复选框后，用户可以通过使用鼠标创建、定位和缩放基本体，而不必使用变换工具。如果要以交互方式创建多个基本体，需要取消勾选“完成时退出”复选框。

在Maya中，用户可以使用多种方法创建NURBS基本体，这些基本体即可按原样使用，也可以用作三维建模的起点。

Maya中提供了球体、立方体、圆柱体、圆锥体、平面、圆环、圆形、方形八种NURBS基本体，可以原样使用，也可以作为三维建模的起点。执行“创建”|“NURBS基本体”命令，在展开的列表中可以选择需要的几何形状，如图4-1所示。因创建NURBS基本体与创建多边形基本体的方法大同小异，故此不再对创建方法进行一一赘述。

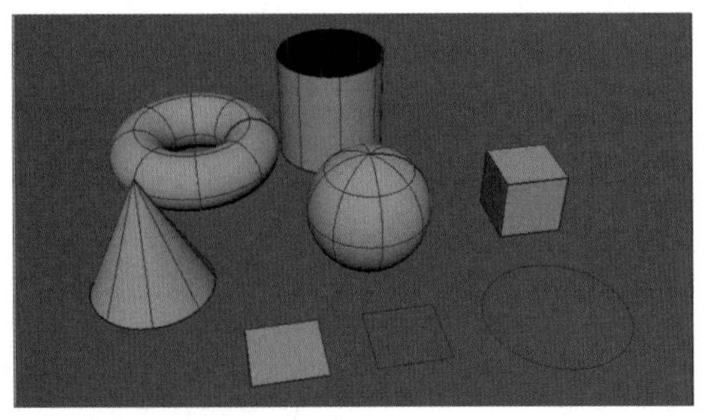

图 4-1

4.1.3 创建NURBS曲线

执行“创建”|“曲线工具”命令，可看到六种曲线创建工具。不管用何种方法，创建出来的曲线都是由控制点、编辑点和壳线等基本元素组成。这里列举一些有代表性的曲线创建工具。

1. CV 曲线工具

CV曲线工具是通过创建控制点来绘制曲线的。通过对控制点的调节，可在保持曲线平滑的前提下对曲线进行调整，不会破坏曲线的连续性。

选择CV曲线工具，在场景中创建控制点。在创建过程中，控制点的数量、距离、位置都会影响生成曲线的形状，如图4-2所示。

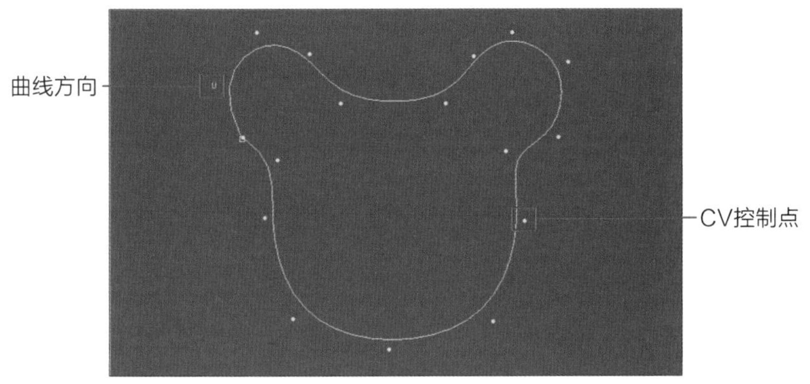

图 4-2

在操作过程中，当一个控制点创建后，可长按鼠标左键来拖曳控制点的位置，也可在创建控制点结束后长按鼠标滚轮来修改控制点位置。当曲线绘制完成后，按Enter键可生成绘制的曲线。

若想绘制直线，可打开CV曲线的“工具设置”面板，调整“曲线次数”选项为“1线性”。在绘制过程中，按住Shift键可绘制水平或垂直线段，如图4-3、图4-4所示。

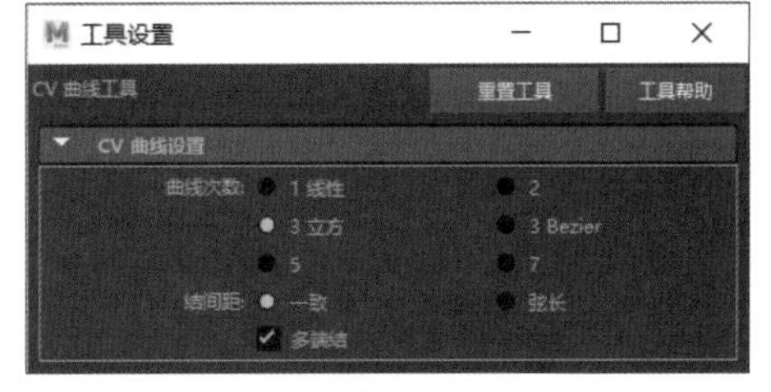

图 4-3

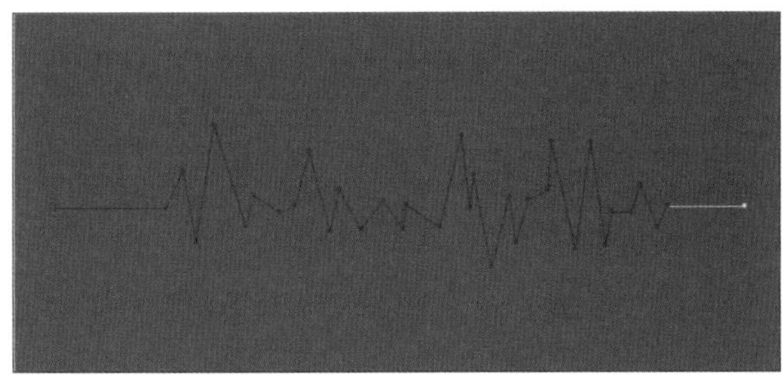

图 4-4

学习笔记

下面介绍“工具设置”面板中各属性的含义。

- **曲线次数：** 数值越高，曲线越平滑。默认设置“3立方”适用于大多数曲线。
- **结间距：** 包括“一致”和“弦长”两种类型，用于设置Maya将位置指定给编辑点的方式。
- **多端结：** 启用该选项时，曲线的末端编辑点将在末端CV点上重合，这会使曲线的末端区域更易于控制。

2. EP 曲线工具

EP曲线工具也是绘制曲线的常用工具，其特点是可精确地控制曲线所经过的位置。EP曲线工具的参数设置和绘制方式与CV曲线类似，如图4-5所示。只不过EP曲线是通过绘制编辑点的方式来绘制曲线，会在创建的多个编辑点之上生成线段，如图4-6所示。

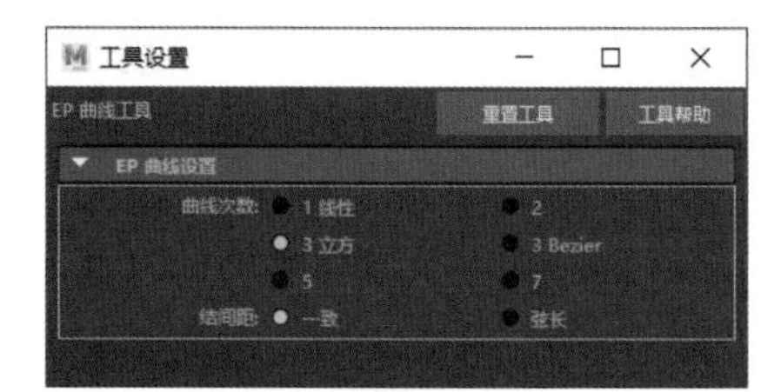

图 4-5

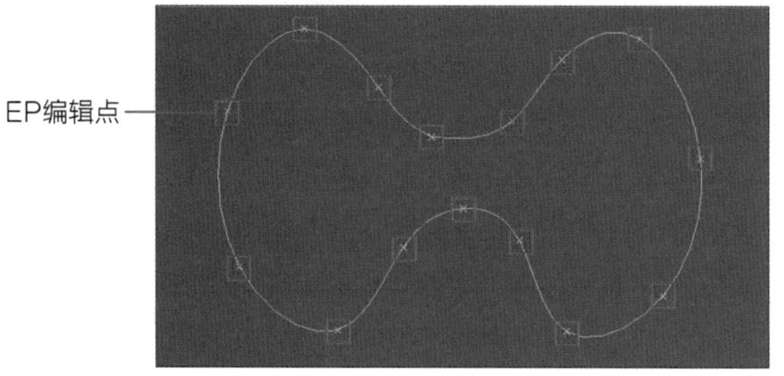

图 4-6

3. Bezier 曲线工具

Bezier曲线工具可以通过放置Bezier定位点来绘制曲线，用户则可以通过编辑定位点的位置或操纵定位点上的切线控制柄来更改曲线形状，如图4-7所示。

图 4-7

4. 铅笔曲线工具

有时候，用户可以使用铅笔曲线工具徒手绘制NURBS曲线。执行“创建”|“曲线工具”|“铅笔曲线工具”命令，按住鼠标左键并拖曳可以绘制曲线草图，释放鼠标即可完成曲线的绘制，如图4-8所示。

图 4-8

5. 创建三点圆弧曲线

圆弧工具可用来创建圆弧形的曲线。在绘制过程中，是通过指定三个圆弧点来生成一段弧形曲线。绘制完成后，用户也可滑动鼠标滚轮再次对圆弧进行修改，如图4-9所示。

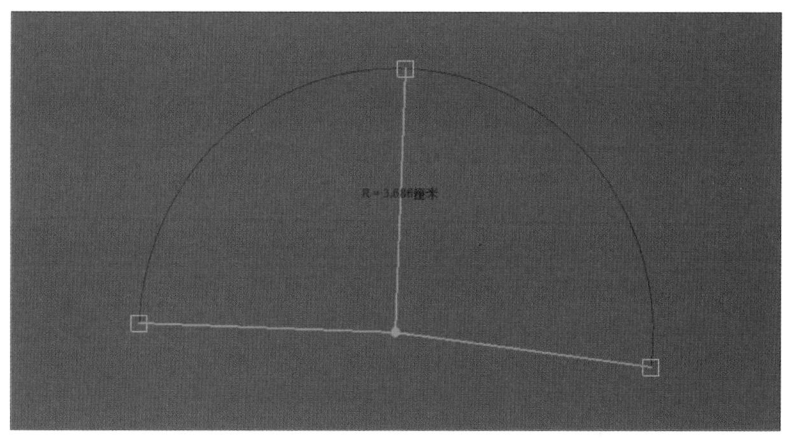

图 4-9

6. 创建圆形和方形

在“曲线/曲面”工具架上，可以找到相关曲线的创建快捷图标，其中有两个曲线的预设形状，分别是圆形和方形，如图4-10所示。

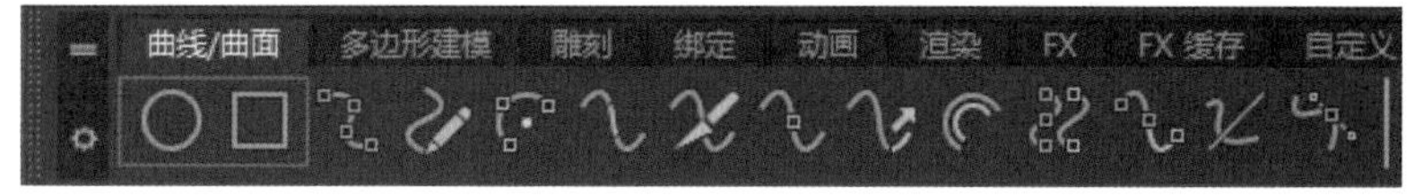

图 4-10

用户可单击图标并在场景中拖曳鼠标来创建预设曲线。值得注意的是，方形曲线并不是一条循环封闭的曲线，它只是由四条直线组成的一个形状组合，如图4-11所示。

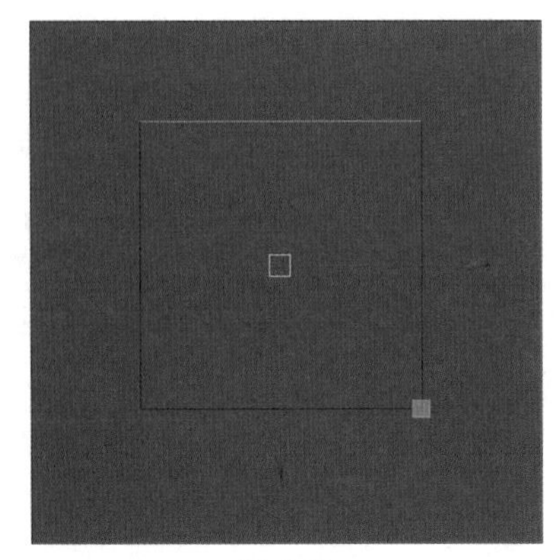

图 4-11

4.2 曲线编辑

通常来讲，对曲线进行简单的形状调整时，可直接选择曲线后长按鼠标右键，切换至曲线的编辑点或控制顶点模式，通过调整点的位置来修改曲线形状，如图4-12、图4-13所示。

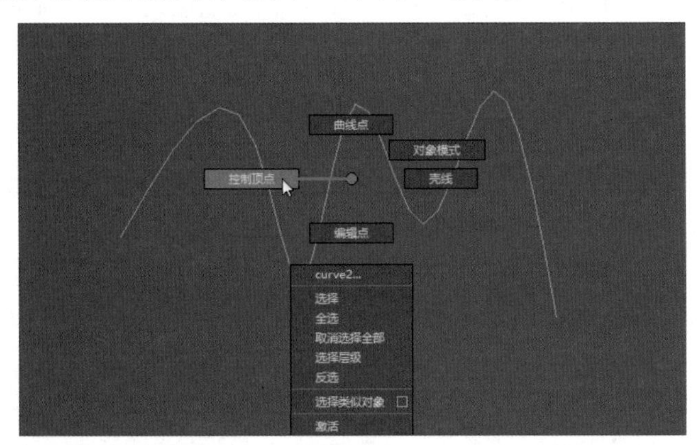

图 4-12

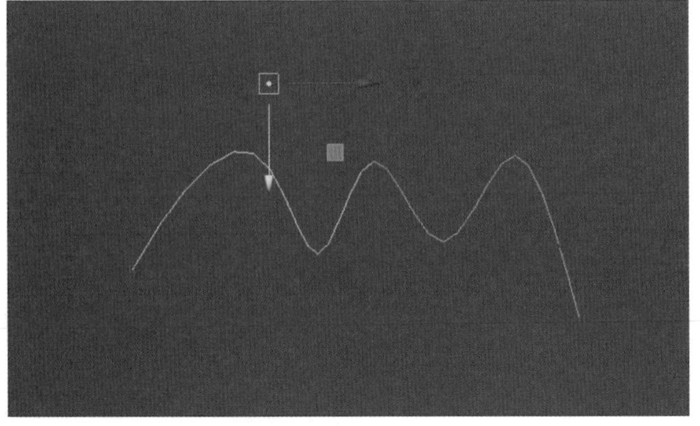

图 4-13

4.2.1 附加

使用附加曲线工具可将断开的两条曲线进行合并，连接为一条曲线。使用工具时，需对工具的设置有一定的了解。在“曲线”菜单中单击“附加”命令右侧的设置按钮，会打开“附加曲线选项”面板，如图4-14所示。

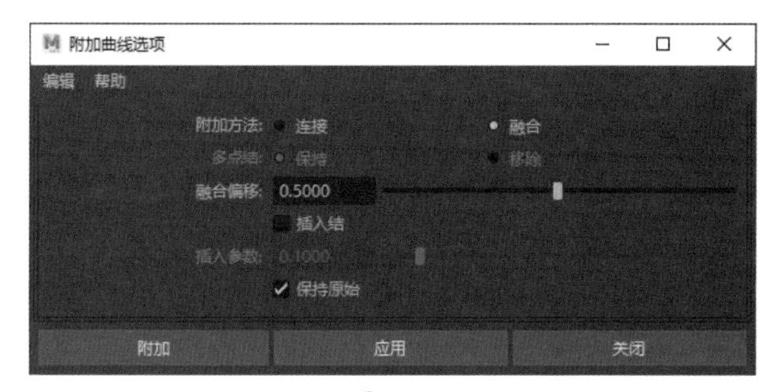

图 4-14

“附加方法”会直接影响曲线连接的平滑程度：“连接”选项只进行曲线的连接，不会对曲线的连接进行平滑处理，所以会产生尖锐的角；“融合”选项可使两条曲线的附加点以平滑的方式过渡，并且可调整平滑度，如图4-15、图4-16所示。

图 4-15

图 4-16

操作技巧

在“附加曲线选项”面板中勾选“保持原始”复选框，附加曲线后将保留原始的曲线；取消选择该选项时，附加曲线后将删除原始曲线。

4.2.2 分离

与附加工具相反，使用分离曲线工具可将一条NURBS曲线从指定的点分离出来，也可将一条封闭的NURBS曲线分离成开放的曲线。

在实际操作中，需要先进入曲线的“编辑点”模式，在曲线上设置一个或多个点来标记分离的位置，再使用分离曲线工具完成分离，如图4-17、图4-18所示。

知识拓展

添加点工具可以使已经创建好的曲线再进入绘制模式，并可以继续曲线的绘制。

图 4-17

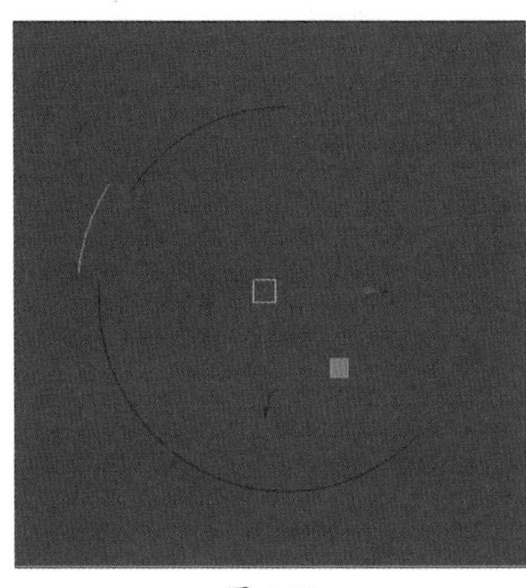

图 4-18

4.2.3 对齐

对齐曲线工具可对齐两条曲线的最近点，也可按曲线上的指定点进行对齐，并保持曲线位置、切线和曲率的连续性，如图4-19、图4-20所示。

图 4-19

图 4-20

单击“对齐”命令后的设置按钮，会打开“对齐曲线选项”面板，如图4-21所示。下面介绍面板中各属性的含义。

- **附加：**将对接的两条曲线连接为一条曲线。
- **多点结：**用来选择是否保留附加处的结构点。
- **连续性：**决定对连接处的连续性。

- **修改位置：** 用来决定移动哪条曲线来完成对齐操作。
- **修改边界：** 以改变曲线外形的方式来完成对齐操作。
- **修改切线：** 使用“切线”或“曲率”对齐曲线时，该选项决定改变哪条曲线的切线方向或曲率来完成对齐操作。
- **切线比例：** 用来缩放第一个或第二个选择曲线的切线方向的变化大小，在使用命令后可在通道盒中修改参数。
- **保持原始：** 勾选该复选框后，会保留原始的两条曲线。

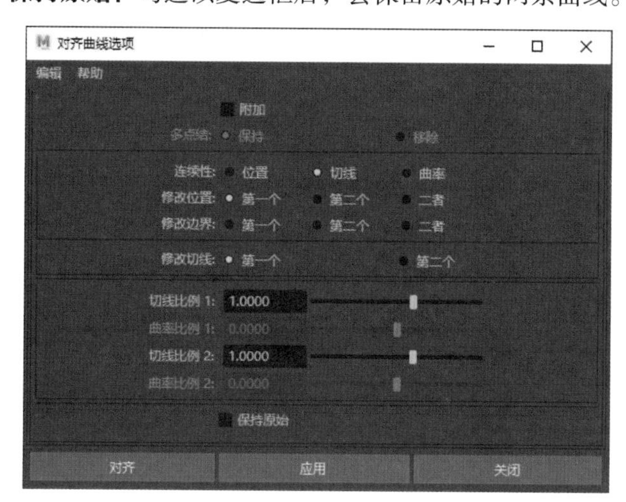

图 4-21

4.2.4 圆角

使用“圆角”命令可让两条相交曲线或两条分离曲线之间产生平滑的过渡曲线，如图4-22、图4-23所示。

图 4-22

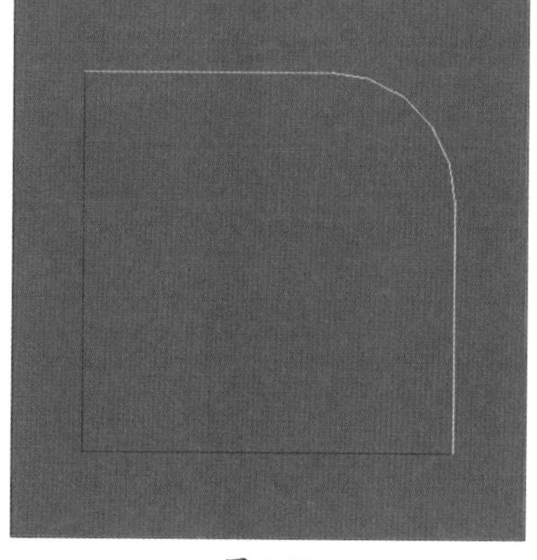

图 4-23

单击“圆角”命令后的设置按钮，会打开“圆角曲线选项”面板，用户可选择“修剪”选项来删除倒角后原始曲线的多余部分，也可选择“接合”选项来将修剪后的曲线合并成一条完整的曲线，还可修改“半径”值调整倒角的度数，如图4-24所示。

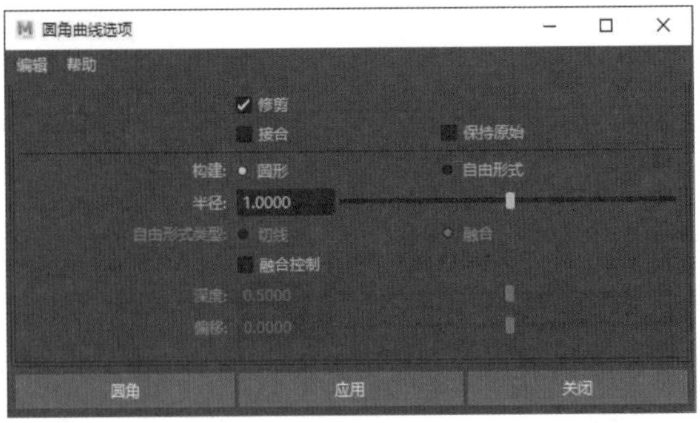

图 4-24

4.2.5 偏移

利用偏移曲线工具可以将曲线平行复制一个新的曲线，如图4-25、图4-26所示。

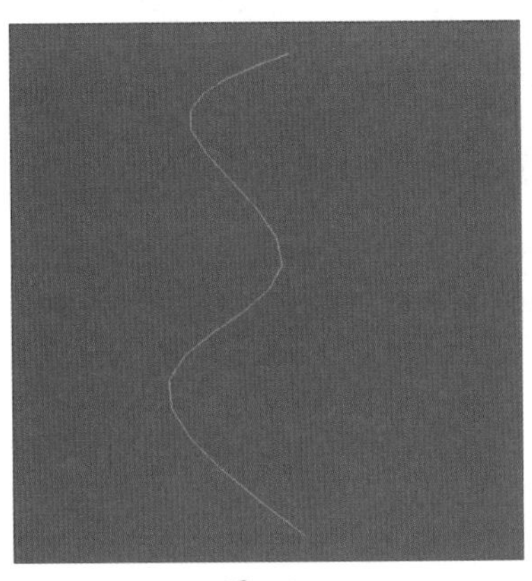

图 4-25

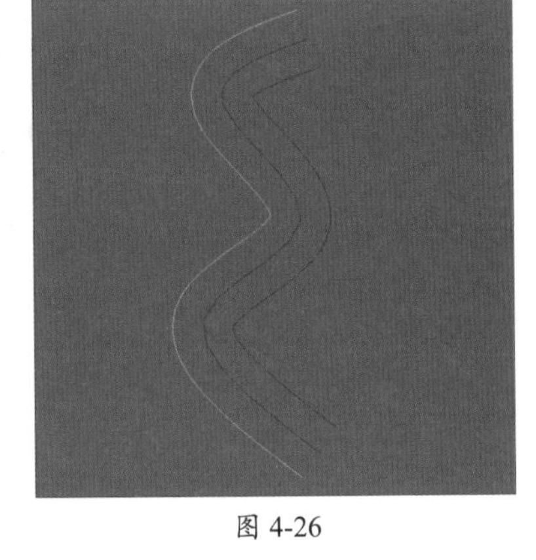

图 4-26

知识拓展

使用“开放/闭合”曲线工具可将开放的曲线变成封闭的曲线，或将封闭的曲线变成开放的曲线。

在操作之前，要先设置其偏移距离，如图4-27所示。

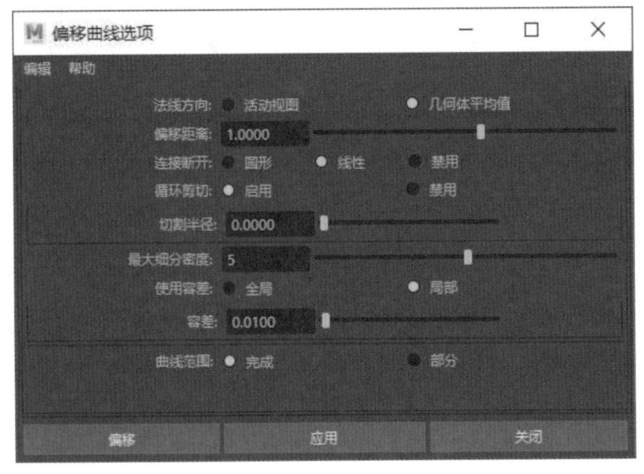

图 4-27

4.2.6 重建

使用“重建”命令可修改曲线的一些属性，如结构点的数量和重建次数等，如图4-28、图4-29所示。

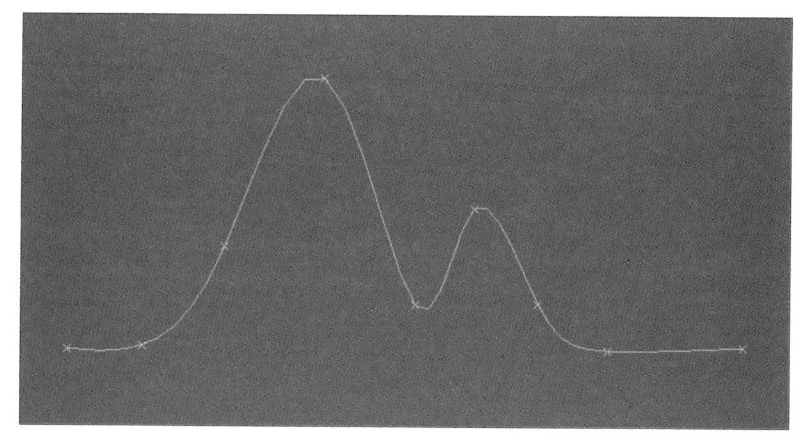

图 4-28

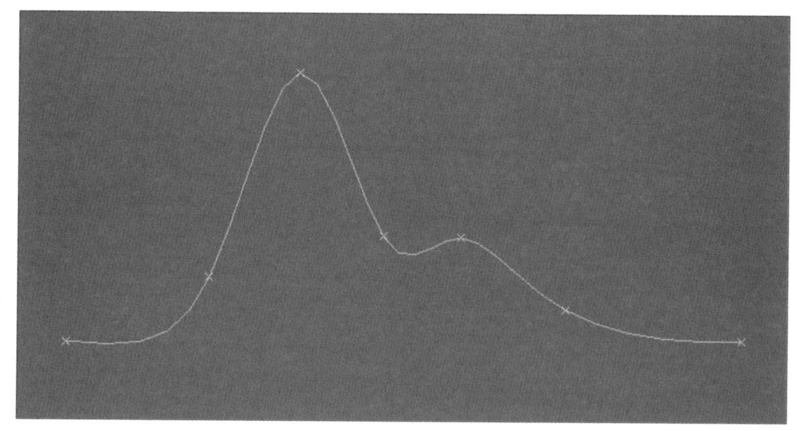

图 4-29

单击“重建”命令后的设置按钮，打开“重建曲线选项”面板，在这里可以设置重建曲线的类型、参数范围、跨度数、次数等参数，如图4-30所示。

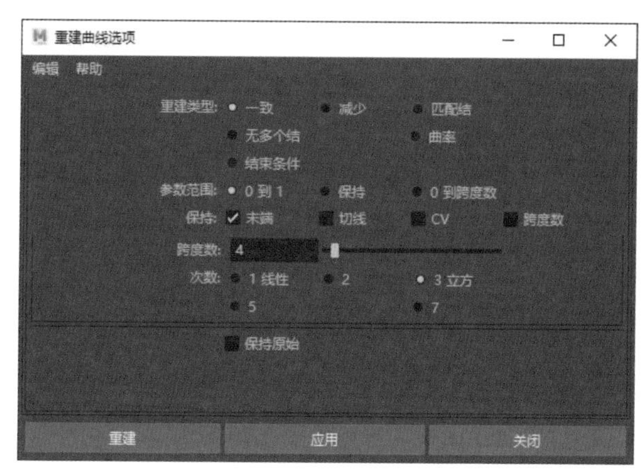

图 4-30

下面介绍面板中各属性的含义。

- **重建类型：**选择重建曲线的类型。
- **参数范围：**选择曲线的参数设定范围。

- **保持：** 如果重建曲线具有原始的结束点、切线、CV或跨度数，则可以根据需要选择。“跨度数”选项仅可与“一致”选项结合使用。
- **跨度数：** 指定结果曲线中的跨度数。
- **次数：** 次数越高，曲线就越平滑。默认“3立方”适用于大多数曲线。
- **保持原始：** 保持原始曲线并创建新曲线作为重建曲线。这对于比较具有不同选项的多个曲线很有用。

4.3 曲面一般成型法

创建NURBS曲线后，用户可以利用NURBS一般成型法将创建好的二维曲线框架转化为三维实体模型。

“曲面”菜单下的NURBS曲面的创建命令，都是通过绘制好的曲线进行生成曲面，在此仅介绍较为基础的四种通过曲线生成曲面的工具。

4.3.1 平面

使用“平面”命令可将封闭的曲线、路径或剪切边等生成为一个平面，这些曲线、路径和剪切边都必须位于同一水平面内，如图4-31、图4-32所示。

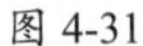

图 4-31

图 4-32

4.3.2 旋转

“旋转”命令是一种针对二维曲线创建曲面的一般成型法，属于NURBS曲线建模中较为常用的方法之一。利用“旋转”命令可将一条NURBS曲线的轮廓线生成一个曲面，并且可随意控制旋转角度，如图4-33、图4-34所示。

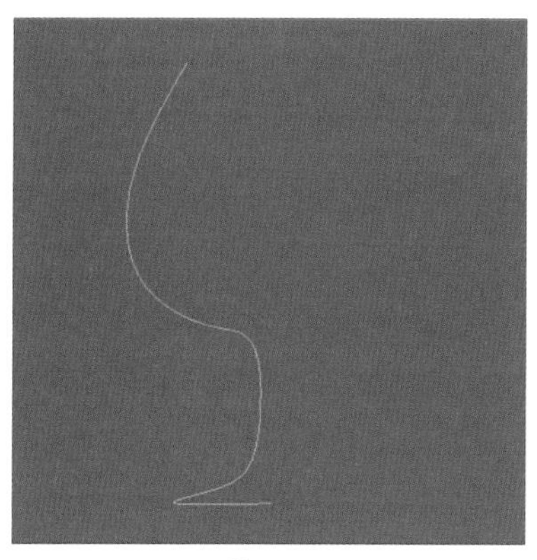
图 4-33

图 4-34

打开“旋转选项”面板，用户可对旋转轴向及曲面的段数等参数做相关调整，如图4-35所示。

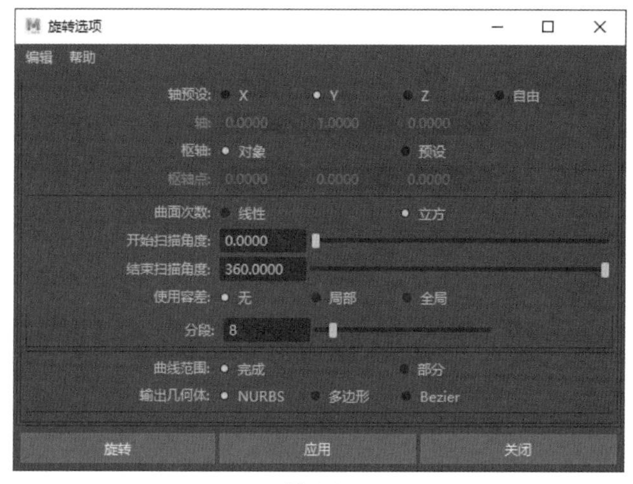

图 4-35

学习笔记

通常在使用“旋转”命令创建曲面之后，可在通道盒中设置旋转参数，对旋转的角度进行后期的调整，如图4-36、图4-37所示。

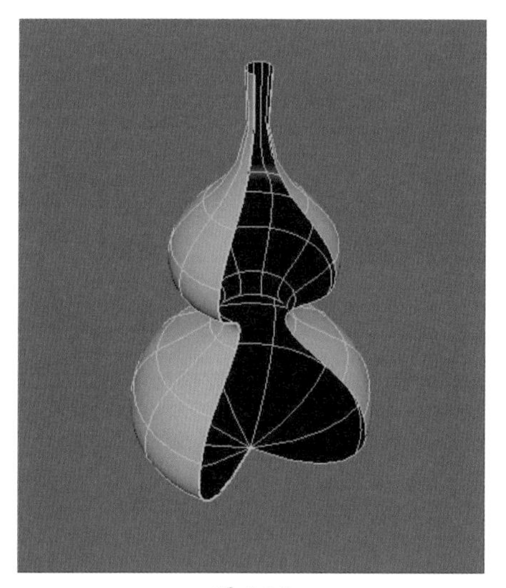
图 4-36

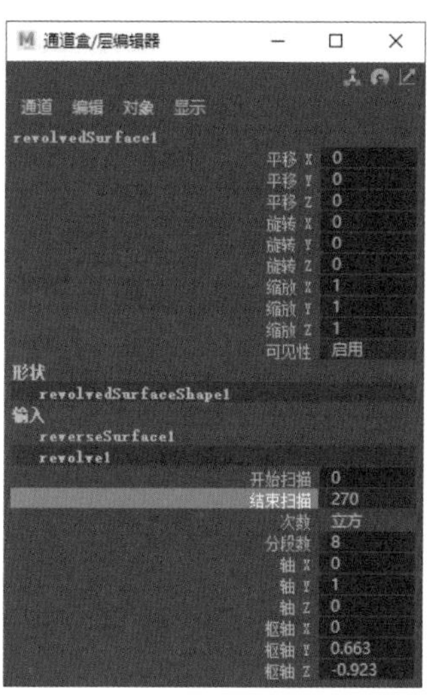

图 4-37

4.3.3 挤出

使用“挤出”命令，既可以将选定的曲线沿指定方向挤出一定的距离，也可以将所选曲线中的某一曲线作为路径，然后沿着这个路径曲线扫描剖面曲线，从而创建曲面模型。

在实际操作中，在创建一条轮廓线及一条路径线后，依次加选轮廓线和路径线，再使用“挤出”命令即可，如图4-38、图4-39所示。

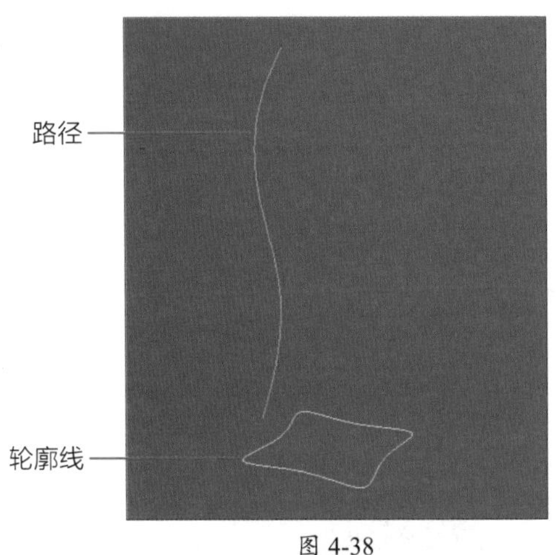

图 4-38

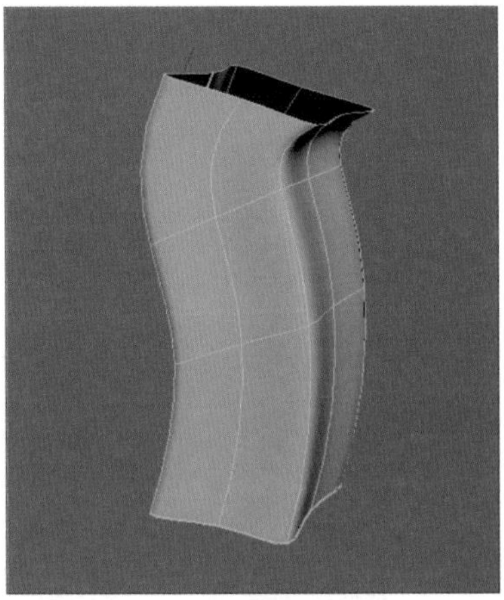

图 4-39

在“挤出选项”面板中，设置不同的样式、结果位置、枢纽及方向，会带来不同的曲面模型，如图4-40所示。

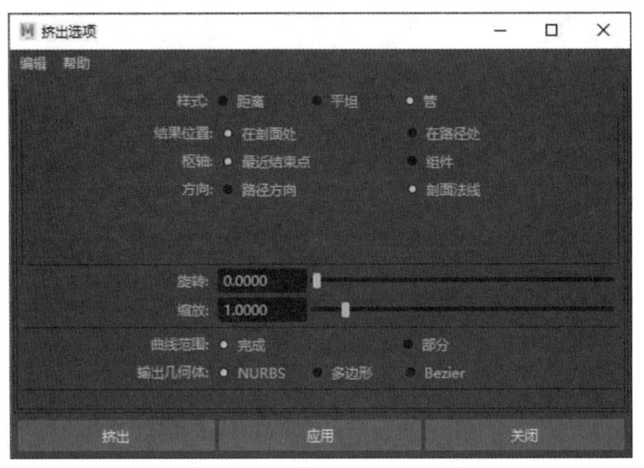

图 4-40

4.3.4 放样

使用“放样”命令，可以将多个样条线作为放样的横截面或图形，然后在这些横截面与图形之间生成曲面，从而创建一个三维曲面。在实际操作中，对多条曲线进行放样时，需要按创建顺序依次加选曲线后，再使用“放样”命令，如图4-41、图4-42所示。

图 4-41

图 4-42

课堂练习 制作酒壶模型

本案例将利用所学知识制作一个酒壶模型，其中详细介绍了NURBS曲面成形的操作技巧。具体操作步骤如下。

步骤 01 切换到左视图，使用EP曲线工具绘制酒壶的壶身轮廓，如图4-43所示。

步骤 02 选择对象，执行“曲面”|“旋转”命令，创建出壶身曲面造型。切换到透视图，效果如图4-44所示。

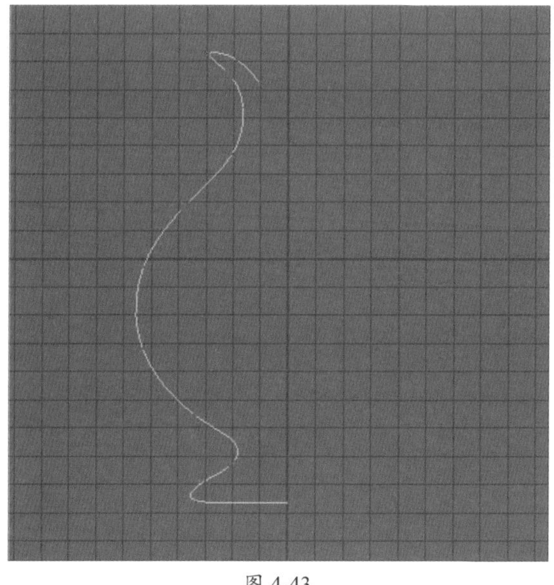
图 4-43

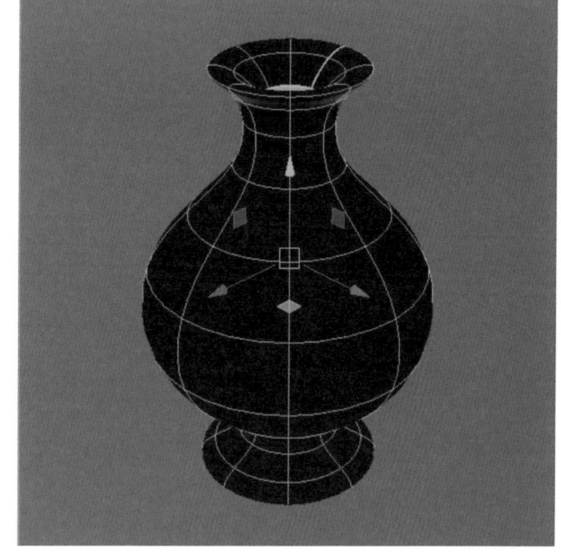
图 4-44

步骤 03 执行“曲面”|“反转方向”命令，反转曲面的正反面，如图4-45所示。

步骤 04 使用EP曲线工具绘制酒壶盖轮廓，如图4-46所示。

图 4-45

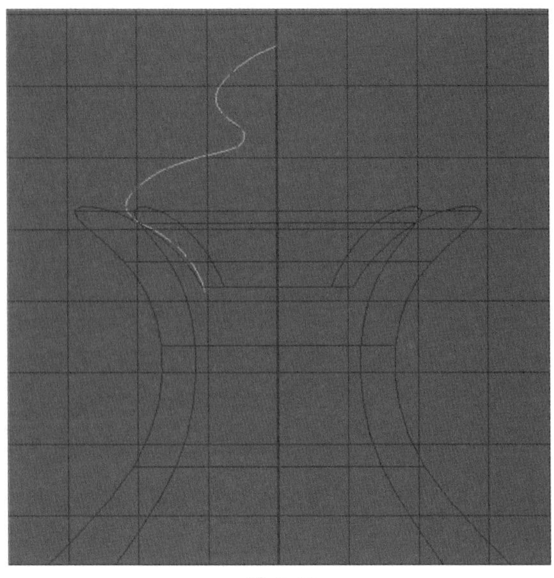

图 4-46

步骤 05 执行“曲面”|“旋转”命令，创建壶盖模型，如图4-47所示。

步骤 06 在工具架中单击“NURBS圆形”按钮创建一个圆形，在通道盒中调整对象半径为0.3，设置Z轴的旋转值为90°，再调整对象位置，如图4-48所示。

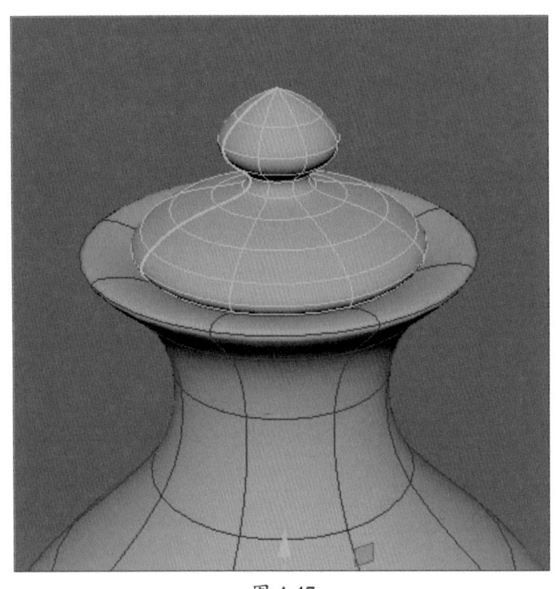

图 4-47

图 4-48

步骤 07 激活EP曲线工具，按住C键捕捉圆形顶部的点，绘制壶把轮廓路径，如图4-49所示。

步骤 08 依次选择圆形和曲线路径对象，执行“曲面”|“挤出”命令，制作酒壶把手，如图4-50所示。

步骤 09 执行“曲面”|“反转对象”命令，改变正反面，再使用变换工具调整曲线角度和位置，如图4-51所示。

步骤 10 切换到前视图，创建多个圆形，设置半径尺寸并旋转角度进行排列，如图4-52所示。

图 4-49

图 4-50

图 4-51

图 4-52

步骤 11 按照顺序选择圆形，执行“曲面”|“放样”命令，制作壶嘴造型。调整曲线位置，删除多余的曲线，即可完成酒壶模型的制作，如图4-53所示。

图 4-53

4.4 曲面特殊成形法

有时，创建的表面并不是规则的，例如窗帘的表面应当产生起伏的效果等，为此Maya提供了一种特殊的造型方法（曲面）。本节将介绍“曲面”菜单下，利用曲线生成较为复杂曲面的四种工具。

4.4.1 双轨成形

“双轨成形”是一种沿两条路径曲线扫描一系列剖面曲线创建一个曲面的建模方法，该方法生成的曲面可以与其他曲面保持连续性。“双轨成形”命令下包含三个子命令，分别是“双轨成形1工具”“双轨成形2工具”“双轨成形3+工具”，用户可以根据要使用的剖面曲线数来选择工具。

学习笔记

1. 双轨成形 1 工具

使用双轨成形1工具可让一条轮廓线沿着两条路径线进行扫描，从而生成曲面。在实际操作中，创建两条路径线及一条轮廓线，并保证轮廓线的两端分别捕捉在两条路径线上，选择轮廓线之后再加选两条路径线，然后应用双轨成形1工具即可，如图4-54、图4-55所示。

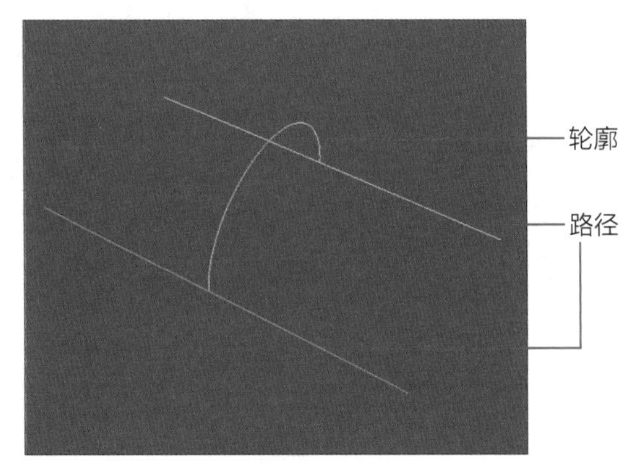

图 4-54

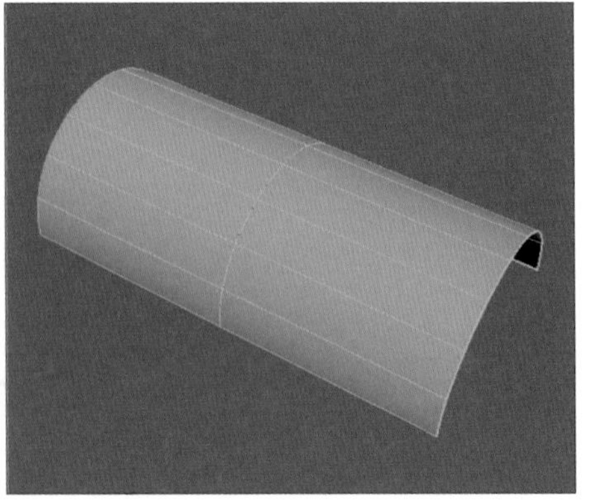

图 4-55

2. 双轨成形 2 工具

使用双轨成形2工具可沿着两条路径线在两条轮廓线之间生成一个曲面。在实际操作中，创建两条路径线及两条轮廓线，并保证轮廓线的两端分别捕捉在两条路径线上（选择时注意对象的选择顺序：先选择两条轮廓线后，加选两条路径线），再应用“双轨成形2工具”即可，如图4-56、图4-57所示。

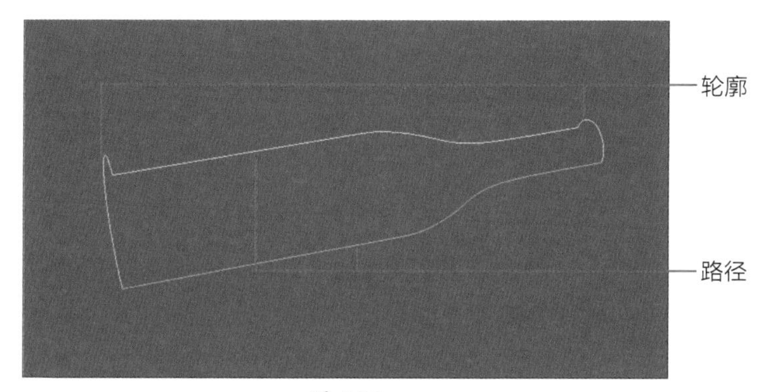

图 4-56

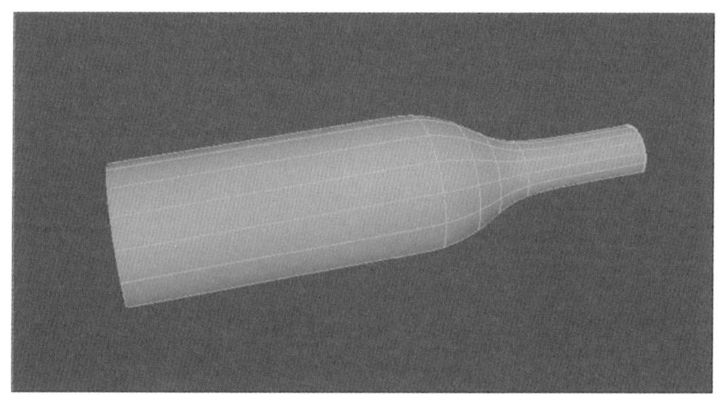

图 4-57

3. 双轨成形 3+ 工具

使用双轨成形3+工具可通过两条路径线和多条轮廓线来生成曲面。在实际操作中，操作方法和前两种工具略有不同，使用双轨成形3+工具后，选择所有的轮廓线并按Enter键，加选两条路径线即可生成曲面，如图4-58、图4-59所示。

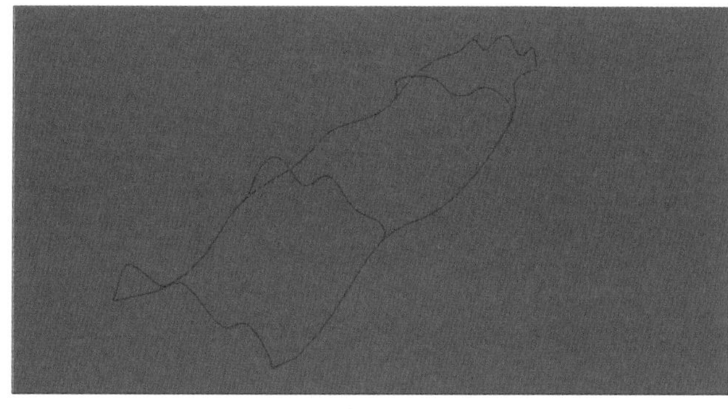

图 4-58

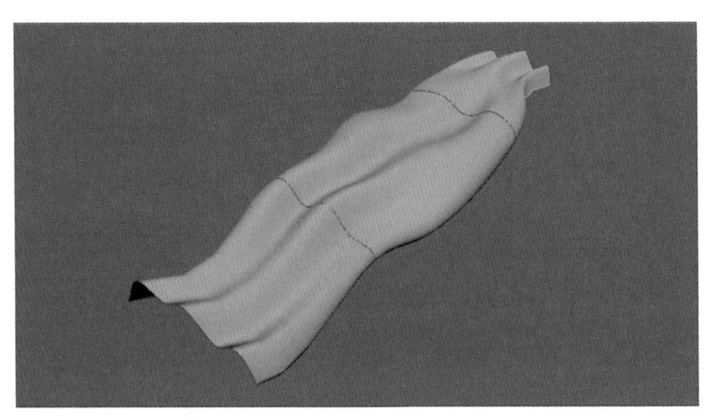

图 4-59

4.4.2 边界

使用边界工具可以在已创建的边界曲线之间进行相应的插值填充，从而创建出三维曲面，如图4-60、图4-61所示。和平面工具不同，边界工具不需要所有的边都保持在同一水平面之上。

知识拓展

“方形”命令与“边界”命令较为相似，不同的是为了创建方形曲面，必须使三或四条边界曲线相交，且按顺时针或逆时针方向依次选择这些曲线。

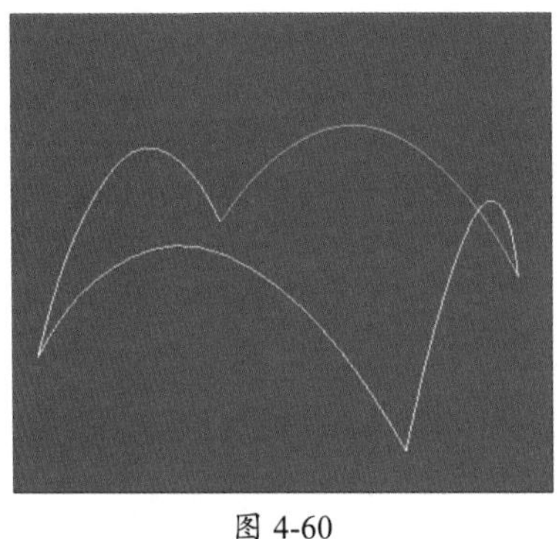

图 4-60

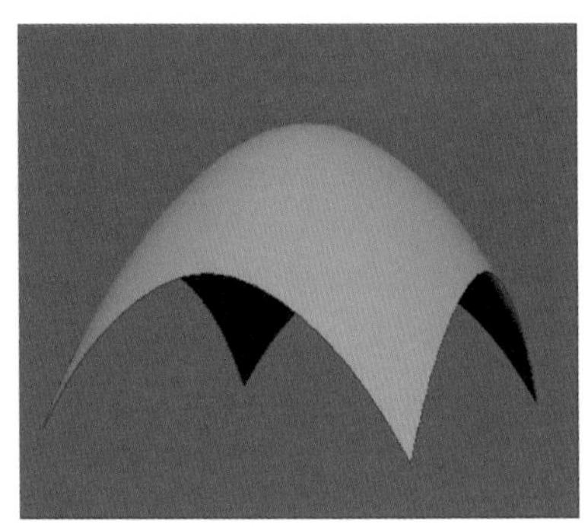

图 4-61

4.4.3 方形

方形工具可在三条或四条曲线间生成曲面，也可在几个曲面相邻的边生成曲面，并且会保持曲面间的连续性。实际操作如图4-62、图4-63所示。

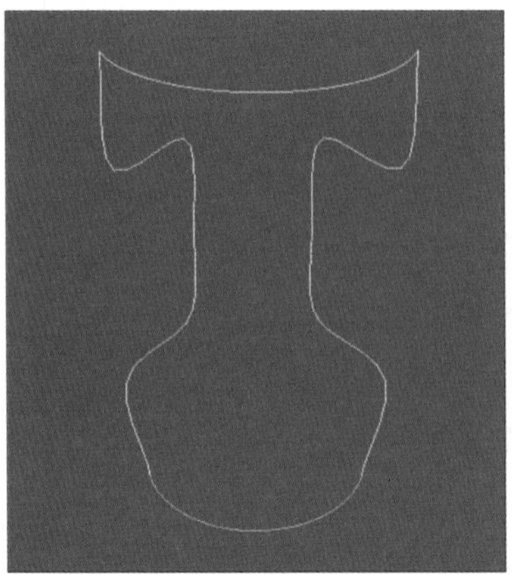

图 4-62

图 4-63

4.4.4 倒角

倒角工具可使用曲线创建一个倒角曲面对象，倒角对象的类型可通过相应的参数来进行设定，如图4-64所示。

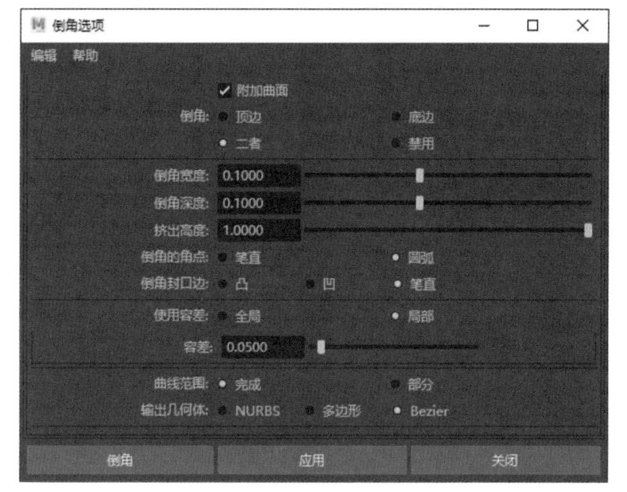

图 4-64

实际操作效果如图4-65、图4-66所示。

图 4-65

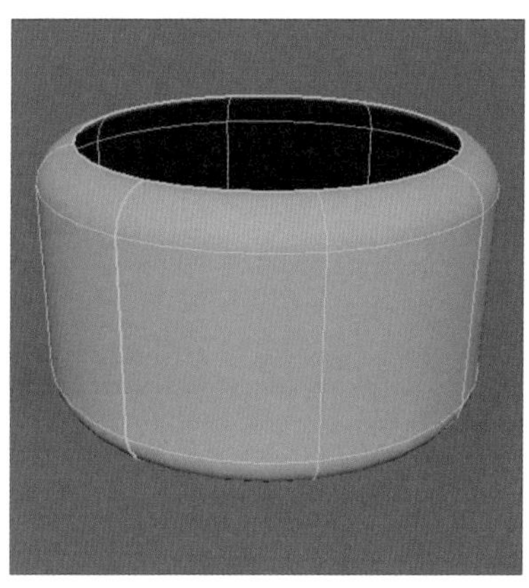

图 4-66

知识拓展

倒角+工具是倒角工具的升级版，该命令集合了非常多的倒角效果，如图4-67所示。

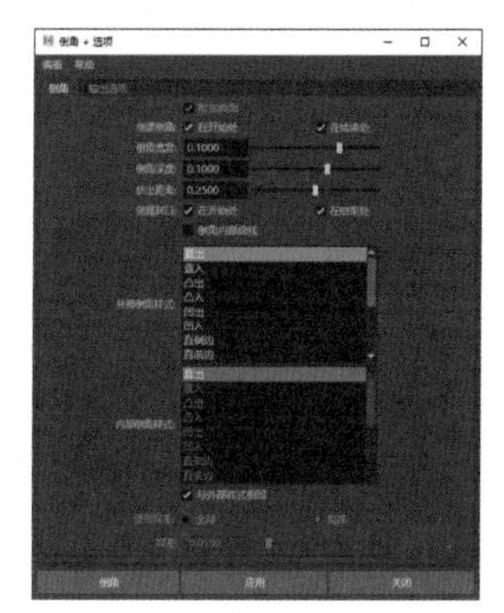

图 4-67

课堂练习 制作壁灯模型

本案例将使用NURBS曲线工具绘制目标图案形状，并生产曲面模型。在制作模型的过程中，可熟悉NURBS曲面的绘制方法，掌握绘制技巧，并能合理使用曲面编辑工具。

步骤 01 在工具架的“曲线/曲面”选项板中单击“NURBS圆形”按钮，创建一个圆形，如图4-68所示。

步骤 02 激活移动工具，按住Shift键沿Y轴复制圆形，如图4-69所示。

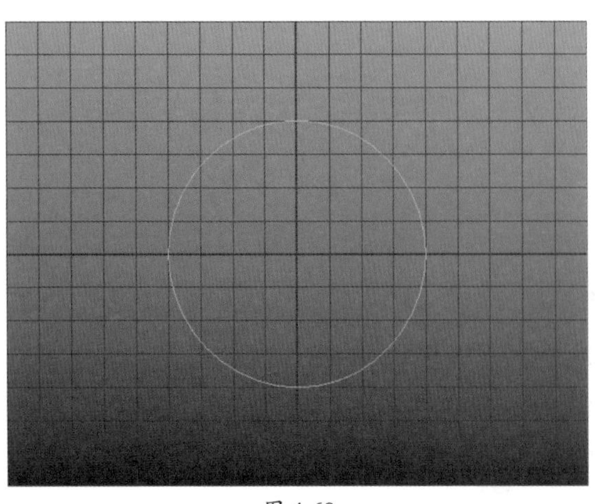

图 4-68

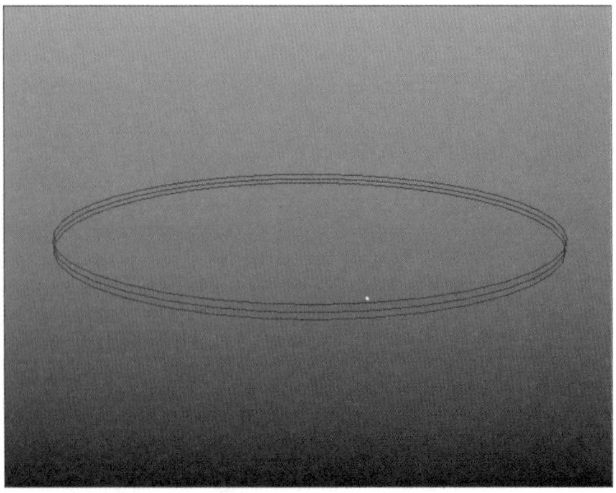

图 4-69

步骤 03 选择底部的圆，利用缩放工具将其适当缩小，如图4-70所示。

步骤 04 继续复制圆形，并使用变换工具调整圆的大小和位置，如图4-71所示。

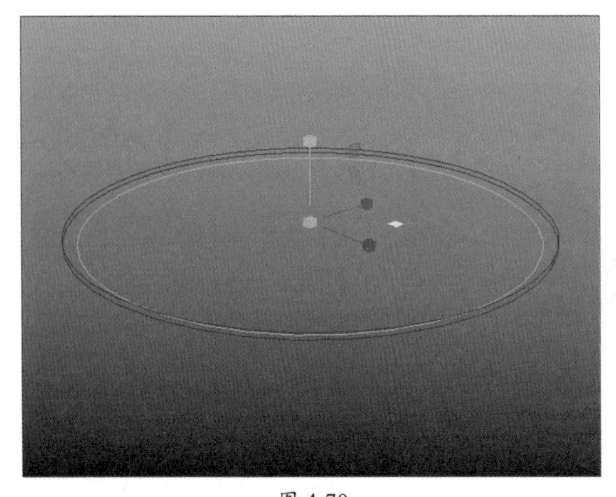

图 4-70

图 4-71

步骤 05 从底部开始，按住Shift键依次选择曲线，如图4-72所示。

步骤 06 执行“曲面” | “放样”命令，创建灯罩的曲面造型，然后删除曲线，如图4-73所示。

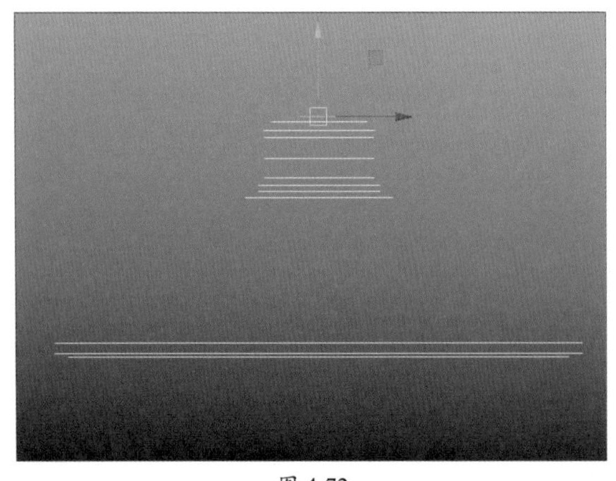

图 4-72

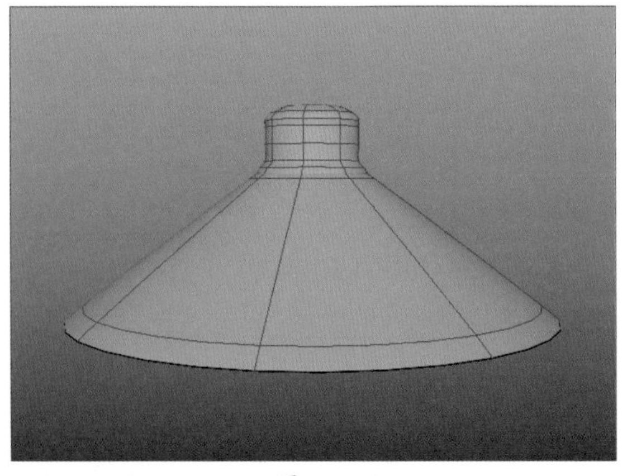

图 4-73

步骤 07 继续创建圆形并进行复制调整，创建线套造型，然后删除曲线，如图4-74、图4-75所示。

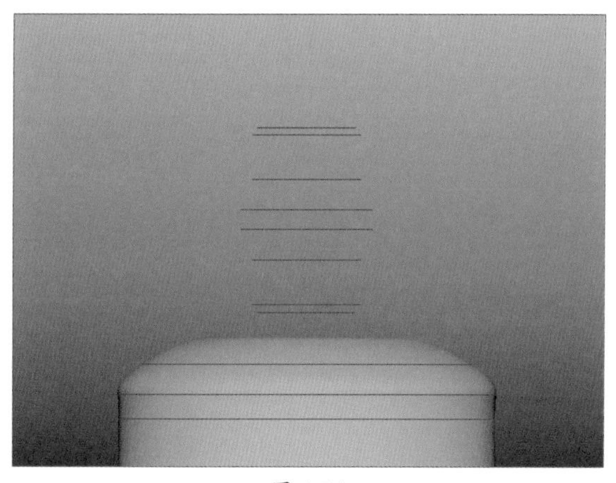

图 4-74

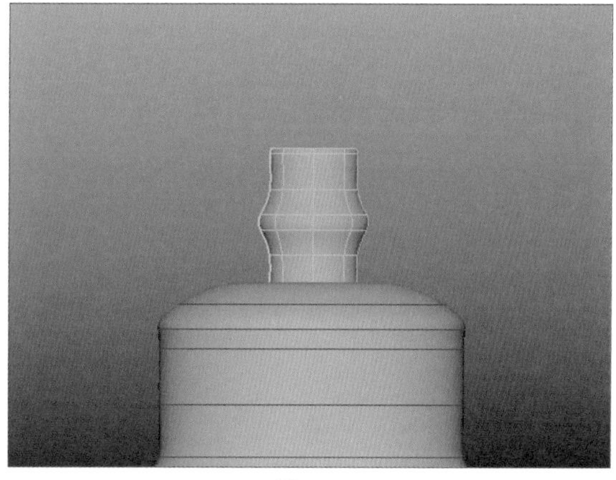

图 4-75

步骤 08 创建一个NURBS圆形，设置半径为1.5。激活旋转工具，将圆形围绕Z轴旋转90°，如图4-76、图4-77所示。

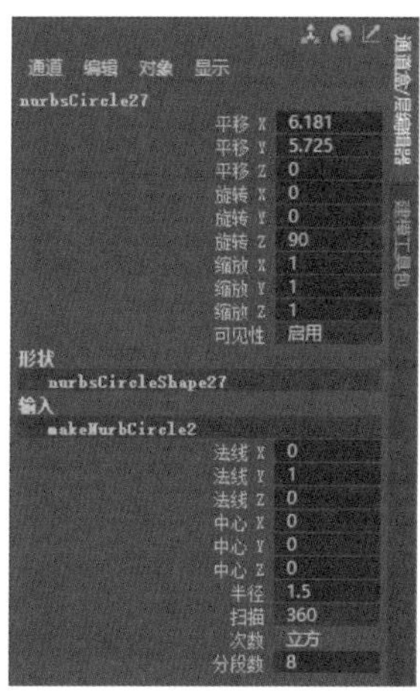

图 4-76

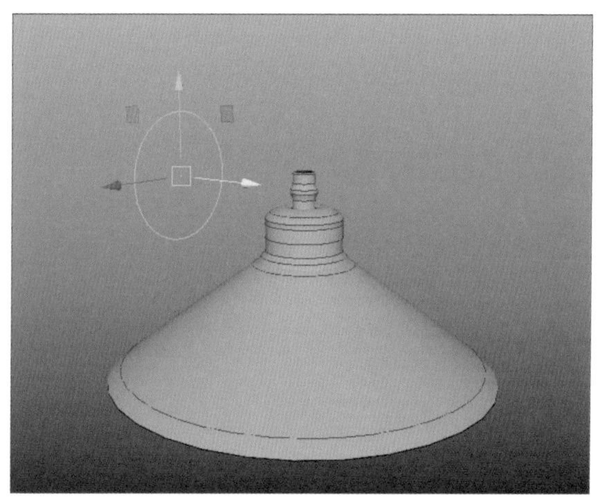

图 4-77

步骤 09 使用变换工具复制曲线，并调整大小曲线及位置，如图4-78所示。

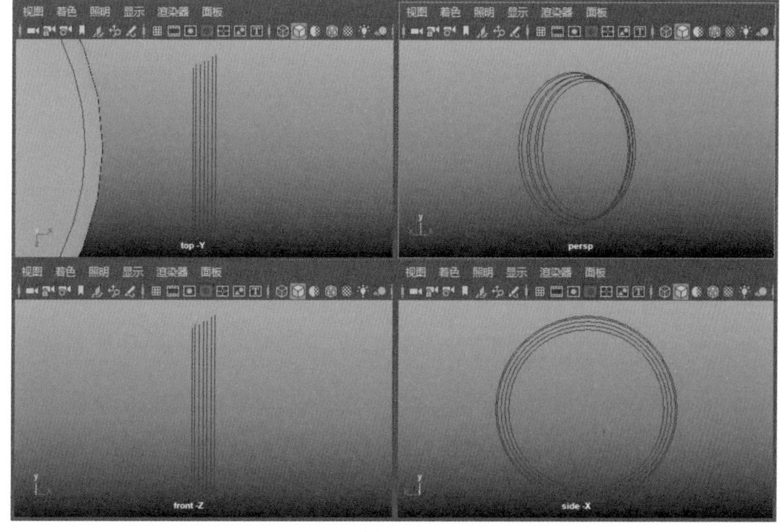

图 4-78

步骤 10 按顺序选择曲线，执行“曲面”|“放样”命令创建曲面造型，如图4-79所示。

步骤 11 执行“曲面”|“反转方向”命令反转曲面，如图4-80所示。

图 4-79

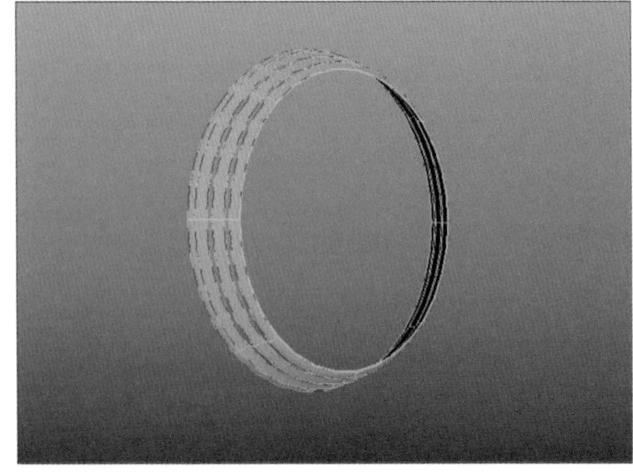

图 4-80

步骤 12 选择顶部的曲线，执行“曲线”|“平面”命令，创建曲面封面后删除曲线。按照此方法再为底部制作封面，制作出灯座造型，如图4-81、图4-82所示。

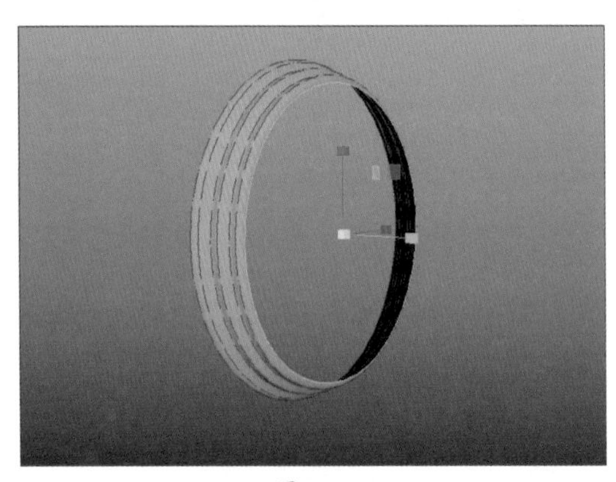

图 4-81

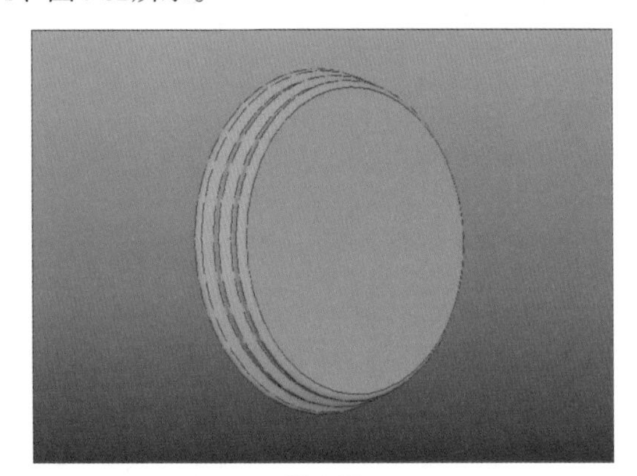

图 4-82

步骤 13 删除曲线，调整灯座位置，如图4-83所示。

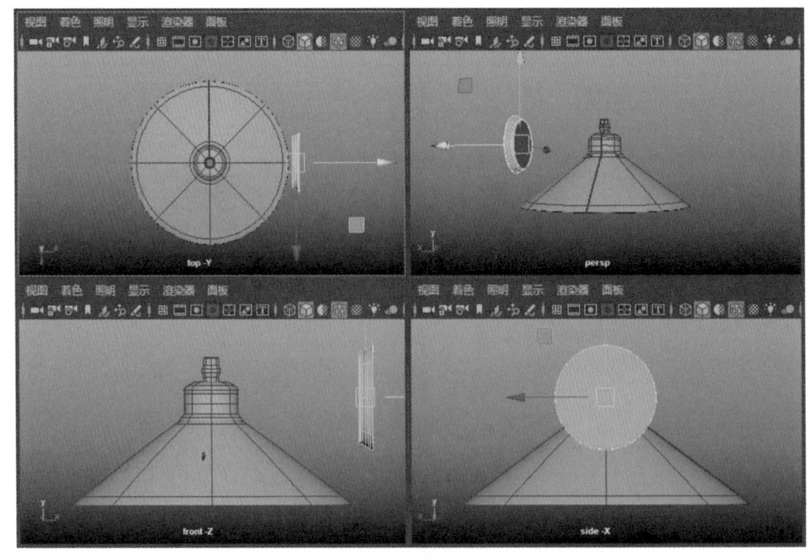

图 4-83

步骤 14 在“创建”|“NURBS基本体”子菜单中单击“NURBS圆柱体”右侧的设置按钮，打开设置面板，选择“封口”方式为“二者”，如图4-84所示。

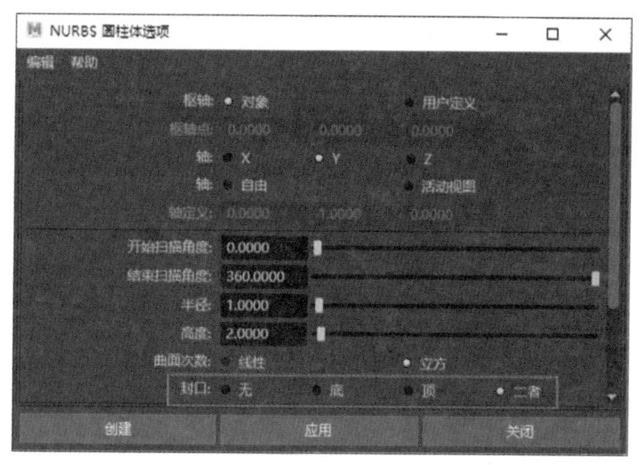

图 4-84

步骤 15 单击“应用”按钮创建圆柱体，在通道盒中调整半径、高度，再使用变换工具调整角度和位置，如图4-85、图4-86所示。

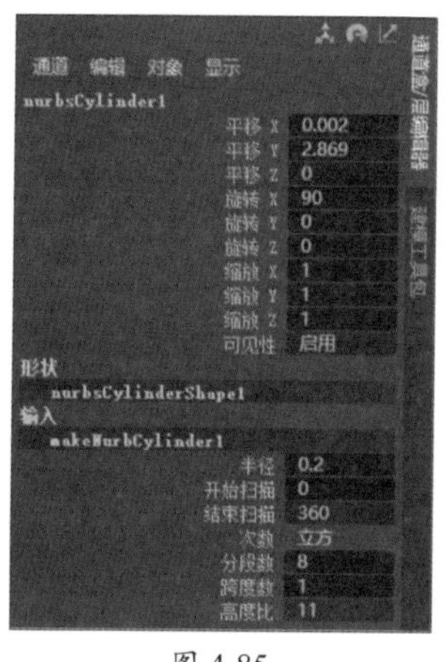

图 4-85

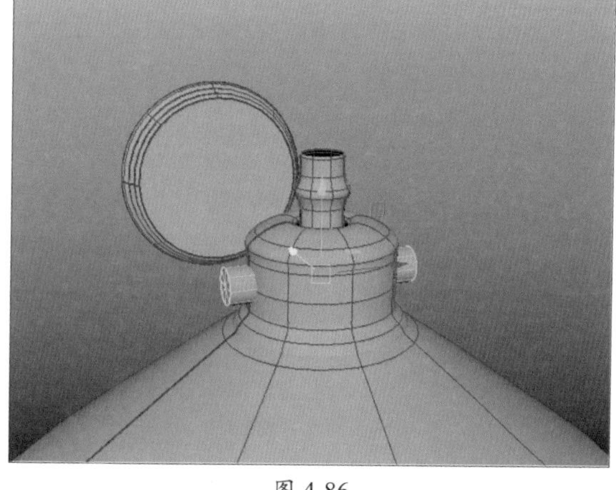

图 4-86

步骤 16 切换到顶视图，使用CV曲线工具绘制一条曲线，如图4-87所示。

步骤 17 创建一个圆形，将其绕Z轴旋转90°，设置半径为0.1，在左视图中调整其位置，如图4-88所示。

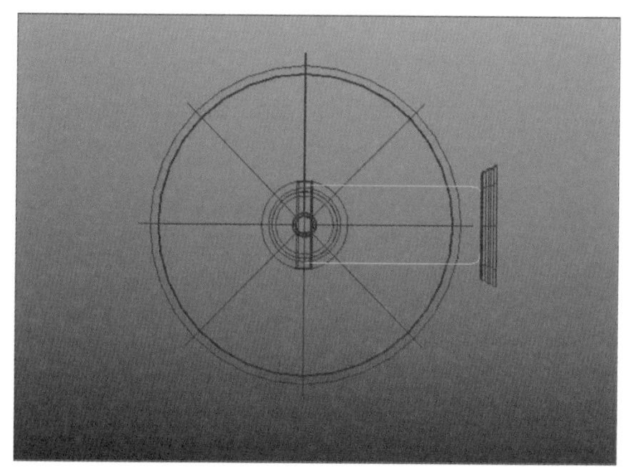

图 4-87

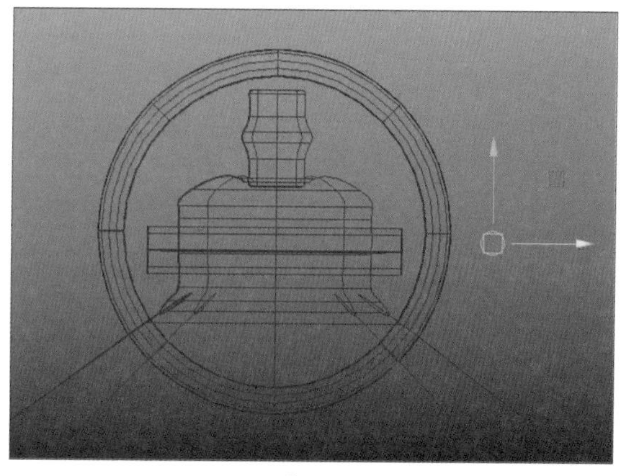

图 4-88

步骤 18 单击“挤出”命令后的设置按钮，打开设置面板，选择挤出“方向”为“路径方向”，如图4-89所示。

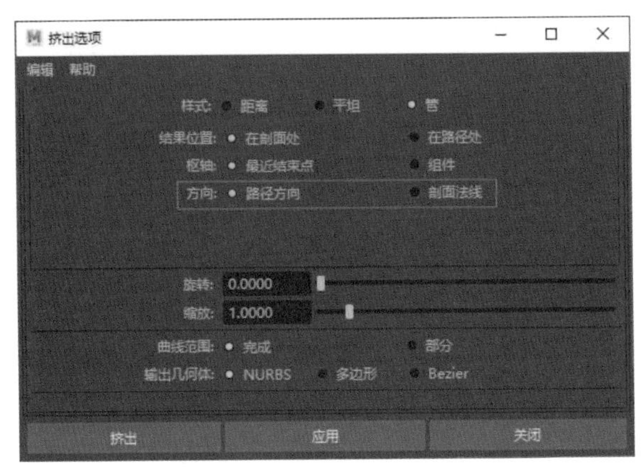

图 4-89

步骤 19 为了便于操作，可以将两个曲线移出。选择两个曲线，在“挤出选项”面板中单击“应用”按钮创建曲面造型，如图4-90、图4-91所示。

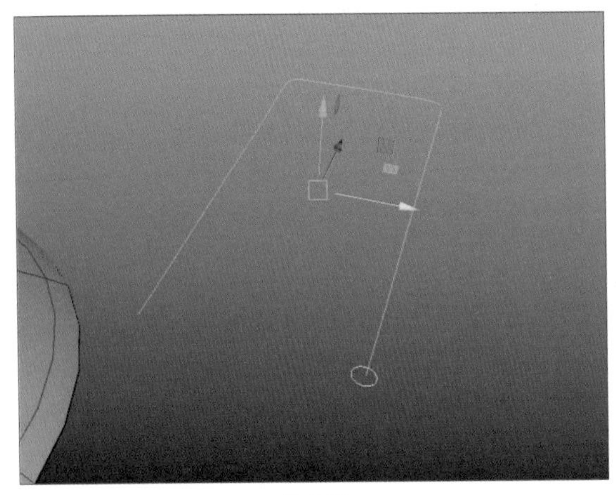

图 4-90

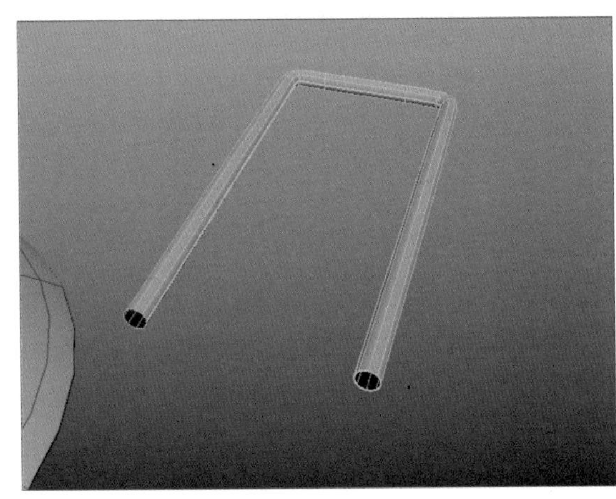

图 4-91

步骤 20 绘制CV曲线和圆形，利用挤出工具创建灯线曲面造型，并调整位置，如图4-92、图4-93所示。

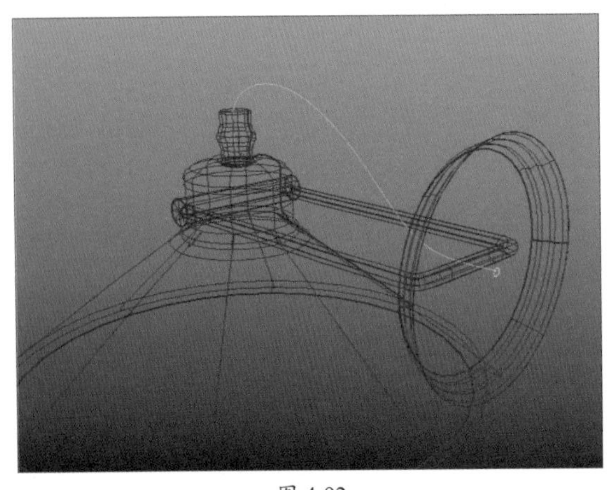

图 4-92

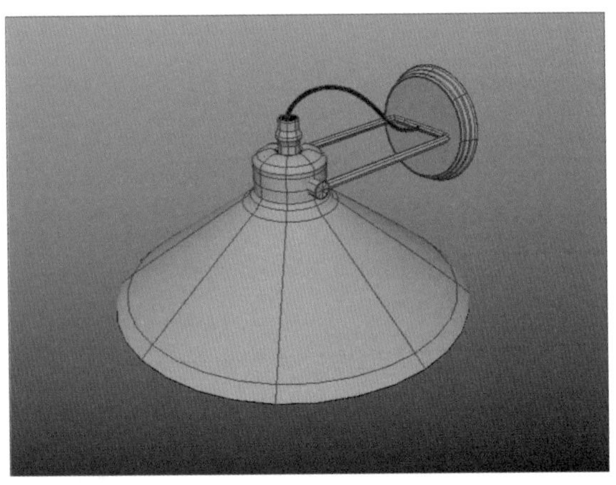

图 4-93

步骤21 使用CV曲线工具绘制灯头的半个轮廓，再执行“曲线”|“旋转”命令制作出灯头造型，如图4-94、图4-95所示。

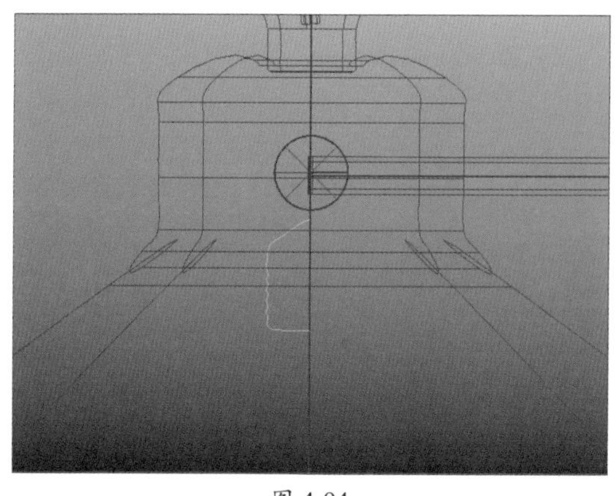
图 4-94

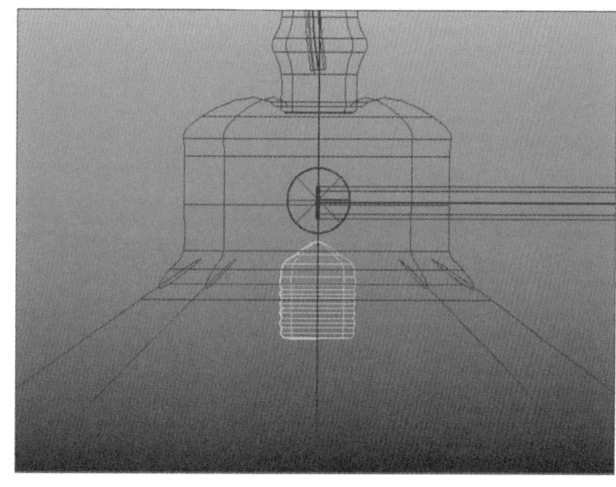
图 4-95

步骤22 继续绘制两条灯泡玻璃壳轮廓，利用“旋转”命令制作两层玻璃灯罩，如图4-96、图4-97所示。

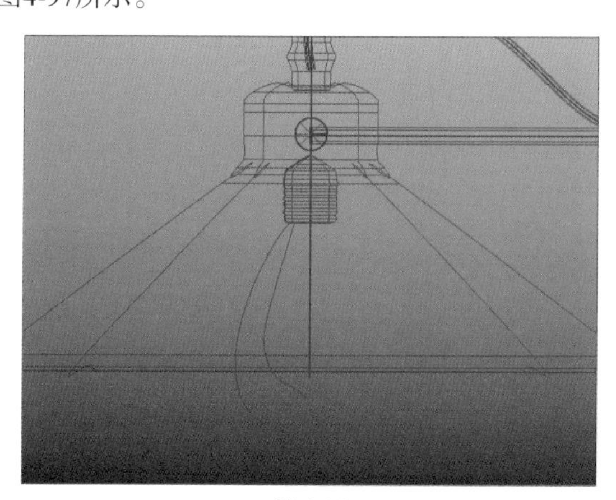
图 4-96

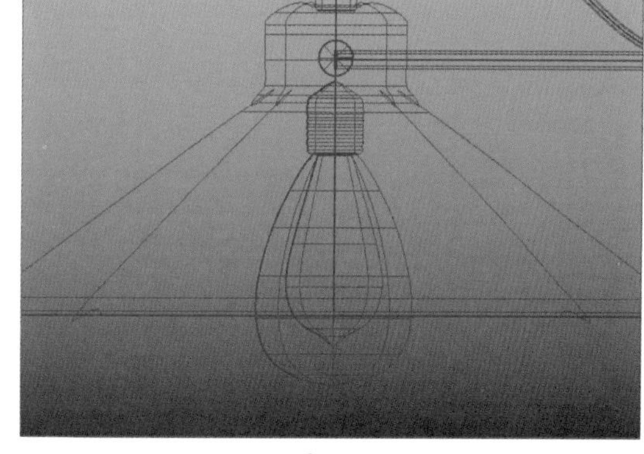
图 4-97

步骤23 按照灯线的制作方法制作铁艺造型，如图4-98所示。

步骤24 切换到顶视图，激活旋转工具，按住Shift键旋转并复制对象，设置旋转角度为90°，如图4-99所示。

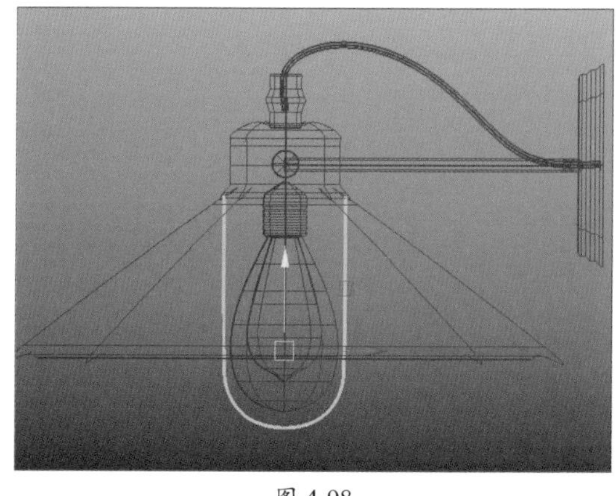
图 4-98

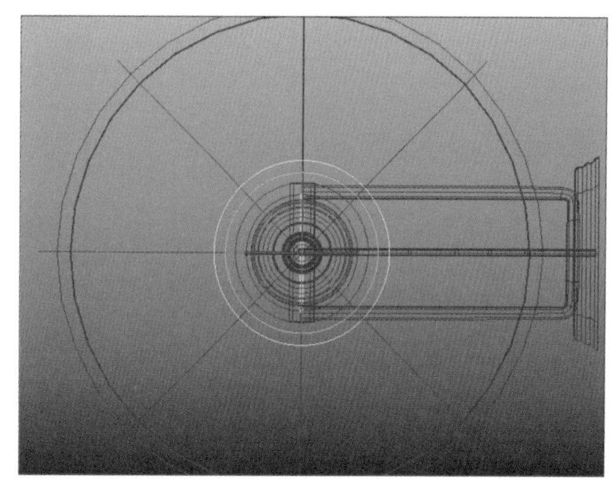
图 4-99

步骤 25 删除多余的曲线，再对部分曲面进行反转操作，完成壁灯模型的制作，如图4-100所示。

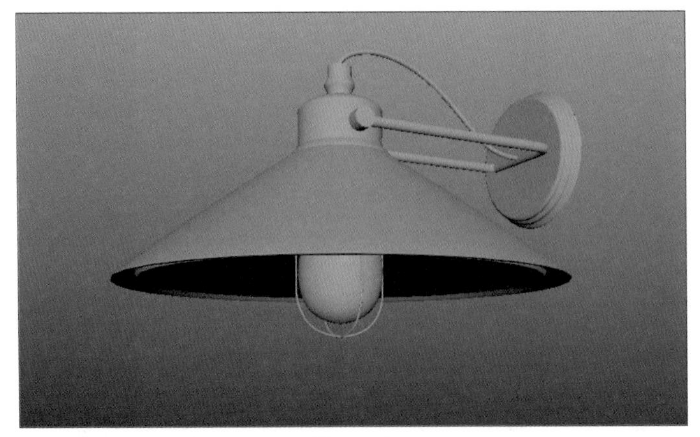

图 4-100

4.5 曲面编辑

打开“曲面”菜单，可看到下半部分全部都是编辑NURBS曲面的相关工具，其中许多工具的名称和NUBRS曲线工具十分类似，但应用对象是只能是NURBS曲面。本小节将对部分常用命令做出介绍。

4.5.1 对齐

使用对齐工具可将两个曲面进行对齐，也可通过选择曲面边界的等参线来对齐曲面。对齐后的两个曲面模型会产生关联。

在使用工具前，需注意两个曲面的选择顺序，不同的顺序会产生不同的对齐结果，如图4-101、图4-102所示。

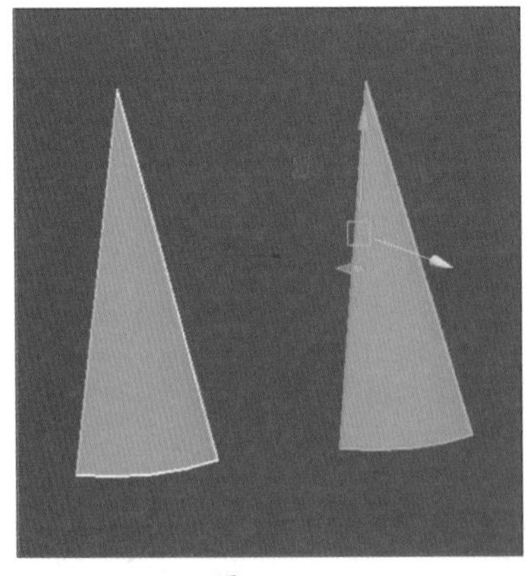

图 4-101

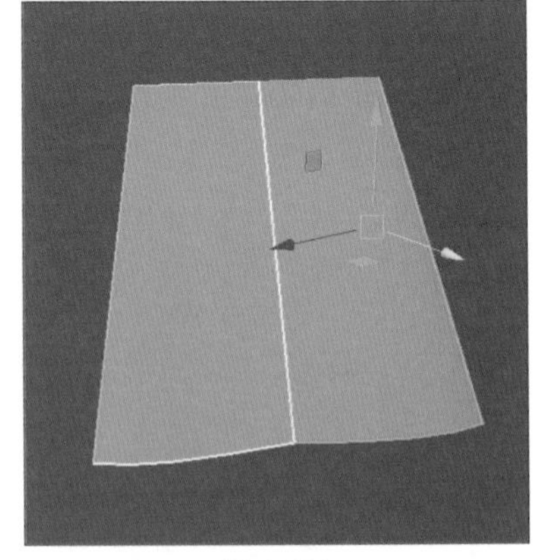

图 4-102

打开“对齐曲面选项”设置面板，可对具体的曲面对齐方式进行调整，如图4-103所示。

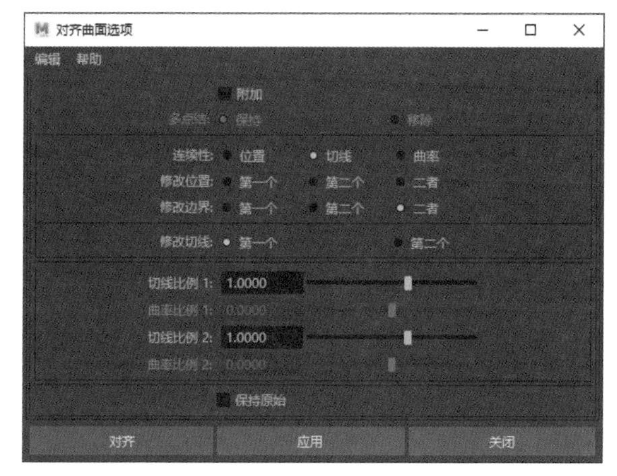

图 4-103

4.5.2 分离

分离工具是通过选择曲面上的等参线将曲面从选择位置分离出来，以形成两个独立的曲面。

在操作中，切换至模型的等参线模式，长按鼠标左键以模型原有曲面为基础单击并滑动参考线的位置，确认后使用“分离曲线”工具即可，如图4-104、图4-105所示。

学习笔记

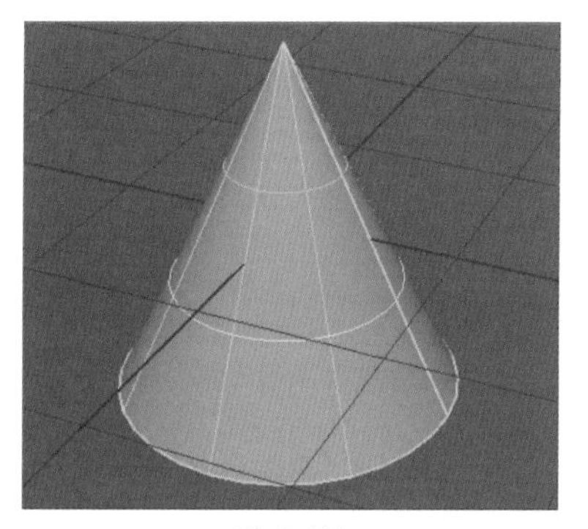

图 4-104

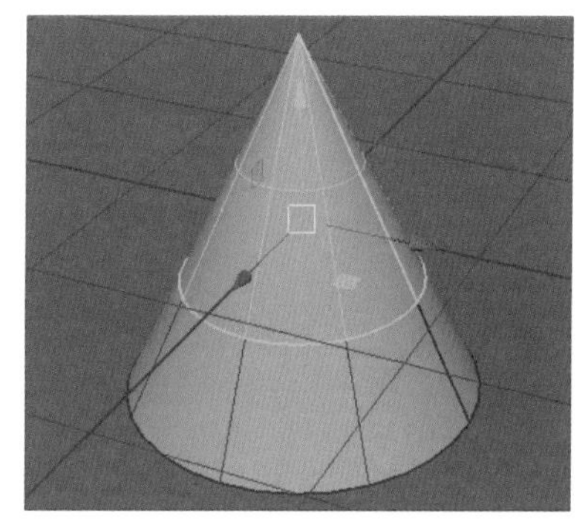

图 4-105

4.5.3 相交

相交工具可在曲面的交界处产生一条相交的曲线，并用于后面的剪切操作，如图4-106、图4-107所示。

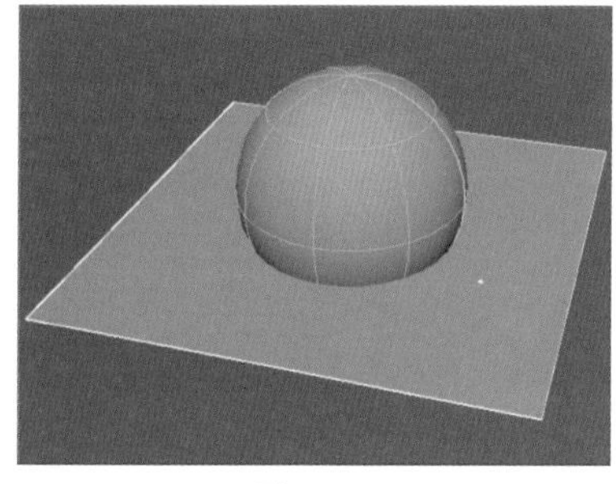

图 4-106

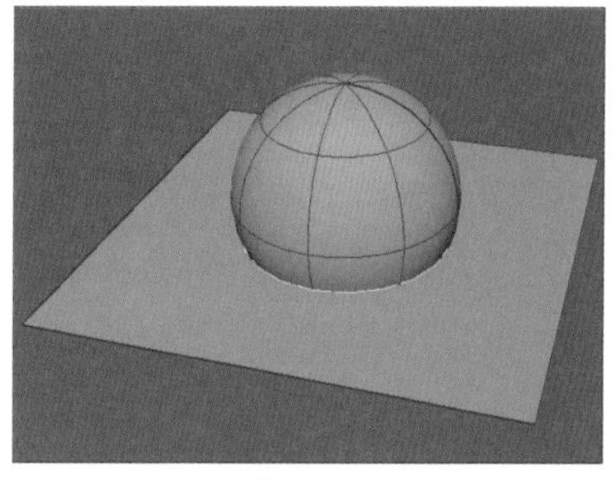

图 4-107

4.5.4 修剪

修剪工具可根据曲面上的曲线来对曲面进行修剪，一般会与“相交”工具或“在曲面上投影曲线”工具结合使用。

在实际操作中，先创建曲面相交处的曲线，接着选择要修剪的曲面对象，使用修剪工具选择需要保留的部分，该部分会以实线显示，按Enter键确认即可完成修剪操作，如图4-108、图4-109所示。

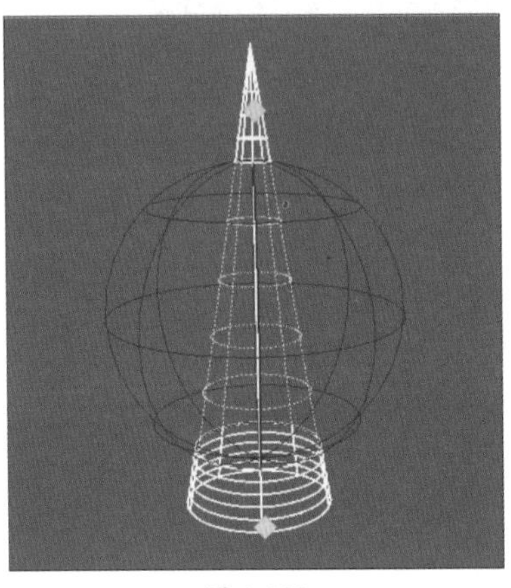

图 4-108

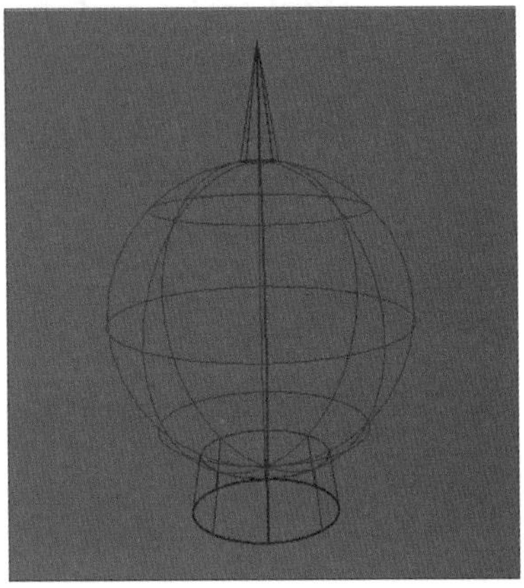

图 4-109

4.5.5 圆化

圆化工具可圆化NURBS曲面的公共边，在操作过程中可通过手柄来调整圆角半径。

在操作中，使用圆化工具选择公共边时，应当避开非操作边，一般可切换至线框模式，如图4-110、图4-111所示。

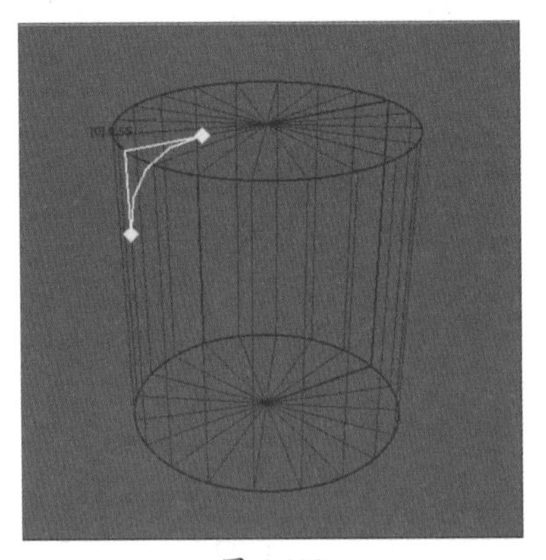

图 4-110

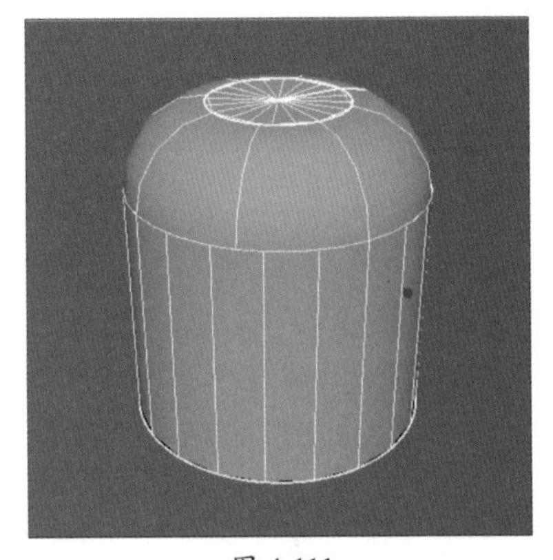

图 4-111

除了使用手柄调整圆角半径外，还可通过通道盒的圆化命令参数来进行精确调整，如图4-112所示。

图 4-112

4.5.6 重建

重建是一个经常使用的命令。在利用“放样”等命令使用曲线生成曲面时，容易造成曲面上的曲线分布不均的现象，这时就需要使用该命令来重新分布曲面上的UV方向及线段数，选项如图4-113所示。

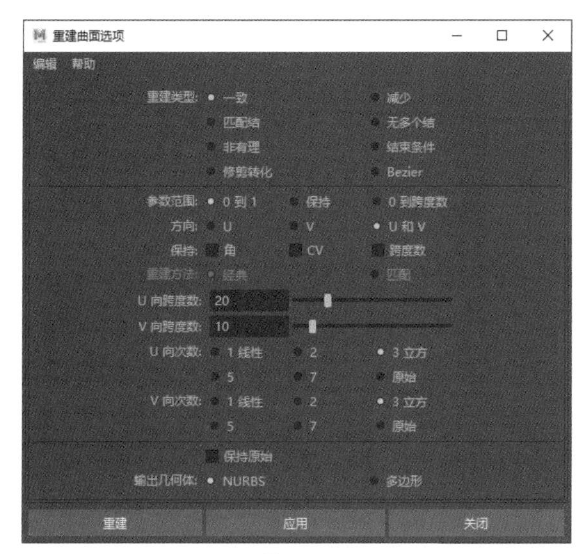

图 4-113

4.5.7 反转方向

反转曲面工具可改变曲面的UV方向，以达到改变曲线法线方向的目的。

在创建曲面时，若创建出来的曲面呈黑色显示，这就说明曲面的法线方向出现问题，这时便可使用反转曲面工具来反转曲面法线，如图4-114、图4-115所示。

图 4-114

图 4-115

4.5.8 附加/附加面不移动

附加工具可将两个曲面附加在一起形成一个曲面。也可选择曲面上的等参线，然后在两个曲面上指定位置进行合并，实际效果类似于曲面模型的连接，如图4-116、图4-117所示。

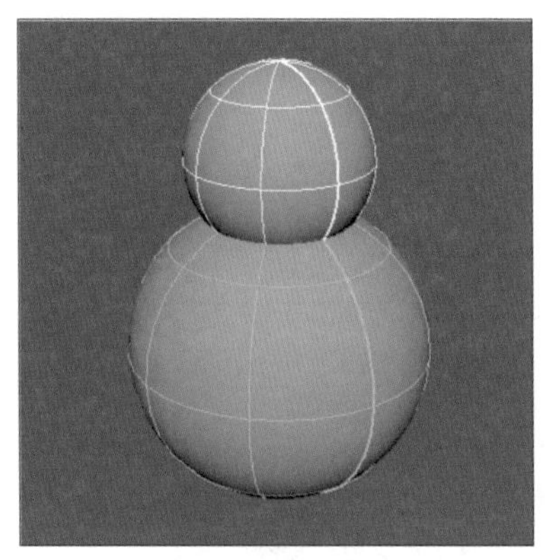

图 4-116

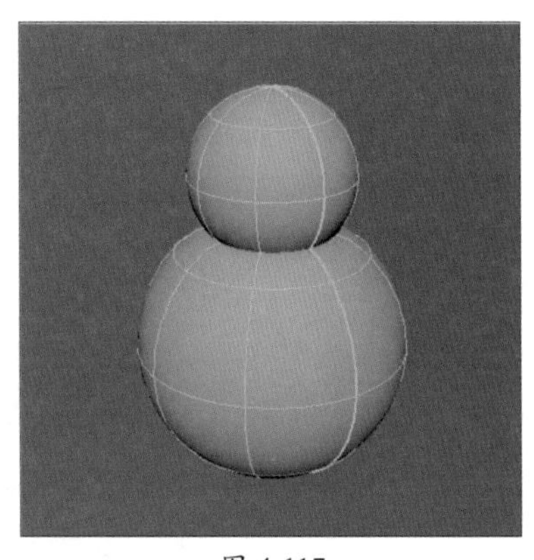

图 4-117

附加而不移动工具是通过选择两个曲面上的等参线，在两个曲面间产生一个混合的曲面，而不对原始物体进行移动变形操作。

在操作中，切换至模型的等参线模式，单击需要附加连接的位置，使其呈黄色高亮显示，加选另一模型等参线后，使用附加而不移动工具即可，如图4-118、图4-119所示。

图 4-118

图 4-119

强化训练

1. 项目名称

制作小汽车模型。

2. 项目分析

使用NURBS建模工具制作一个小型汽车模型。在制作的过程中，可熟悉NURBS建模方法，掌握所有NURBS曲面的生成及编辑命令。

3. 项目效果

项目效果如图4-120所示。

图 4-120

4. 操作提示

①导入小汽车四视图，捕捉绘制曲线，使用双轨成形工具结合修剪工具制作出车头和车尾。

②捕捉绘制曲线，使用边界工具、放样工具等制作车门。

③使用边界工具制作车位、车窗等造型。

④最后使用旋转工具制作轮胎造型。

Maya

第5章 材质与纹理贴图

内容导读

模型制作完毕后，为了使其具有质感，需要对模型赋予材质，使其更加接近现实的事物和场景。本章将对材质与贴图的相关知识进行详细介绍。在学习过程中，用户需要掌握材质编辑器中各部分命令及参数的设置，以及常用材质和纹理的基本操作方法。

学习目标

- 了解材质的基本知识
- 熟悉材质的属性构成
- 熟悉纹理贴图的属性构成
- 掌握UV的编辑操作

5.1 材质基础知识与操作

Maya中的物体曲面外观由物体本身的材质和周围环境灯光决定，用户可以通过控制对象的材质和场景灯光来控制对象的外观质感。简单地讲，材质就是物体表现的质地，也可以看成是颜色和纹理以及质感的结合。在Maya中制作材质，就是对视觉效果的模拟，包括物体颜色、透明度、光泽度等物理或光学特性，这些视觉因素的变化和组合呈现出各种不同的视觉特征。

5.1.1 认识材质

学习笔记

在真实世界中，用户可以通过视觉和触觉来体会物体的样貌和质感等。Maya中的材质由若干参数组成，每个参数负责模拟一种视觉因素，如透明度控制物体的透明程度等。当掌握了各种实物的物理特征及材质的调节手法后，即可在三维软件中最大限度地创造出各种质感的物体，甚至是现实生活中所没有的材质。

材质编辑器是Maya渲染的中心工作区域，用户可以利用它创建、编辑和连接渲染节点，也可以在其中构建着色网络。执行“窗口”|“渲染编辑器”|Hypershade命令，或者在状态栏中单击“显示Hypershade窗口”按钮，即会打开材质编辑器。材质编辑器默认分为五个部分，分别是“浏览器”面板、节点创建栏、工作区、“材质查看器”面板、“特性编辑器”面板，此外还有菜单栏，如图5-1所示。其中，各个面板不是固定的，用户可以自由调节面板的大小、位置。将光标移动至面板之间的边界上，当指针变成双向箭头时，按住鼠标左键移动即可调整面板大小。工作区以外的面板，均为可浮动面板。

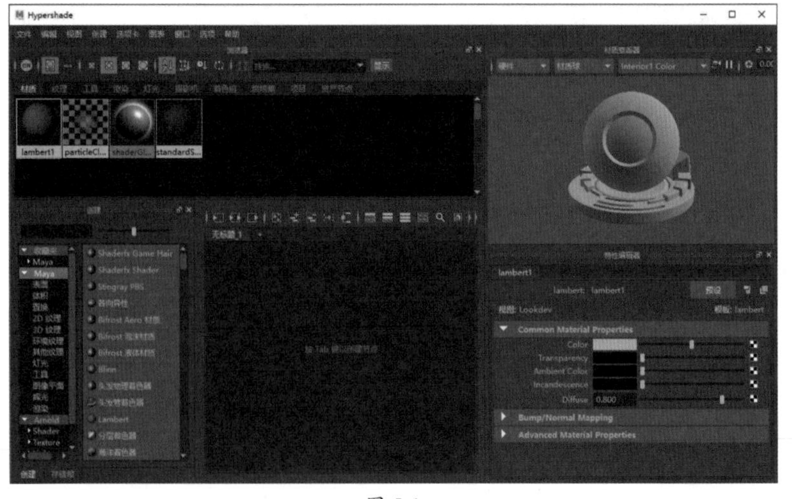

图 5-1

（1）菜单栏。

菜单栏在材质编辑器的顶部，主要用于创建、显示及编辑材质节点，其中包含了材质编辑器里的所有命令。

（2）浏览器。

浏览器位于菜单栏下方，由“工具栏”和“样本分类区”两部分组成，如图5-2所示。工具栏的主要功能是编辑和调整材质节点在样本区中的显示方式。样本分类区的功能是用于存放已经创建或修改过的材质球、纹理、节点、灯光等，它通过多个选项卡对内容进行分类，从而方便用户查找相应的节点。

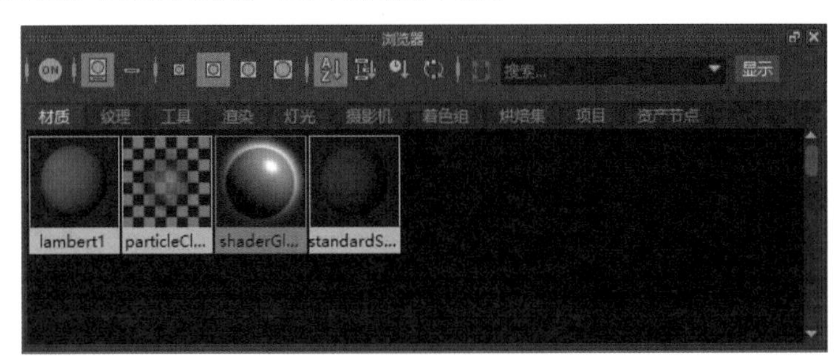

图 5-2

（3）节点创建栏。

节点创建栏的作用是创建材质球、环境雾节点、置换节点、2D程序纹理、3D程序纹理、环境纹理、灯光、功能节点以及校色节点等，如图5-3所示。单击栏中的节点名称，即可在工作区创建相应的材质或纹理等，同时会在样本分类区对应的选项卡中显示相应的材质球或纹理、灯光图标。

图 5-3

（4）工作区。

工作区的作用是操作节点之间的连接，它就是一个工作台，所有的操作性任务都要在工作区完成，如图5-4所示。

图 5-4

（5）材质查看器。

用户通过材质查看器可以预览材质节点的颜色、质感、贴图等信息，还可以选择“材质球”“布料”“茶壶”“海洋”等模式来预览材质效果，如图5-5所示。

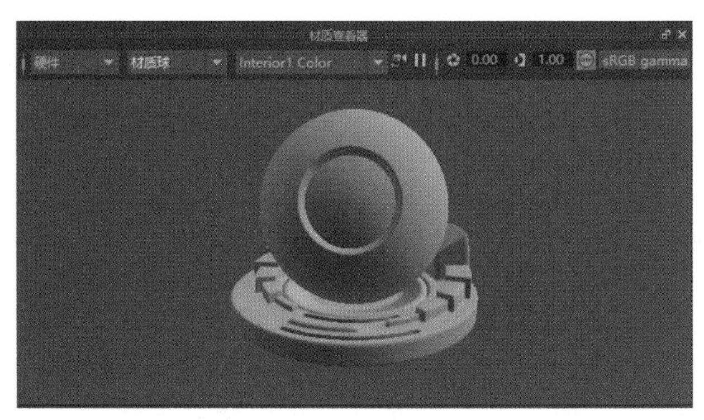

图 5-5

（6）特性编辑器。

特性编辑器位于材质查看器下方，用户可以在该区域设置各种节点的属性参数，如图5-6所示。

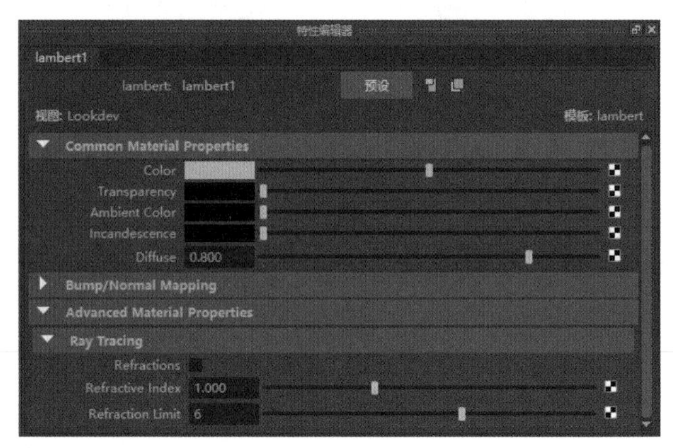

图 5-6

知识拓展

用户需要提前了解一些材质的基本概念以及Maya中有关材质方面的常用名词，以便于以后的学习和创作。

- **曲面着色：** 曲面的外观由其着色方式定义，曲面着色是对象的基本材质和应用于它的所有纹理的组合效果。
- **节点：** 节点是Maya中非常重要的概念。节点可以是曲线，也可以是曲面、材质、灯光、纹理、相机、关节、IK手柄等，一系列连接的节点便形成了节点网络。节点无处不在，而Maya中各种材质的变化完全依赖于节点及节点网络的变化。
- **漫反射：** 该属性是对象表面反映出的颜色，会因受灯光和环境因素的影响而有所偏差。
- **高光反射：** 该属性是物体表面高亮处显示的颜色，反映了照亮灯光的颜色。当该颜色与漫反射颜色相符时，会产生一种无光效果，从而降低材质的光泽性。
- **半透明：** 该属性可以使场景中的对象产生透明效果；如果使用贴图，则会产生局部透明效果。
- **反射/折射：** 反射是指光线投射到物体表面后，根据入射角度将光线反射出去；折射是指光线透过对象后，改变原有的投射角度，使光线产生偏差感。

5.1.2 基本材质类型

在材质编辑器的“表面”窗口下，有一些材质节点会经常被使用。这些材质节点具有不同的高光形态，有相同的表面体积，有相同的颜色、透明、环境、白炽和凹凸等选项，可以模拟生活中一些物体的材质。

（1）各向异性材质。

各向异性材质具有独特的镜面高光属性，可以根据角度大小进行细致的调整，如图5-7所示。

一般情况下，一个球体的高光应该是圆形的，但各向异性材质的高光却是不规则的。由于材质的特殊性，它很适合表现一些不规则的反射效果，如头发、镜片、CD光盘等。

（2）Blinn材质。

Blinn材质具有可调节性极强的高光柔和度，可以产生柔和的高光和镜面反射，具有金属表面和玻璃表面的特性，如图5-8所示。Blinn材质常用于模拟金属材料或玻璃材料，在一些高光不是很强的木质家具物体上也常常用到。

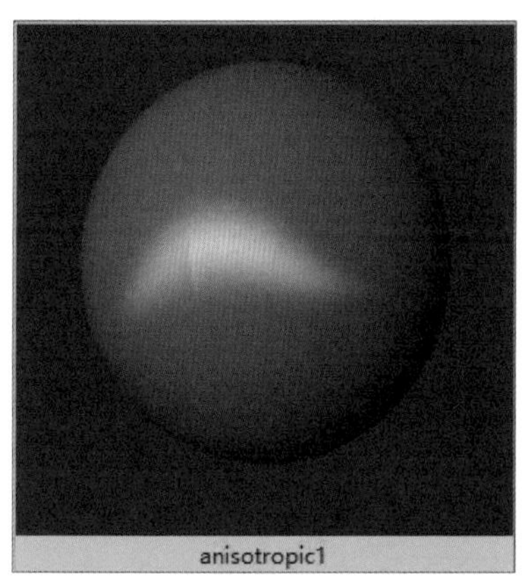

图 5-7

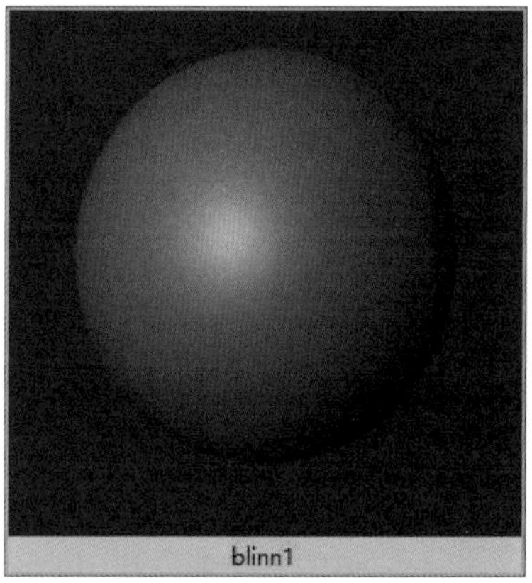

图 5-8

（3）Lambert材质。

Lambert材质是Maya的默认材质。在创建一个模型后，Maya会自动为该模型指定Lambert材质。由于该材质表面没有高光和反射，所以在模拟一些表面比较粗糙的物体时有着很大的发挥空间，适用于模拟树木、墙壁等材质，如图5-9所示。

（4）海洋着色器。

海洋着色器用于模拟海洋表面的效果，用户可以根据需要设置海洋表面波浪的效果，如图5-10所示。

（5）Phong材质。

Phong材质具有极其强烈的高光，且高光非常集中，常用于模拟光滑的、表面有光泽的物体，如水、玻璃等，如图5-11所示。

（6）Phong E材质。

Phong E材质是Phong材质的简化版本，它的高光要柔和一些，对于表现一些高光不太强烈但亮处相对集中的质感有一定的优势，如图5-12所示。

学习笔记

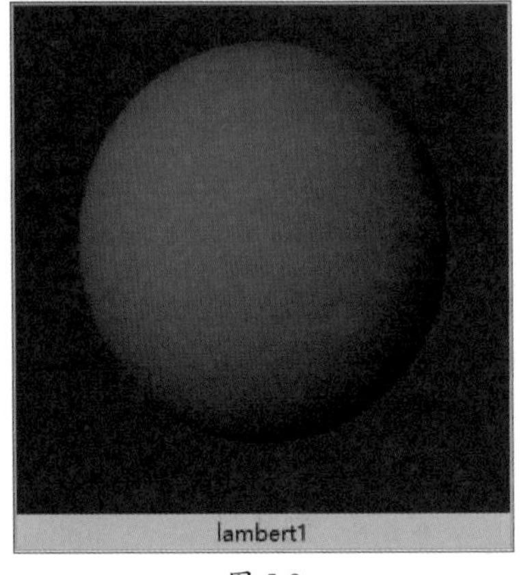

图 5-9

图 5-10

图 5-11

图 5-12

Maya中还有四种较常用的无体积材质，分别介绍如下。

- **Layered shader（分层着色器）**：它可以将不同的材质节点合成在一起。上层的透明度可以调整或者建立贴图，显示出下层的某个部分。白色的区域表示完全透明，黑色区域是完全不透明的，如图5-13所示。
- **Shading map（着色贴图）**：它给物体表面添加一个颜色，适用于非现实或卡通的阴影效果，如图5-14所示。
- **Surface shader（表面着色器）**：它给材质节点赋予颜色，与Shading map差不多。但除了颜色，它还有透明度、辉光度和光洁度，所以在目前的卡通材质节点里多用于表面阴影材质等，如图5-15所示。
- **Use background（使用背景）**：一般用于合成的单色背景，如图5-16所示。

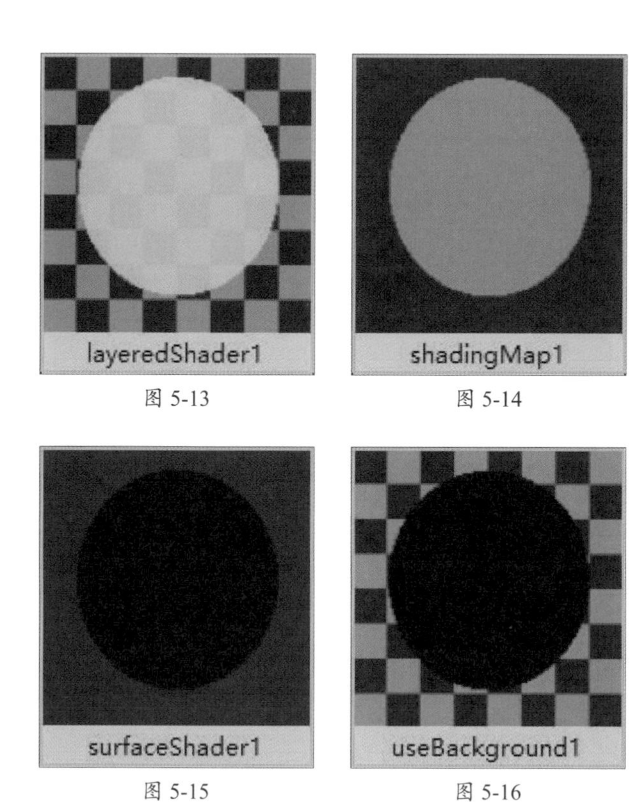

图 5-13　　图 5-14

图 5-15　　图 5-16

5.1.3 创建材质节点

创建材质节点有两种常用的方法：第一种是在材质编辑器的节点创建栏中选择要创建的材质并单击，如图5-17所示；第二种是在材质编辑器的菜单栏中打开“创建”菜单，然后选择需要创建的材质，如图5-18所示。

图 5-17

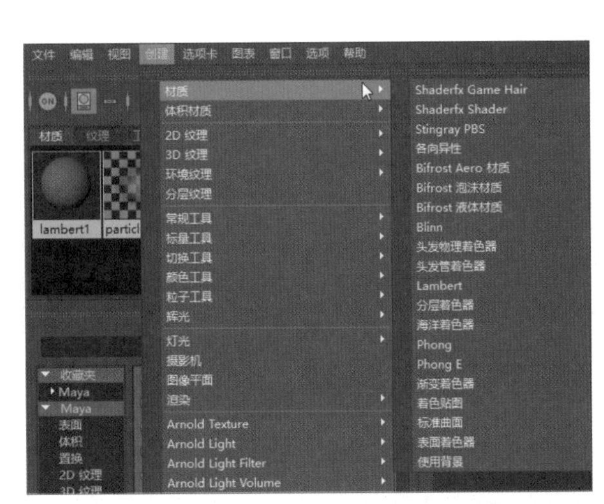

图 5-18

5.1.4 赋予材质

将创建好的材质赋予模型物体通常有两个方法。

（1）拖曳。

在材质编辑器的大纲中先选择一个材质球，然后单击鼠标左键将其创建出来，并在工作区将其显示。选中要使用的材质球，按住鼠标中键将其拖曳到物体对象上，即可完成材质的赋予，如图5-19所示。

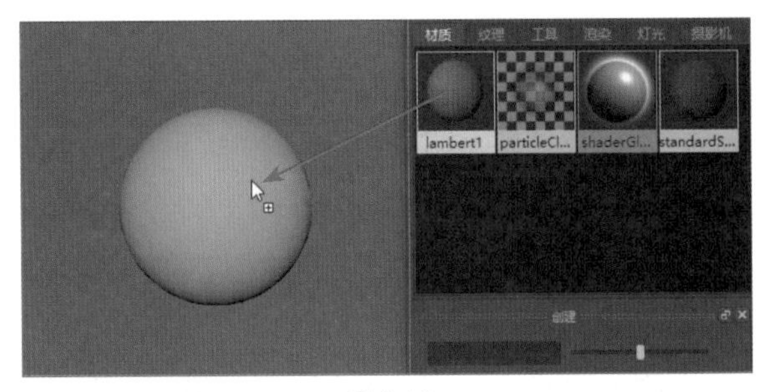

图 5-19

（2）快捷菜单。

在视图窗口中选择要赋予材质的模型，在材质编辑器中已经存在的材质球上单击鼠标右键，在弹出的快捷菜单中选择“为当前选择指定材质”命令，即可为材质赋予模型，如图5-20所示。

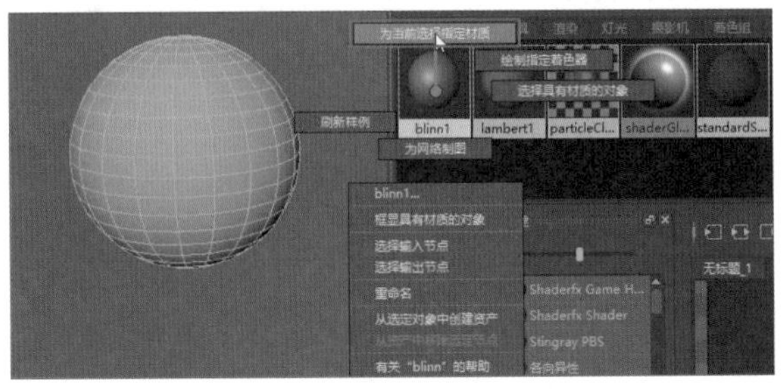

图 5-20

5.2 材质基本属性

在“属性编辑器”面板中可以看到材质的基本属性，包括通用属性、高光属性和辉光属性，且用户可以对其进行编辑。

5.2.1 通用属性

通用属性，指的是各种材质球都有的属性，也是最基本的属性，如颜色、透明度、白炽度等。通用属性都集中在“公用材质属性”卷展栏中，如图5-21所示。

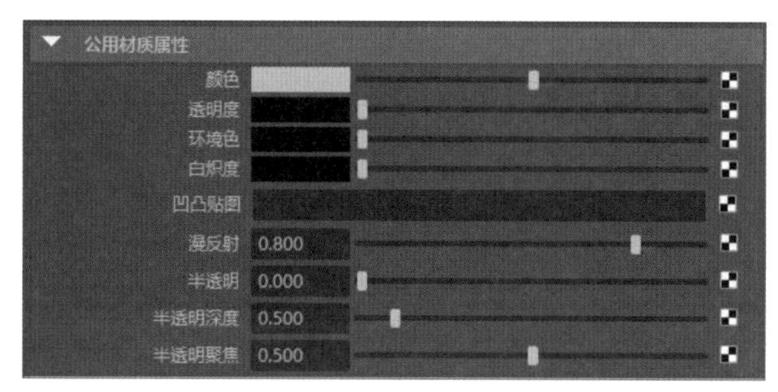

图 5-21

卷展栏中各属性含义介绍如下。

- **颜色**：它控制的是材质固有颜色，是表面材质最基本的属性。单击标题后的色块会打开拾色器面板，用户可通过该面板对材质颜色进行调节，如图5-22所示。属性最右侧有一个贴图按钮，在基本颜色不能满足需求的时候，可以单击该按钮，在打开的“创建渲染节点”面板中选择一种贴图添加到材质表面，以实现效果，如图5-23所示。

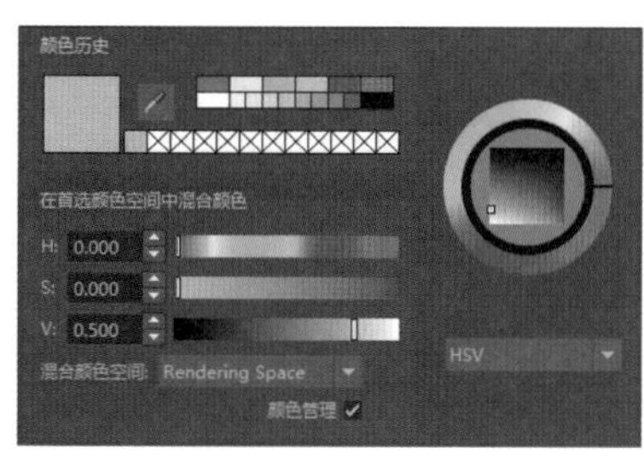

图 5-22

图 5-23

- **透明度：**它控制的是材质的透明度。例如，若Transparency（透明度）的值为0（黑）表面完全不透明；若值为1（白）则为完全透明。要设定一个物体透明，可以设置Transparency的颜色为灰色，或者与材质的颜色同色。Transparency的默认值为0。
- **环境色：**它的颜色默认为黑色，此时并不会影响材质的颜色。当Ambient Color变亮时，它改变被照亮部分的颜色，并混合这两种颜色。它可以作为一种光源使用。
- **白炽度：**用于模拟物体的自发光效果，但是并不会照亮其他物体。当白炽度的亮度值增大时，会影响材质的阴影和中间调。图5-24和图5-25所示为不同的白炽度亮度的对比。

学习笔记

图 5-24

图 5-25

- **凹凸贴图：**它是通过对凹凸映射纹理的像素颜色强度的修改，在渲染时改变模型表面法线，使模型产生凹凸的感觉，但实际上赋予凹凸贴图的物体表面并没有改变。
- **漫反射：**它描述的是物体在各个方向反射光线的能力，用于Color设置。Diffuse（漫反射）的值越高，越接近设置的表面颜色。它的默认值为0.8，可用值为0～∞。
- **半透明：**指一种材质允许光线通过，但并不是真正的透明状态。这样的材质可以接受来自外部的光线，使得物体很有通透感（常见的半透明材质有蜡、纸张、花瓣等）。
- **半透明深度：**指灯光通过半透明物体所形成阴影的位置远近。
- **半透明聚焦：**指灯光通过半透明物体所形成阴影的大小。值越大，阴影越大，甚至可以全部穿透物体；值越小，阴影越小，甚至会在表面形成反射和穿透，也就是可以形成表面的反射和底部的阴影。

5.2.2 高光属性

高光属性主要用来控制材质表面反射灯光或者表面炽热所产生

的辉光，不同的材质球模拟的高光效果不同，高光属性也略有不同。

Blinn材质具有优秀的软高光效果，是使用非常广泛的材质，这里以Blinn材质的高光属性为例进行说明，如图5-26所示。

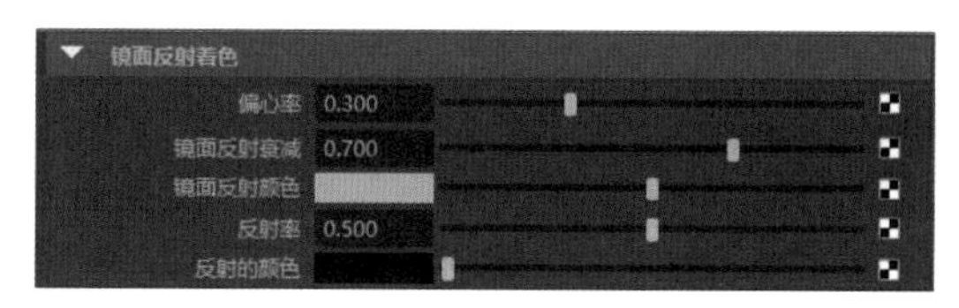

图 5-26

- **偏心率**：主要用于控制Blinn材质的高光区域大小。
- **镜面反射衰减**：主要功能是控制高光强弱。
- **镜面反射颜色**：用于控制高光颜色，即可以根据颜色来控制高光的色彩。
- **反射率**：该参数用于控制物体反射的强度。
- **反射的颜色**：由于在渲染过程中通过光影追踪来运算故然真实。但是渲染时间太长是无法忍受的，所以经常通过在Reflected Color中添加环境贴图来模拟反射（也称为伪反射），从而减少渲染时间。

5.2.3 辉光属性

辉光是产生在光源位置的一种特殊的灯光效果，其颜色、强度和灯光都会受到大气的影响。Maya中的辉光属性是在渲染之后自动添加一个辉光效果，如图5-27所示。

图 5-27

- **隐藏源**：控制是否隐藏物体。
- **辉光强度**：该参数用于控制Glow（辉光）强弱。

想要对辉光属性做出更加深入的调整，可以在“辉光属性”卷展栏中设置相关参数，如图5-28所示。

图 5-28

- **辉光颜色：** 该参数用于设置辉光的颜色，拖曳滑块可调节颜色的明亮程度。
- **辉光强度：** 该参数用于改变辉光的亮度，数值越小，亮度越弱。
- **辉光扩散：** 该参数用于改变辉光的尺寸，数值越小，辉光尺寸越小。
- **辉光径向噪波：** 该参数用于控制光纤的噪波清晰度，数值越小，噪波越模糊。
- **辉光星形级别：** 该参数用于调节辉光束的宽度，数值越小，光束就越窄。
- **辉光不透明度：** 该参数用于调节辉光的不透明度。

课堂练习 制作金属材质

本案例将以三维文字模型为例，介绍金属材质的制作过程。具体操作步骤如下。

步骤01 打开准备好的场景文件，如图5-29所示。

步骤02 当前三维文字对象使用的材质是Lambert，单击“渲染当前帧”按钮渲染场景，效果如图5-30所示。

图 5-29

图 5-30

步骤03 按M键打开材质编辑器，在节点创建栏创建Blinn材质，在“浏览器”面板中可以看到新创建的材质球，如图5-31所示。

图 5-31

步骤 04 选择材质球，在“属性编辑器”面板的“公用材质属性”卷展栏设置颜色及漫反射参数，如图5-32所示。

步骤 05 在“镜面反射着色”卷展栏中设置偏心率、镜面反射衰减、镜面反射颜色、反射率及反射的颜色参数，如图5-33所示。

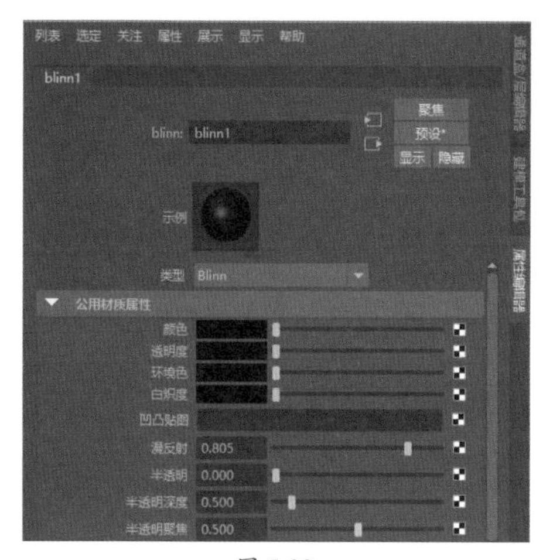

图 5-32

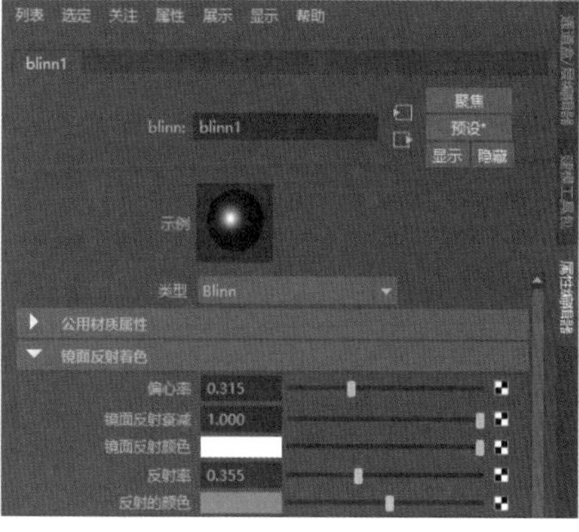

图 5-33

步骤 06 在“光线跟踪选项”卷展栏中设置折射率参数，如图5-34所示。

步骤 07 在材质编辑器的材质查看器中可以预览材质球效果，如图5-35所示。

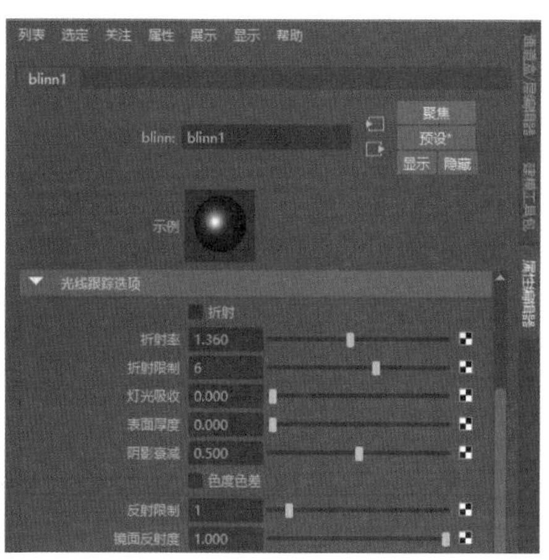

图 5-34

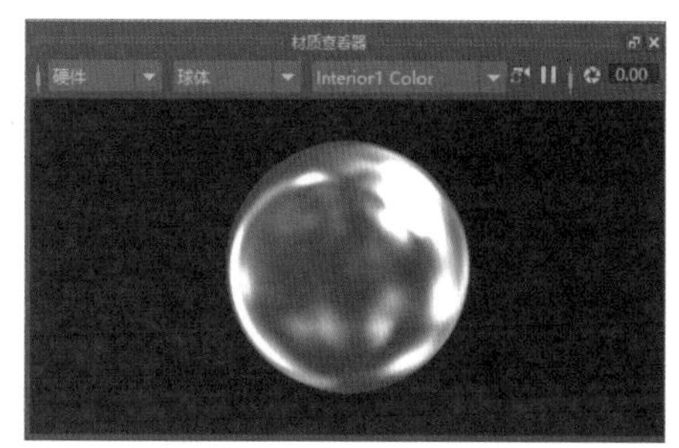

图 5-35

步骤 08 将创建好的材质球拖曳至三维文字对象上，渲染视口，效果如图5-36所示。

图 5-36

5.3 纹理贴图基础与操作

在实际的模型制作过程中，纯粹的无纹理贴图材质是很少使用的。使用纹理贴图，一方面可以节省大量模型运算，另一方面还可以带来较为真实的效果。

5.3.1 纹理类型

纹理是指包裹在物体表面的一层花纹，比如地砖上的花纹、金属表面的锈迹、桌面上的木纹等，可以用于控制物体表面的质感，增加材质的细节。

学习笔记

Maya中的纹理可分为2D纹理、3D纹理、环境纹理及其他纹理四种类型，其中2D纹理和3D纹理主要用于模型本身，如图5-37～图5-40所示。

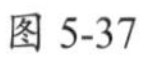

图 5-37

图 5-38

图 5-39

图 5-40

下面对这四种纹理类型的应用进行介绍。

- **2D纹理：**2D纹理通常用于几何对象的表面，其效果取决于UV坐标和投射方式。
- **3D纹理：**3D纹理是根据程序以三维方式生成的图案，不受物体外观的影响。在3D纹理程序中，可以通过对调节参数来控制纹理和图案的效果。
- **环境纹理：**环境纹理不直接作用于物体，一般用于模拟周围的环境。
- **其他纹理：**其他纹理指的是分层纹理，和层材质的效果类似。

5.3.2 纹理节点的编辑

材质的纹理贴图可以视为一个纹理节点，用户只有学会操作纹理节点，才能够更好地控制物体表面的质感和细节。

1. 创建纹理节点

新建一个材质，按Ctrl+A组合键打开材质的属性编辑器，这里以“颜色”属性为例。单击“颜色”属性右侧的方块按钮，打开“创建渲染节点”面板，选择一个合适的纹理贴图并单击，即可完成纹理节点的创建，如图5-41、图5-42所示。

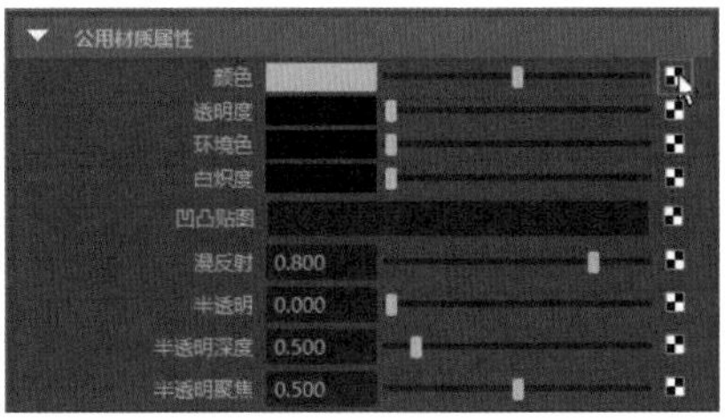

图 5-41

图 5-42

2. 断开纹理节点

对于带有纹理节点的材质，如果想要断开该纹理节点的连接，可以在添加了纹理节点的属性上单击鼠标右键，在弹出的快捷菜单中选择“断开连接”命令，如图5-43所示。

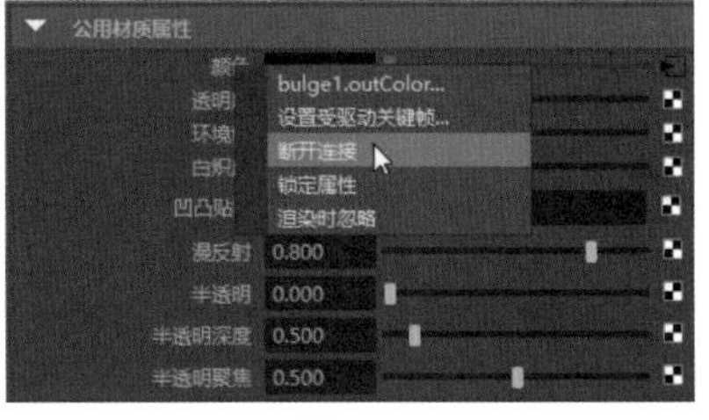

图 5-43

在工作区中选择纹理节点与材质球的连接线，按Delete键删除，同样可以断开连接，如图5-44、图5-45所示。

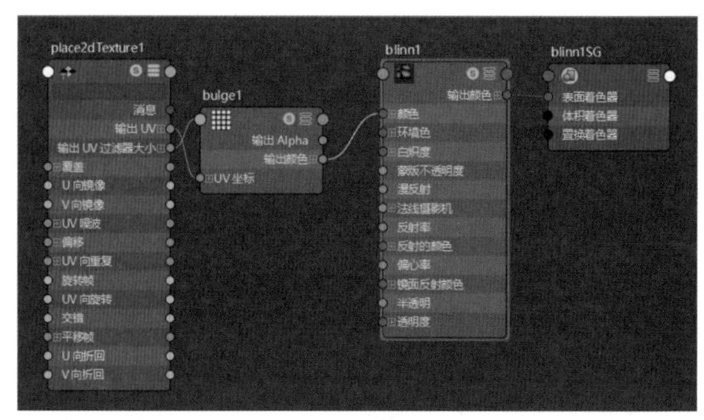

图 5-44

学习笔记

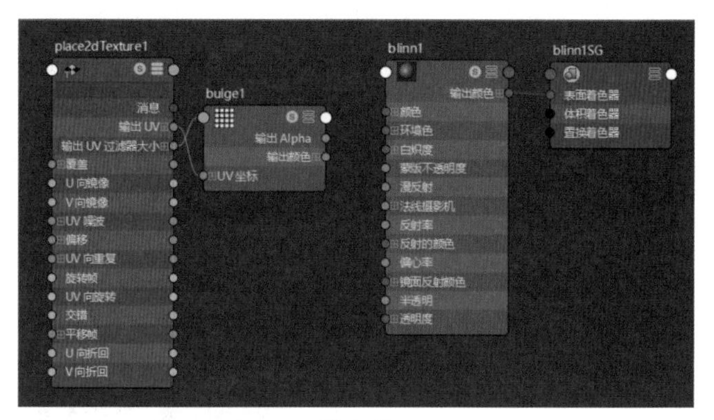

图 5-45

3. 删除纹理节点

在工作区中选择纹理节点，按Delete键即可删除节点对象，仅剩下材质球和输出节点。

4. 连接纹理节点

在工作区中选择断开的纹理节点，单击属性右侧的绿色圆圈，然后选择要连接到材质的属性，单击其左侧的红色圆圈，即可成功连接，如图5-46所示。

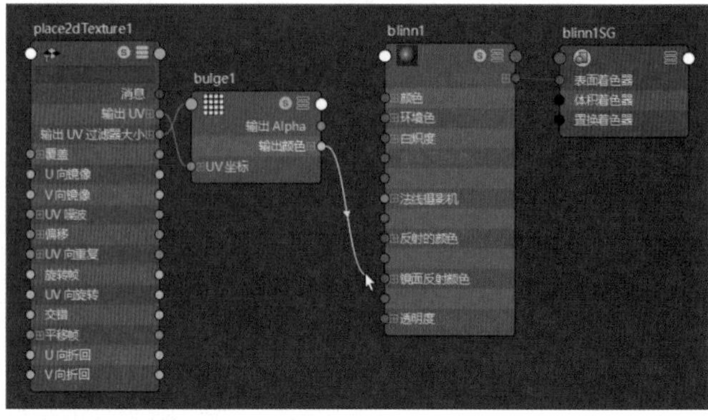

图 5-46

课堂练习 制作茶具组合材质

通过本章的学习，用户应对材质和纹理知识有了一定的了解，下面通过对茶具材质的制作来进一步巩固相关知识。具体操作步骤如下。

步骤 01 打开准备好的场景文件，如图5-47所示。

步骤 02 制作木纹理材质。在状态行单击“显示Hypershade窗口”按钮，会打开材质编辑器。在“创建”面板中单击创建Lambert材质，如图5-48所示。

图 5-47

图 5-48

步骤 03 选择材质球，打开属性编辑器，单击Lambert2材质“颜色”属性右侧的方块按钮，打开“创建渲染节点”面板，在列表中选择“文件”选项，如图5-49所示。

步骤 04 打开“文件属性”卷展栏，单击“加载文件”按钮，如图5-50所示。

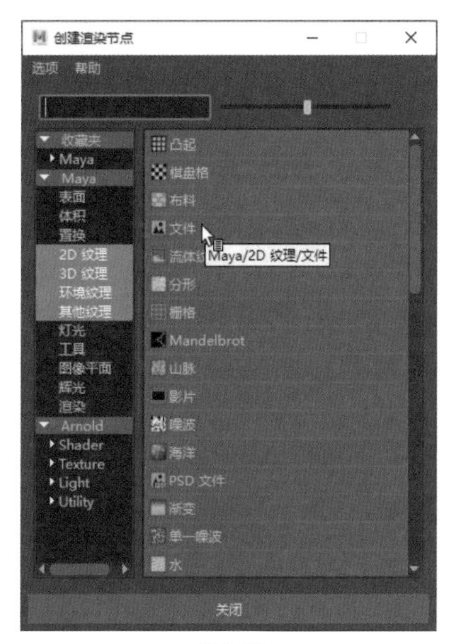

图 5-49

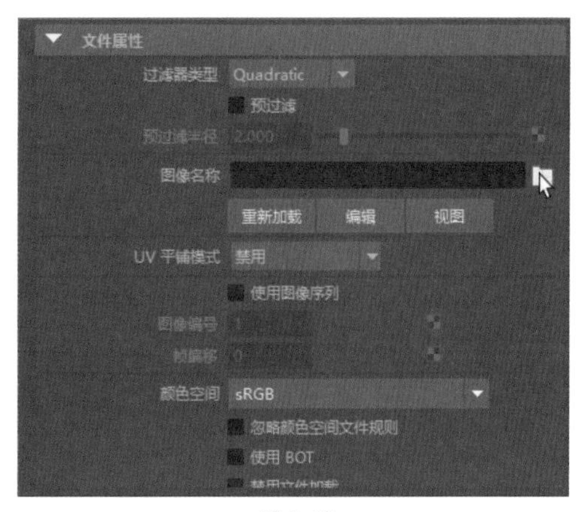

图 5-50

步骤 05 系统会弹出“打开”对话框，选择准备好的贴图文件，单击“打开”按钮，如图5-51所示。

步骤 06 返回Lambert2材质的属性编辑器，单击“凹凸贴图”属性右侧的按钮方块，添加“文件”节点。会进入bump2d1面板，在“2D凹凸属性”卷展栏中设置“凹凸深度”，如图5-52所示。

图 5-51

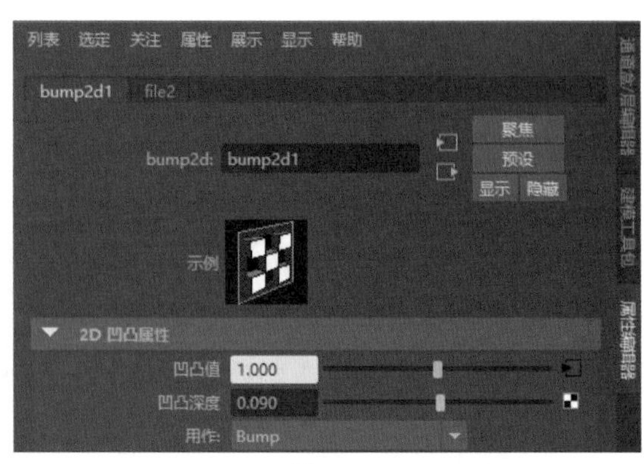

图 5-52

步骤 07 切换到file2面板，单击“加载文件”按钮，添加相同的贴图文件，如图5-53所示。

步骤 08 选择茶桌模型，右击创建好的材质球，选择“为当前选择指定材质”命令，将材质赋予茶桌模型，如图5-54所示。

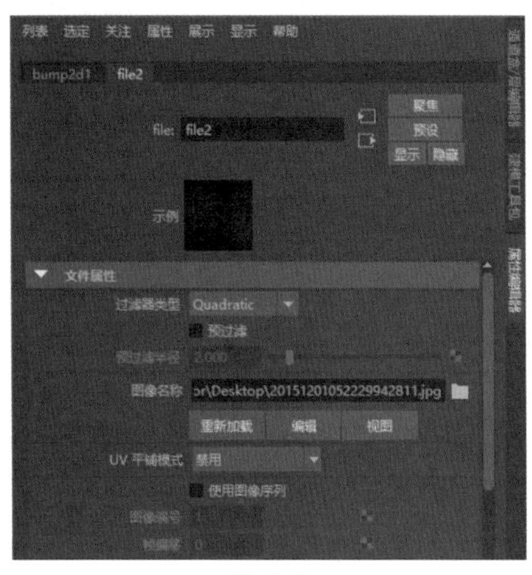

图 5-53

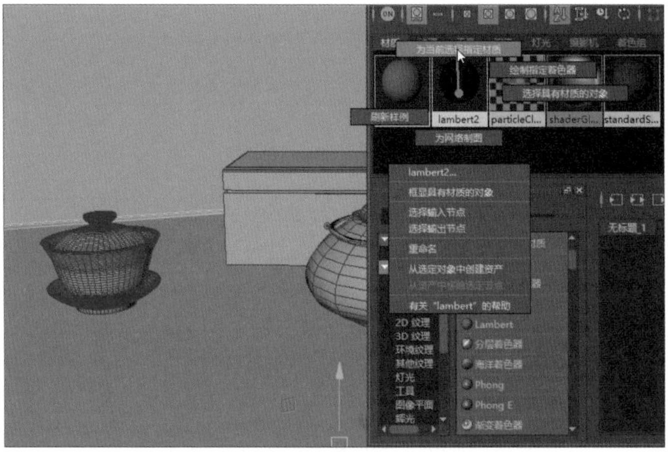

图 5-54

步骤 09 渲染摄影机视图，效果如图5-55所示。

图 5-55

步骤 10 再创建一个Lambert材质，按照同样的操作步骤和参数设置制作木纹材质，赋予茶盒模型，如图5-56所示。

图 5-56

步骤 11 制作瓷器材质。创建一个Blinn材质，在属性编辑器的“公共材质属性”卷展栏中设置颜色、半透明参数，如图5-57所示。

步骤 12 在“镜面反射着色”卷展栏中设置参数，如图5-58所示。

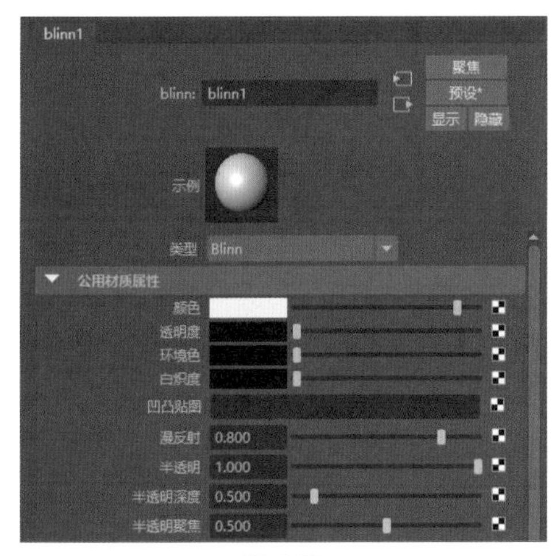

图 5-57

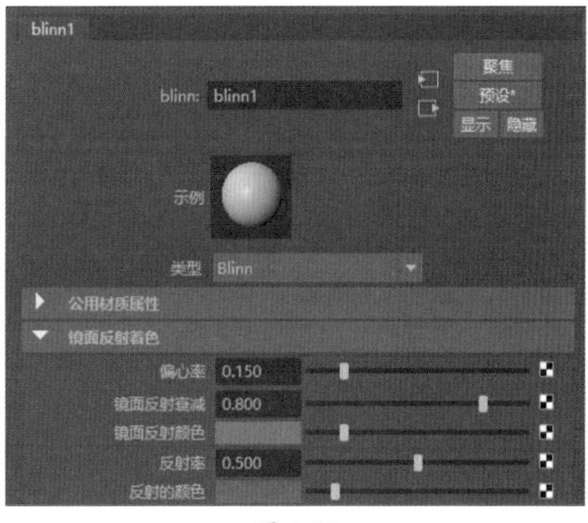

图 5-58

步骤 13 将创建好的材质赋予茶壶和茶杯模型，渲染视口，效果如图5-59所示。

图 5-59

步骤 14 制作背景材质。新建一个Lambert材质，为“颜色”属性添加背景贴图文件，并在“公用材质属性”卷展栏中设置“漫反射”参数，如图5-60所示。将制作好的材质赋予背景模型。

步骤 15 制作拉丝金属材质。在Arnold材质列表下创建一个aiStandardSurface材质，如图5-61所示。

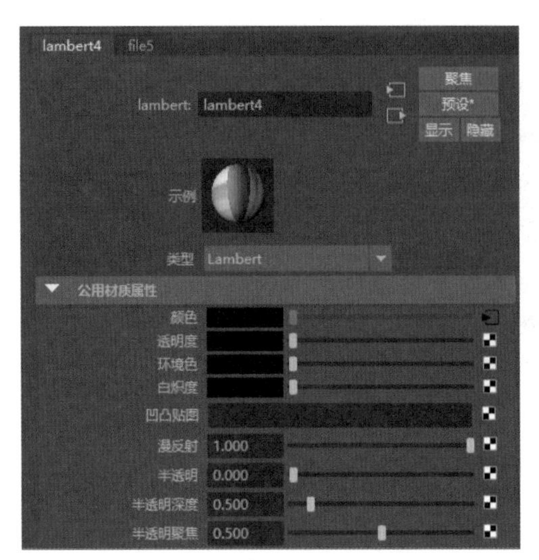

图 5-60

图 5-61

步骤 16 在属性编辑器中单击“预设”按钮，从弹出的菜单中选择“Brushed_Metal”|“替换”命令，如图5-62所示。

步骤 17 在Base卷展栏中为Color属性添加准备好的纹理贴图，如图5-63所示。

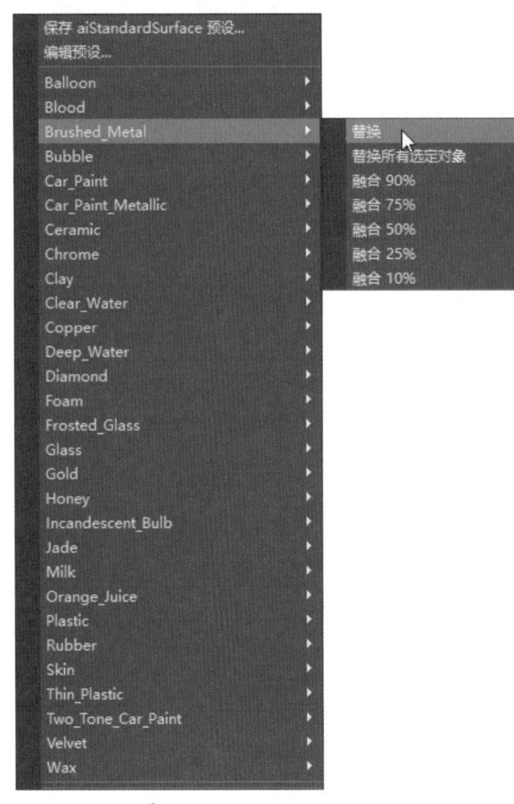

图 5-62

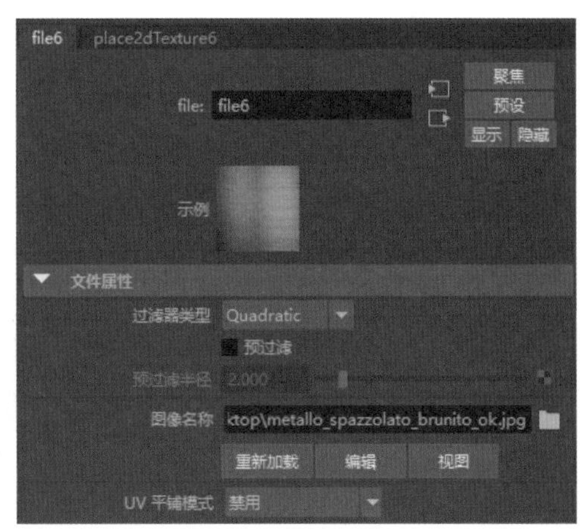

图 5-63

步骤 18 在Geometry卷展栏为Bump Mapping添加相同的纹理贴图。切换到bump2d3面板，设置“凹凸深度”参数，如图5-64所示。

步骤 19 制作好的材质预览效果如图5-65所示。

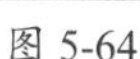

图 5-64

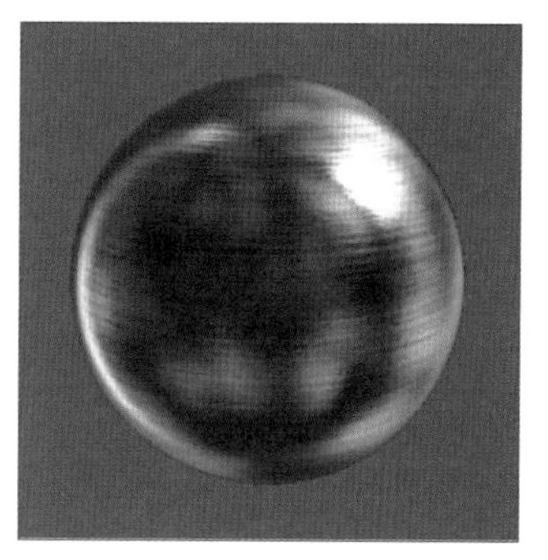

图 5-65

步骤 20 将材质赋予茶壶拉手模型，渲染最终的材质效果，如图5-66所示。

图 5-66

5.3.3 纹理贴图属性

现实生活中，纯粹无纹理的材质是很少的。在Maya中使用纹理贴图，一方面可以节省大量的模型运算，另一方面可以带来很逼真的效果。

程序纹理就是Maya中自带的图形程序。它是通过程序编辑形成的图形，就像矢量图一样，不会因为大小的变化而出现锯齿。通常可以用它们制作一些简单重复的图形或配合表面材质使用。Maya中的纹理可以分为2D纹理、3D纹理、环境纹理等类型，如图5-67、图5-68、图5-69所示。

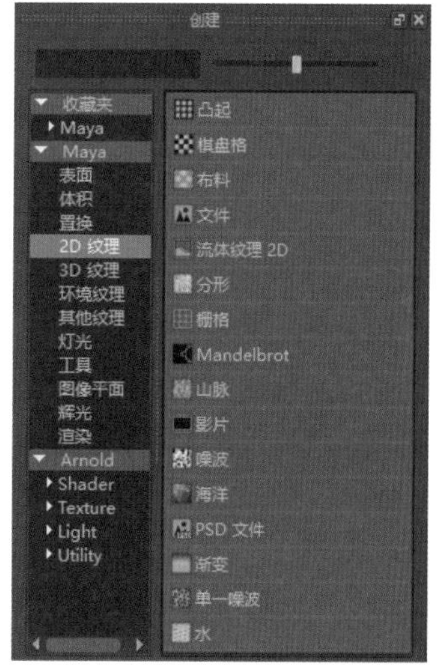

图 5-67

图 5-68

图 5-69

- **2D纹理：**该类型纹理通常作用于几何对象的表面，其效果取决于UV坐标和投射方式。
- **3D纹理：**该类型纹理是根据程序以三维方式生成的图案，不受物体外观的影响，在3D纹理程序中可以通过对参数的调节来控制纹理和图案的效果。
- **环境纹理：**该类型纹理不直接作用于物体，一般用于模拟周围的环境。
- **其他纹理：**该类型纹理指的是分层纹理，和层材质的效果类似。

1. 纹理通用属性

选择2D纹理或3D纹理，打开对应的属性编辑器，其中包含一些通用的属性，如图5-41所示。下面对这些属性的含义进行介绍。

（1）颜色平衡。

“颜色平衡”属性组主要是节点的简单校色处理和通道的调节，如图5-70所示。

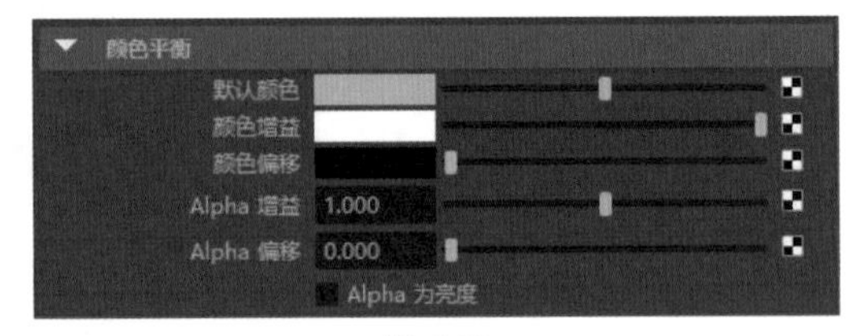

图 5-70

属性介绍如下。

- **默认颜色：**只有在贴图坐标覆盖不满时才会有作用。
- **颜色增益：**色彩相乘，将增益的颜色和原纹理进行一个相乘处理。当为白色时，和任何纹理相乘都会发生变化；当为黑色时，和任何纹理相乘都不会产生变化。

- **颜色偏移：** 色彩相加，偏移的颜色和原纹理会进行一个相加处理。
- **Alpha增益：** Alpha相乘，指的是对通道的调节，和颜色增益原理相同。
- **Alpha偏移：** Alpha相加，指的是对通道的调节，和颜色偏移原理相同。
- **Alpha为亮度：** 用色彩的亮度信息作为Alpha值。

（2）效果。

此处用来对纹理进行简单的效果处理，如图5-71所示。

图 5-71

属性介绍如下。

- **过滤：** 很细微地模糊图像。
- **过滤器偏移：** 模糊图像，数值较小的变化就会对模糊程度产生很大影响。
- **反转：** 反转颜色，将黑变白，将白变黑。
- **颜色重映射：** 按图像的亮度重新赋予颜色，用默认的红绿蓝替代原来的颜色，即纹理不变，颜色改变。

2. 纹理特有属性

每种纹理都具有自己特有的属性，这些属性的调节会直接影响纹理效果的形成，使其区别于其他纹理。

（1）bulge（凸起）。

该纹理可以创建一个边缘逐渐变暗的白色方形栅格纹理。用于凹凸贴图或置换贴图，可以创建表面突出；用于透明贴图或高光贴图，可模拟现实的物体，如边缘脏污的窗户或瓷砖的颜色贴图，如图5-72所示。

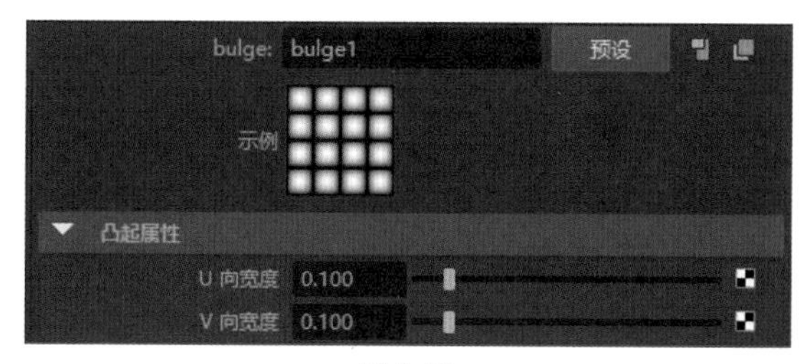

图 5-72

属性介绍如下。

- **U向宽度：**控制纹理U方向的宽度，取值0～1，默认值为0.1。
- **V向宽度：**控制纹理V方向的宽度，取值0～1，默认值为0.1。

凸起纹理的渲染效果如图5-73所示。

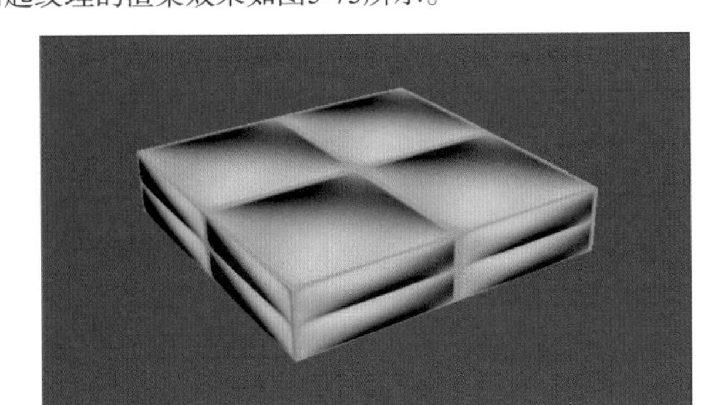

图 5-73

（2）checker（棋盘格）。

该纹理可创建棋盘形图案的程序纹理。在对多边形模型展开UV时，常用此纹理进行题图的校对，防止贴图拉伸，如图5-74所示。

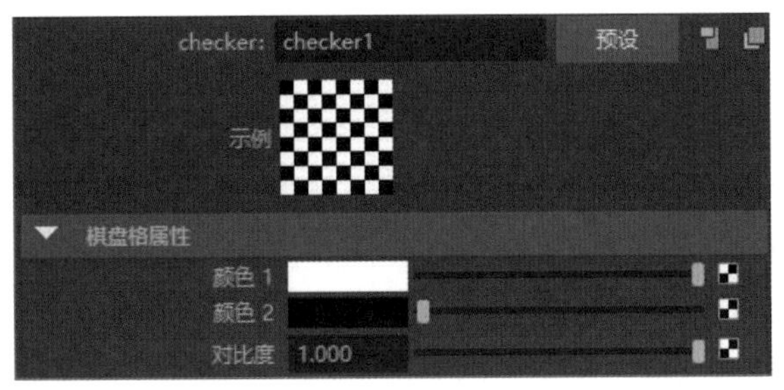

图 5-74

属性介绍如下。

- **颜色1/颜色2：**棋盘格纹理的两种颜色。
- **对比度：**两种纹理颜色对比度，取值范围是0～1，默认值为1。

棋盘格纹理的渲染效果如图5-75所示。

图 5-75

（3）cloth布料。

该纹理一般用于模拟编织类的物体，如图5-76所示。

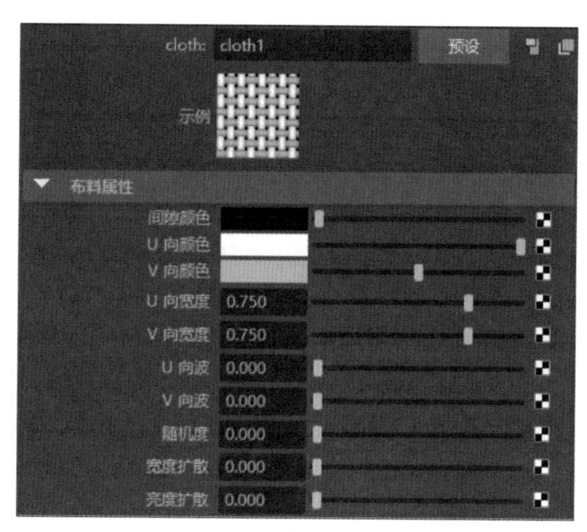

图 5-76

主要属性介绍如下。

- **间隙颜色：** 表示U方向和V方向之间间隔区域的颜色。边沿处的颜色将混入此属性中。间隙颜色越浅，所模拟布料的纤维就会显得越柔软、透明。
- **U向波：** 调节U方向线条的波纹起伏大小。
- **V向波：** 调节V方向线条的波纹起伏大小。
- **随机度：** 在U方向和V方向随机涂抹纹理。调整随机度，可以用不规则的线条创建外观自然的布料材质。该值的范围是0～1，默认值0。
- **宽度扩散：** 随机设置每个线条不同位置的宽度，其方法是从"U向宽度""V向宽度"值中减去一个随机值。该值的范围是0～1，默认值0。
- **亮度扩散：** 随机设置每条线不同位置的亮度。该值的范围是0～1，默认值0。

布料纹理的渲染效果如图5-77所示。

图 5-77

（4）file（文件）。

文件节点是常用的一个节点，任何一张图片都可以文件节点的形式调入，如图5-78所示。

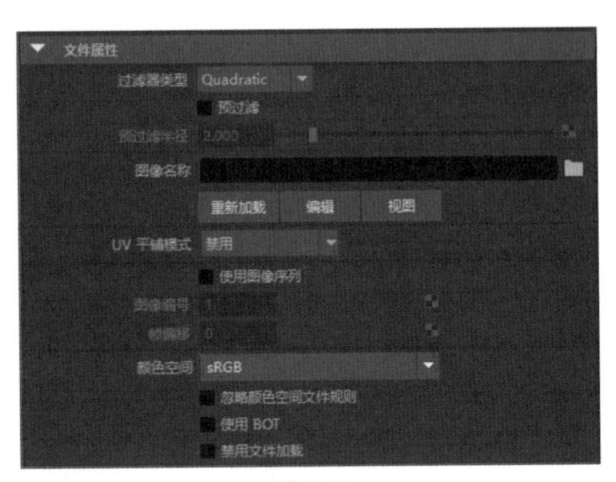

图 5-78

部分属性介绍如下。

- **过滤器类型：** 控制纹理的抗锯齿过滤等级。
- **预过滤：** 为图像去除不必要的噪波和锯齿。
- **预过滤半径：** 设置去除噪波锯齿的半径大小，数值越大则越光滑。
- **使用图像序列：** 可以将动态素材以序列帧的形式调入。

（5）fractal（分形）。

该纹理具有随机功能和特殊分配频率，可以用来制作凹凸效果，表现粗糙的表面，如图5-79所示。

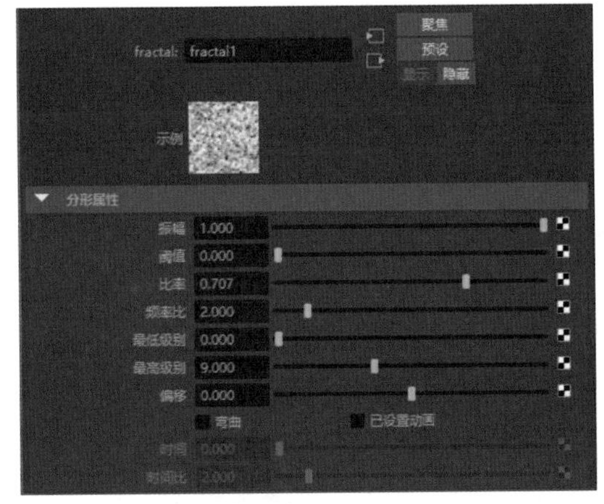

图 5-79

属性介绍如下。

- **振幅：** 控制噪波振幅的大小，范围为0～1。
- **阈值：** 设置噪波的极限值，范围为0～1。
- **比率：** 设置噪波样式的比率。
- **频率比：** 设置噪波样式的频率。
- **最低级别/最高级别：** 设置噪波重复的最小值和最大值，范围为0～25。
- **偏移：** 设置偏移值。

- **弯曲：** 控制产生变形的效果。
- **已设置动画：** 开启动画，打开“时间”和“时间比”属性。
- **时间：** 控制噪波频率的时间比例关系，时间不是1时，动画不会重复。
- **时间比：** 确定噪波频率的相对时间比。

分形纹理的渲染效果如图5-80所示：

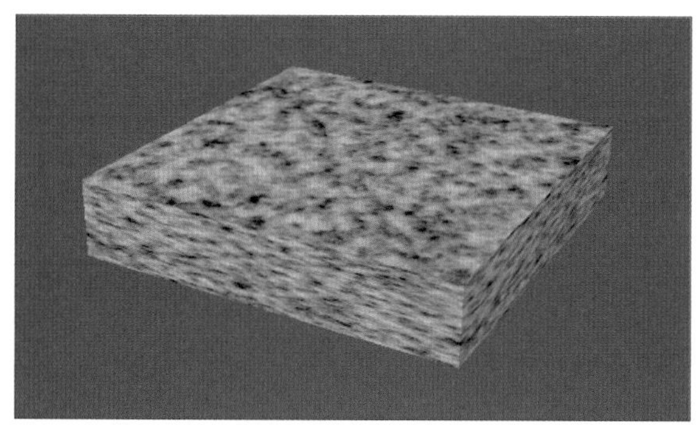

图 5-80

（6）noise（噪波）。

该纹理用于凹凸效果表现和一些不规则的怪异纹理效果制作，如图5-81所示。

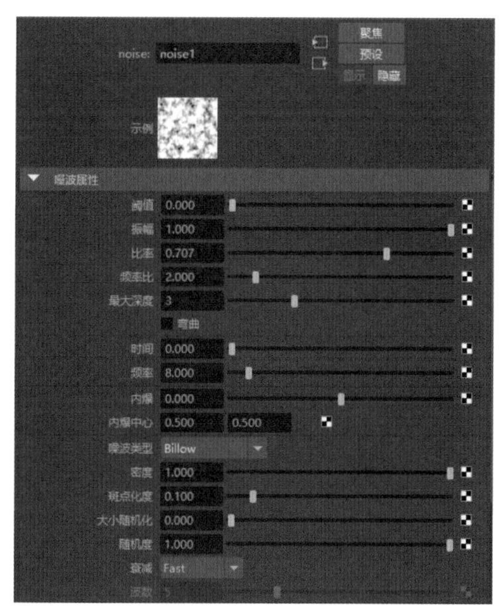

图 5-81

主要属性介绍如下。

- **阈值：** 极限值，用于控制整个噪波的亮度。
- **振幅：** 控制纹理中的比例，当数值增加时，量的区域会更亮，暗的区域会更暗。
- **比率：** 控制噪波的频率，数值增加会增大分形细节，使效果更加强烈。

- **频率比：**确定噪波频率的空间比例关系。
- **最大深度：**控制纹理的计算数量。
- **弯曲：**在噪波功能中指定一个膨胀和凹凸的变形效果。
- **内爆：**控制膨胀和收缩程度。
- **内爆中心：**指定膨胀和收缩的中心位置。
- **密度：**控制噪波之间的融合数量和强度。
- **斑点化度：**控制噪波的随机密度，数值增加时，会出现大小不一的密度区域。
- **大小随机化：**控制噪波远点的随机尺寸。
- **随机度：**使用billow噪波类型时，用于设置噪波圆点的数量。如果设置为0，所有点都将放置在规则的图案里。
- **衰减：**控制噪点的衰减效果。

噪波纹理的渲染效果如图5-82所示：

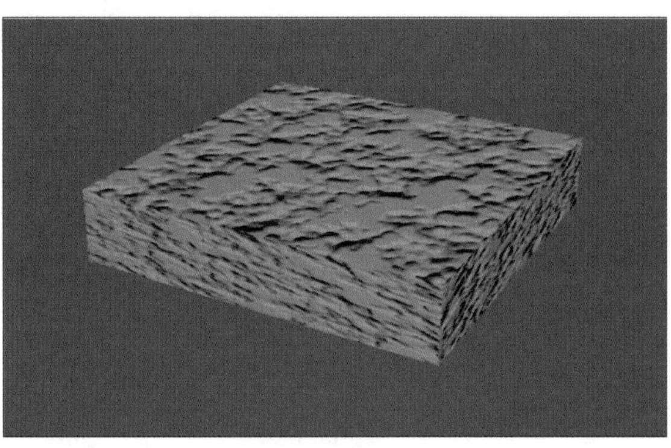

图 5-82

（7）ramp（渐变）。

该纹理可以创建一种颜色向另外一种颜色的过渡，如图5-83所示。

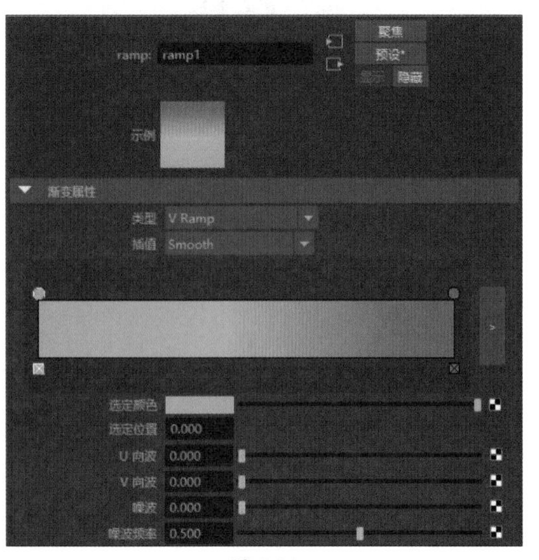

图 5-83

属性介绍如下。

- **类型**：控制颜色的类型。
- **插值**：控制颜色之间融合的方式。
- **选定颜色**：选择点控制的颜色，可以连接任何节点来替换现有的单色。
- **选定位置**：控制颜色控制点在渐变中的位置。
- **U向波**：控制颜色的横向波纹。
- **V向波**：控制颜色的竖向波纹。
- **噪波**：控制颜色的噪波大小。
- **噪波频率**：控制颜色的噪波频率，默认值是0.5。

渐变纹理的渲染效果如图5-84所示：

图 5-84

5.4 UV的应用与编辑

UV与贴图是相辅相成的，UV相当于贴图在模型上的坐标信息。所以为模型赋予贴图之前，必须先拆分模型的UV，以确定贴图纹理在模型上的正确坐标位置，避免贴图纹理发生错乱与拉伸。

通俗地讲，UV是将三维转化成二维的一个手段，也就是将三维的模型表面进行拆分，平铺成二维的形态，然后根据转化成二维的模型图形，在二维软件中进行贴图的绘制。需要注意的是，只有多边形模型和细分表面模型具有UV属性，而且UV的编辑只能在UV编辑器里进行。对UV的编辑修改并不会对模型本身的形状产生任何影响。

在创建模型之后，通常会为模型赋予棋盘格类的测试贴图，再通过观察图像内的小方块来快速判断模型UV的变形情况，如图5-85、图5-86所示。

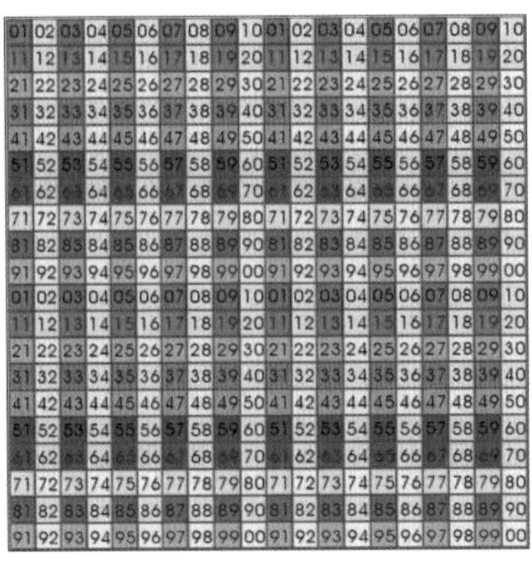

图 5-85

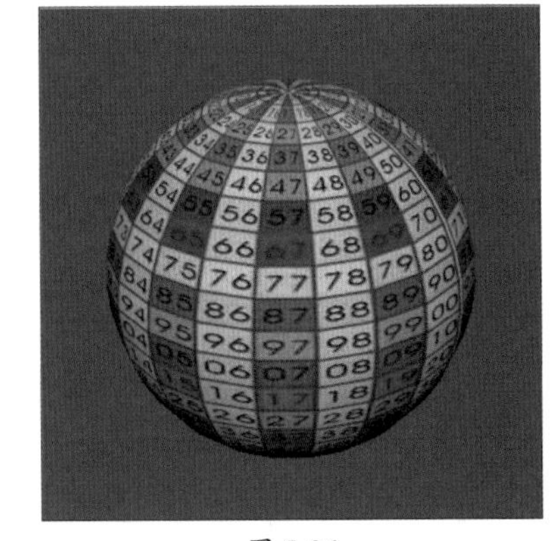

图 5-86

UV编辑的大致过程如下。

第一，根据模型的形状确定使用哪种UV映射方式。

第二，使用相应的映射方式粗略地映射UV。使用UV编辑器进一步完善UV细节，制作出符合UV编辑原则的UV块。

第三，将编辑好的UV以二维图片进行导出，作为贴图绘制的参考。

5.4.1 UV映射工具

一般情况下，模型的原始UV比较乱，没有办法直接在UV编辑器里进行编辑和整理，所以需要对模型进行初始的UV划分。

Maya根据现实中的物体，归纳出“圆柱体”“平面”“球形”三种几何映射方式和一种“自动”映射方式。例如人体的头部可以使用球体映射，身体和四肢可以使用圆柱体映射，而自动映射可以应用于不规则的石头等物体。

平面映射可以通过一个平面将UV映射到模型上，这种方式比较适合相对平整的物体表面。单击“平面”命令后方的按钮，会打开“平面映射选项”面板，如图5-87所示。

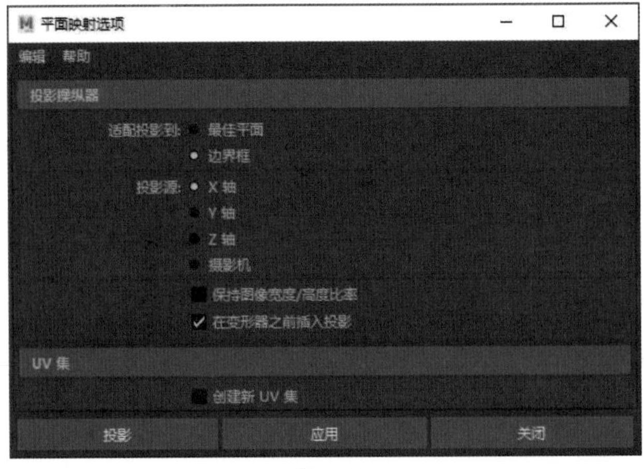

图 5-87

主要选项介绍如下。

- **适配投影到：** 选择合适的映射方式，包括最佳平面和边界框两种。选择“最佳平面”，会自动将最佳的平面UV方式映射给多边形物体，以改变物体的UV属性。选择“边界框”，会以自定义的方向来映射多边形物体。
- **投影源：** 可以根据模型实际情况选择X、Y、Z三种映射方向，或者使用摄影机的视角来决定映射角度。
- **保持图像宽度/高度比率：** 未勾选此项时，完成映射后，模型的UV充满整个0～1纹理平面内。勾选此项后，UV的每个面与相应的模型面的宽高比相同，可以相对缓解拉伸。
- **在变形器之前插入投影：** 当多边形模型使用变形工具后，与这个选项是相关联的。如果将该项关闭，变形动画后，顶点位置的纹理会被变形影响，导致纹理位置的偏差。
- **创建新UV集：** 启用该选项，可以创建新的UV集并防止由投影在该集中创建的UV。

使用平面映射后，用户可以通过拖曳操纵器中心区域的颜色方块来移动UV位置，或拖曳四周的颜色方块来进行整体和指定方向的UV缩放，如图5-88所示。

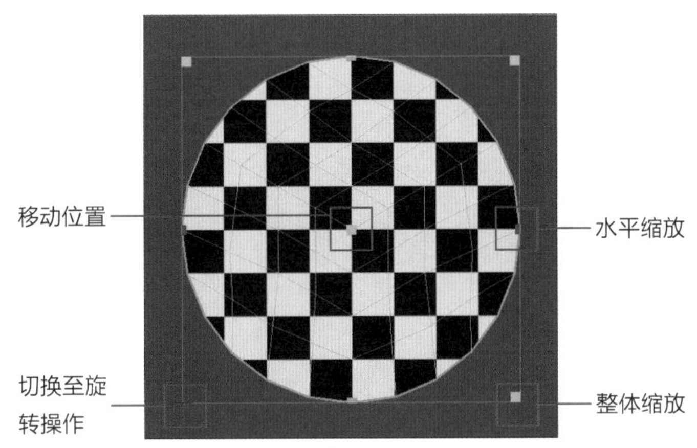

图 5-88

单击左下角类似字母T的红色图标，可将操纵器切换至变换控制状态，单击控制柄可以切换为移动控制、旋转控制或缩放控制，从而调整纹理的显示位置、角度或大小，如图5-89～图5-91所示。

图 5-89

图 5-90

图 5-91

5.4.2 UV编辑器

UV编辑器是一个专用的UV工作窗口，在这个窗口中，可对UV进行编辑。通过UV编辑器，可将编辑好的UV导出成一张图片，并作为二维软件绘制纹理贴图的参考。执行“窗口”|“建模编辑器”|“UV编辑器”命令，会同时打开“UV编辑器”面板和“UV工具包”面板，如图5-92、图5-93所示。

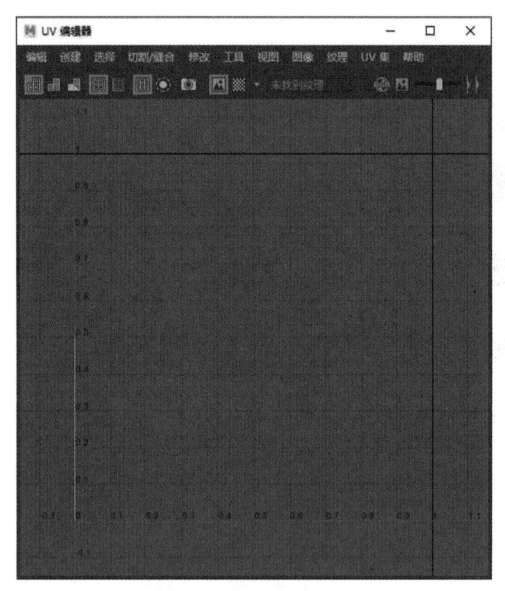

图 5-92

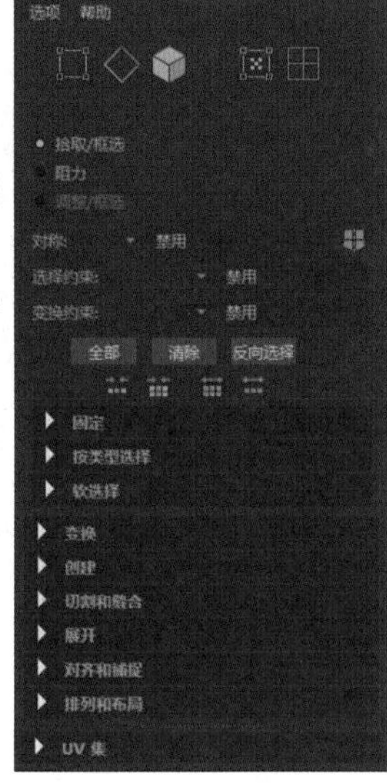

图 5-93

1. UV 的选择和变换

如果要对物体的UV进行编辑，就要先进入UV点的编辑模式。选择模型对象，执行“UV”|“UV编辑器”命令，即可打开“UV编辑器”面板，如图5-94、图5-95所示。在UV编辑器中，可以对UV进行移动、旋转和缩放等变换操作。

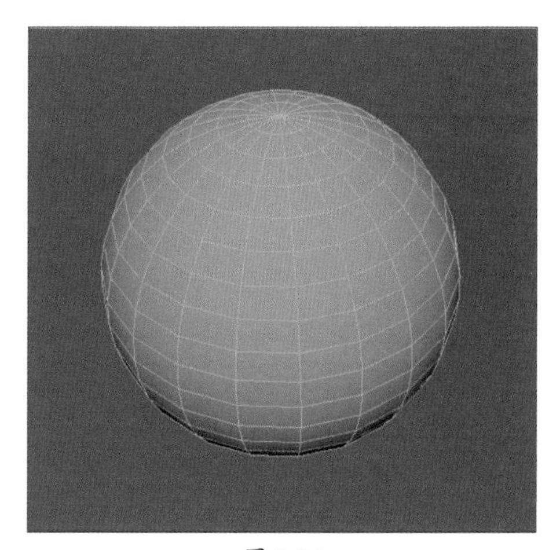

图 5-94

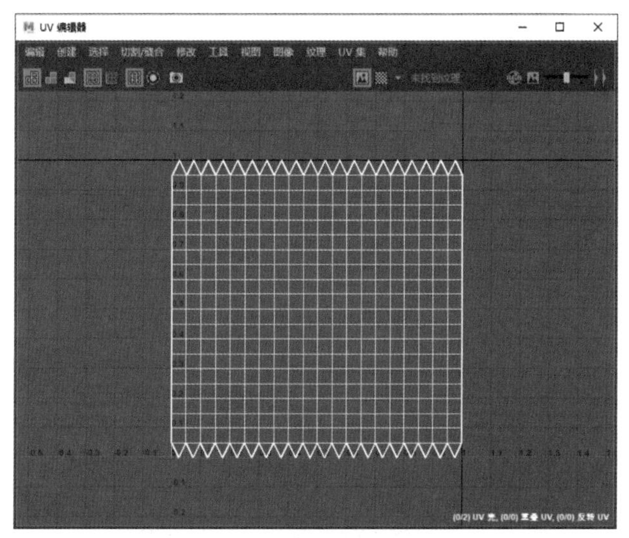

图 5-95

2. 选择连续的 UV 点（UV 块）

选择UV块中的任意一个UV点，在按住Ctrl键的同时单击鼠标右键，选择“到UV壳”命令，则可选中整块的UV点，如图5-96、图5-97所示。对于UV块，也可执行相同的操作。

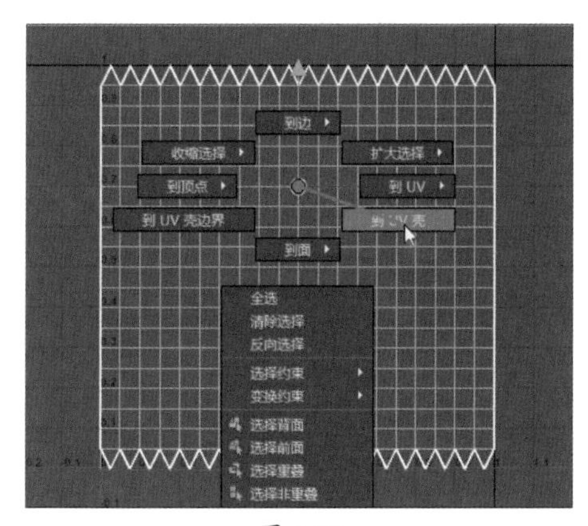

图 5-96

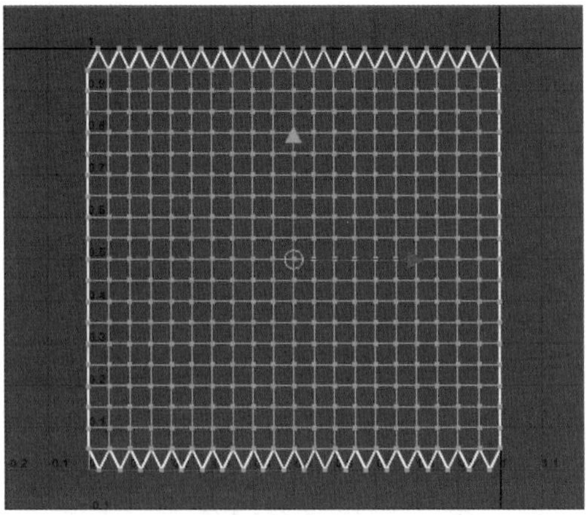

图 5-97

学习笔记

3. UV 的图像输出

选中UV拆分好的模型，在UV编辑器中执行“图像”|“UV快照”命令，会打开“UV快照选项”面板，根据需要对输出图像的保存路径、尺寸大小、格式等信息进行设置后，单击“应用”按钮即可输出图像，如图5-98所示。

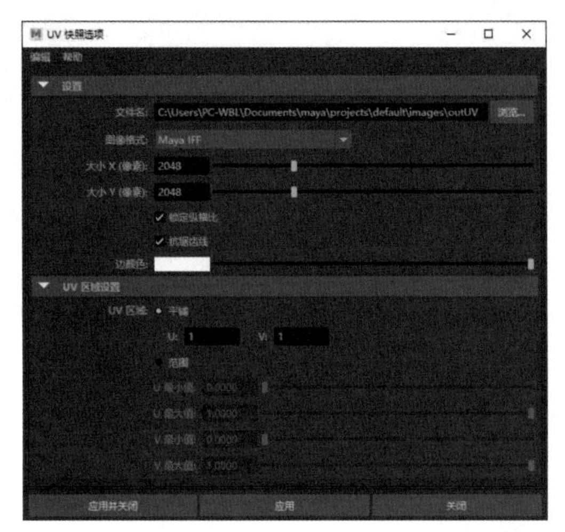

图 5-98

一般来说，最合理的UV分布取决于纹理类型、模型构造、模型在画面中的比例以及渲染尺寸等，但也应遵循一些基本原则，具体介绍如下。

- UV尽量避免相互重叠。
- UV尽量避免拉伸。
- 尽量减少UV的接缝（划分较少的UV块面）。
- 尽量将UV接缝安排在摄影机不易察觉的位置或结构变化较大、材质外观不同的地方。
- 保持UV在0～1纹理平面内，并充分利用0～1的纹理空间。
- 同一模型不同UV块的比例尽量保持一致。

强化训练

1. 项目名称

制作玻璃杯材质。

2. 项目分析

在制作场景材质时，需要注意不同类型材质的漫反射、反射以及高光特性，再结合灯光照明展现出最佳的材质效果。案例中包含了表面较为粗糙的墙面材质、木桶材质，以及表面光滑、具有高透明和反射特性的玻璃材质。

3. 项目效果

项目效果如图5-99所示。

图 5-99

4. 操作提示

①使用Lambert材质制作墙面材质和酒桶材质，此时需要为颜色属性和凹凸贴图属性添加文件节点。

②利用UV编辑器调整酒桶材质贴图。

③使用Blinn材质制作玻璃材质，此时需要设置透明度、镜面反射和折射属性，以及光线跟踪属性。

Maya

第6章

灯光照明技术

内容导读

灯光对于整个场景有着巨大的影响，不同的灯光会产生不同的光效，再配合阴影效果，可以创造出逼真的场景。本章主要针对灯光照明技术的相关知识进行介绍。通过学习，用户可以很好地掌握Maya中各类灯光的属性和应用方法，以及场景的基础布光方法。

学习目标

- 了解灯光基础知识
- 熟悉灯光类型和阴影的应用
- 掌握灯光效果的设置和应用

6.1 灯光概述

在日常生活中，灯光是不可缺少的；在Maya软件中，灯光同样具有关键的作用，尤其是灯光和材质的结合，应用非常广泛。Maya中的所有物体都必须先创建才可以使用，灯光的创建过程和模型的创建过程相同，灯光创建完毕后才可以根据需要对其属性进行编辑。

学习笔记

1. 创建灯光

执行“创建”|“灯光”命令，可在子菜单中选择需要的灯光类型，如图6-1所示。

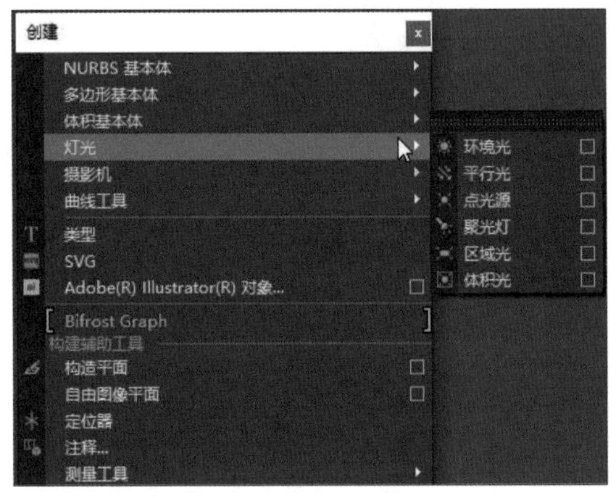

图 6-1

也可切换至“渲染”标签，在工具架中单击灯光的快捷图标进行创建，如图6-2所示。

图 6-2

2. 控制灯光

灯光创建完成后，灯光的图标就会出现在工作区中。可使用移动、旋转、缩放等变换工具来控制灯光的位置、角度等属性，如图6-3所示。

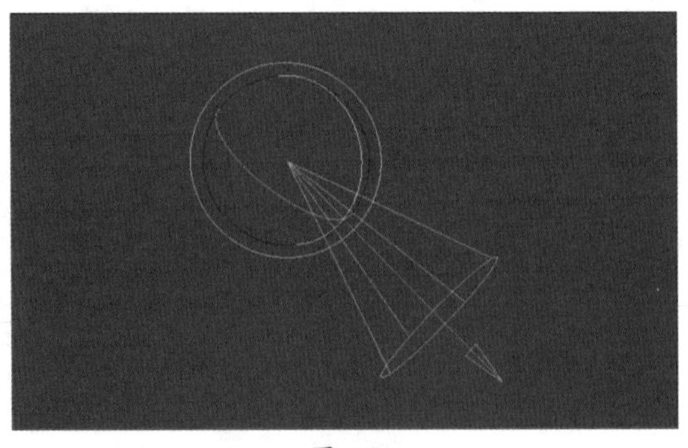

图 6-3

3. 开启灯光

在默认设置下，场景中有一盏默认的灯光。添加新的灯光之前，该灯光起作用；添加新的灯光之后，该灯光不再起作用。在创建灯光后，按数字键7可打开灯光效果，这时场景中才会表现灯光作用，如图6-4、图6-5所示。

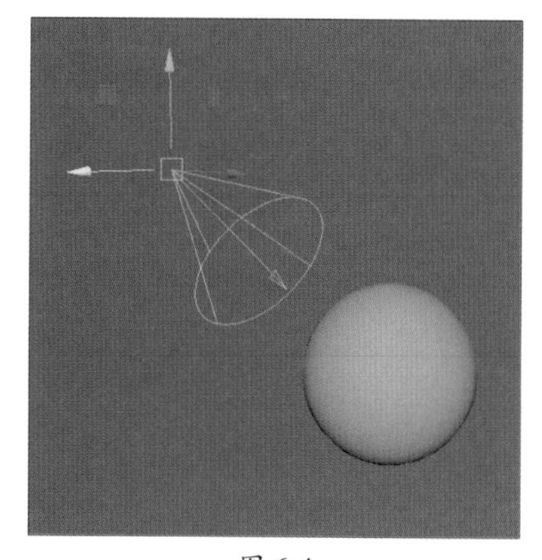

图 6-4

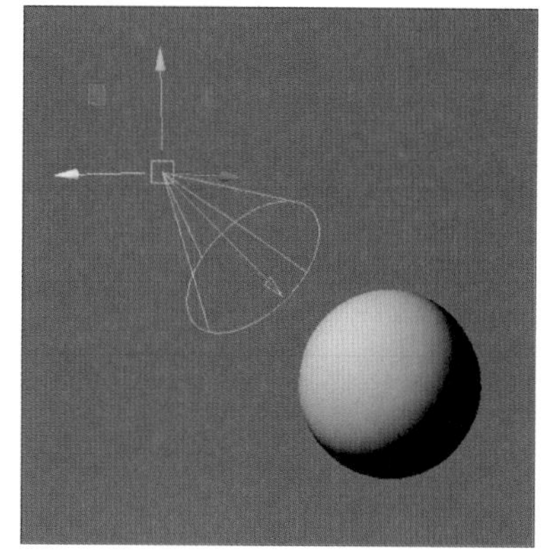

图 6-5

用户还可通过修改“照明”菜单内的命令来修改灯光效果，如图6-6所示。

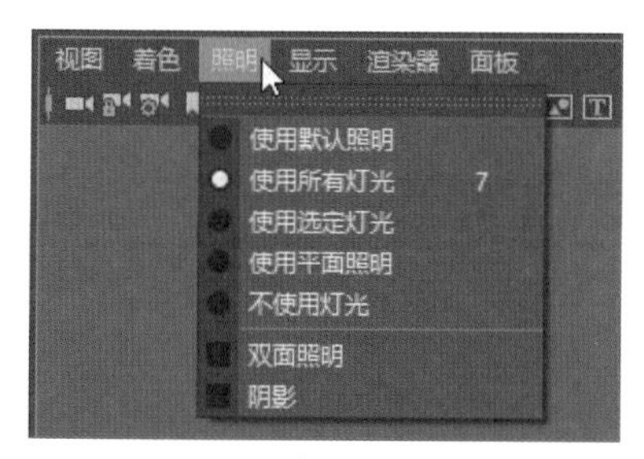

图 6-6

4. 切换灯光

灯光创建完毕后，会自动显示在坐标原点处，如图6-7所示。如果用户需要使用其他的灯光类型，可以在“属性编辑器”面板的“类型”列表中修改灯光类型，如图6-8所示。

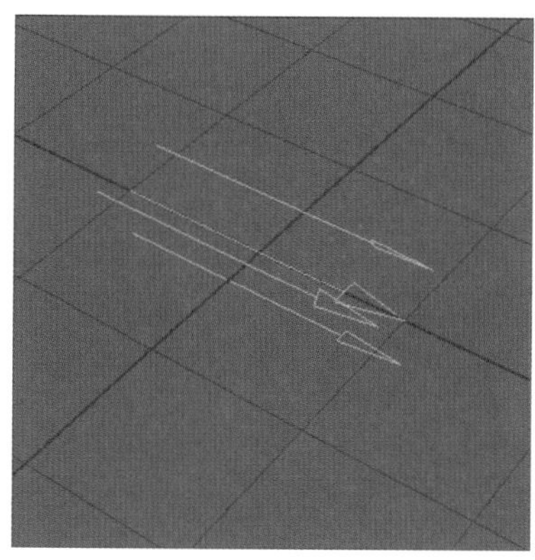

图 6-7

图 6-8

6.2 默认灯光类型

现实世界中有很多类型的灯光，Maya中也是如此。Maya中有六种基本类型的灯光，分别是环境光、平行光、点光源、聚光灯、区域光和体积光。每种灯光都有不同的用法，灵活使用好这六种灯光，可模拟现实世界中大多数的光效。

各种灯光在场景中的显示形状如图6-9所示。

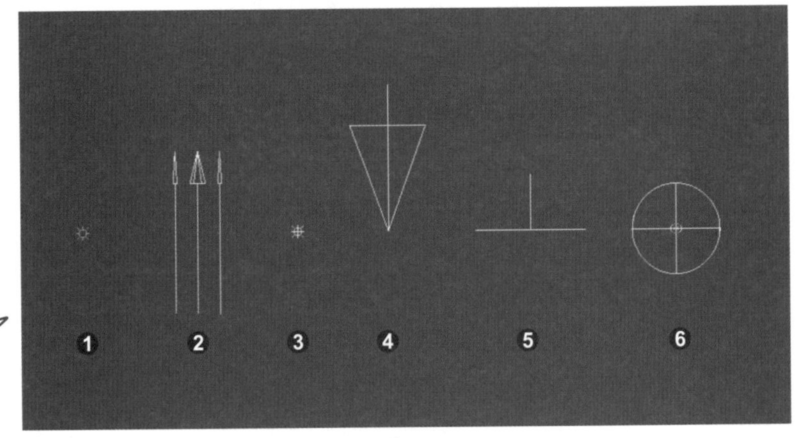

❶环境光 ❷平行光
❸点光源 ❹聚光灯
❺区域光 ❻体积光

图 6-9

6.2.1 环境光

环境光能够从各个方向均匀地照射场景中所有的物体。它有两种照射方式：一种类似于一个点光源，光线从光源的位置均匀地向各个方向照射；另一种是光线从所有地方均匀地照射，犹如一个无限大的中空球体从内部表面发射灯光一样。

环境光一般不作为主光源，而是用来模拟漫反射，起到均匀照亮整个场景、调整场景色调的作用。环境光只有打开光线追踪算法之后才能计算阴影，环境光照明及阴影效果如图6-10所示。

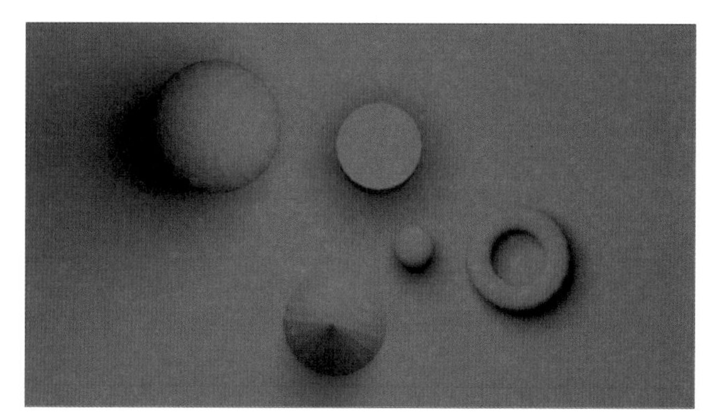

图 6-10

执行“创建”|“灯光”命令，单击“环境光”后的设置按钮，会打开“创建环境光选项”面板，如图6-11所示。

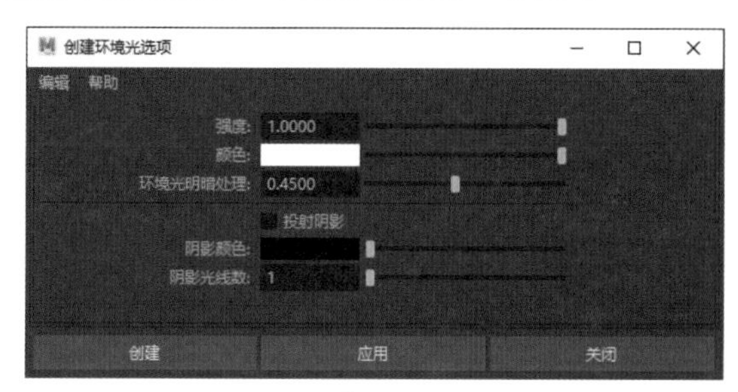

图 6-11

面板中各参数的含义介绍如下。

- **强度：** 该参数用于调节灯光强度。数值越大，灯光强度越强；数值越小，灯光强度越弱。
- **颜色：** 该参数用于设置灯光颜色。拖曳颜色滑块，可以调整颜色明亮程度；单击色块，可以打开拾色面板。
- **环境光明暗处理：** 该参数用于设置平行光和环境光的比率。数值为0，灯光从四周均匀地照射场景，体现不出光源方向，画面呈灰色；数值为1，光线从环境光位置发出，类似一个点光源的照明效果。
- **投射阴影：** 该选项控制是否投射阴影。环境光没有深度阴影贴图，只有光线追踪阴影。
- **阴影颜色：** 该参数用于设置阴影的颜色。拖曳滑块，可调整阴影的明亮程度。
- **阴影光线数：** 该参数用于控制阴影边缘的噪波程度。

创建光源后，按Ctrl+A组合键，打开“属性编辑器”面板，用户可以通过该面板设置光源的相关参数，如图6-12所示。

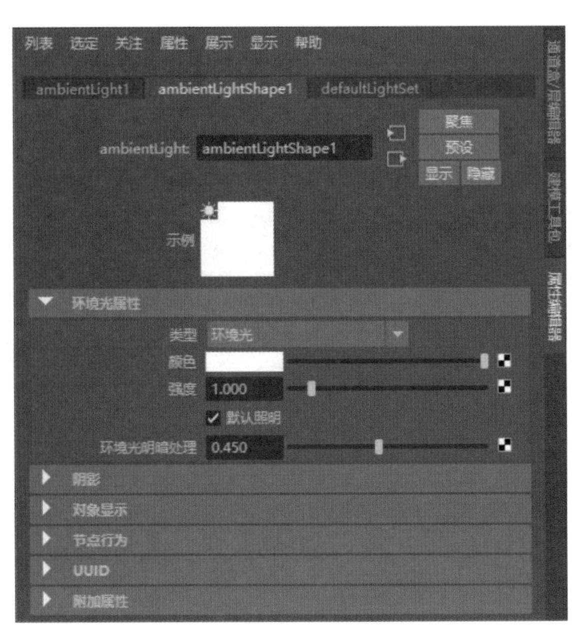

图 6-12

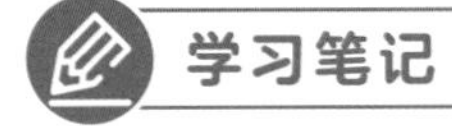

6.2.2 平行光

平行光的光源是从一个地方均匀地发射灯光，光线是互相平行的，可以模拟一个非常远的点光源发射效果，类似于太阳照射地球。要注意的是，平行光没有衰减属性，也就是说，无论场景有多大，在平行光照射方向上的物体都会被照亮。

物体被照射的范围及映射的阴影和平行光的方向有很大的关系，但与平行光的大小和亮度没有关系。平行光照明及阴影效果如图6-13所示。

图 6-13

执行“创建”|“灯光”命令，单击“平行光”后的设置按钮，会打开“创建平行光选项”面板，如图6-14所示。

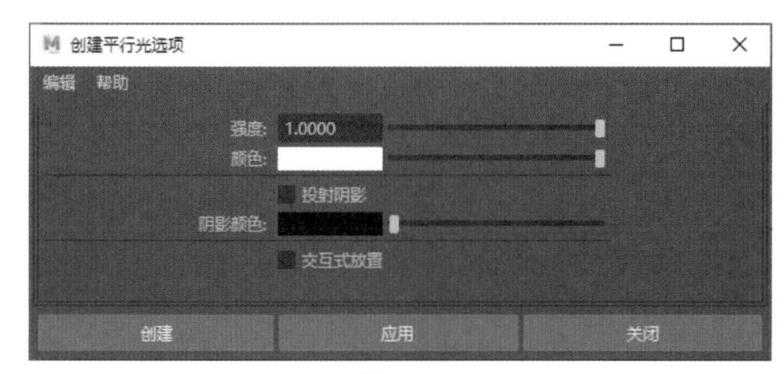

图 6-14

6.2.3 点光源

点光源是经常会用到的灯光类型。该灯光从光源位置向各个方向均匀发射光线，所以光线是不平行的，而光线想汇聚的地方就是光源所在。点光源可以用于模拟灯泡，或者模拟夜空的星星，具有非常广泛的应用范围。

当点光源映射阴影时，阴影的形状是向外发散的，其照明和阴影效果如图6-15所示。

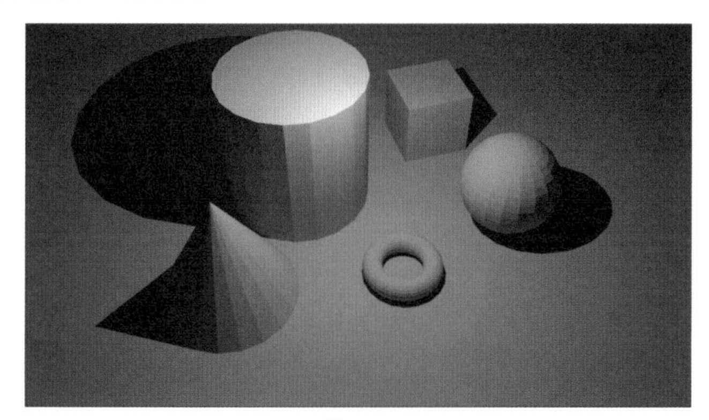

图 6-15

执行“创建”|“灯光”命令，单击“点光源”后的设置按钮，会打开“创建点光源选项”面板，如图6-16所示。

图 6-16

“衰退速率”参数用于设置灯光的衰退速率。灯光沿着大气传播后，会逐渐被大气所阻挡，这样就形成了衰减效果。衰退速率包括4种衰减方式，分别是“无衰退”“线性”“二次方”“立方”。

6.2.4 聚光灯

聚光灯是Maya中使用最为频繁的灯光类型，其光线从一个点发出，沿着一个圆锥形区域均匀地向外扩散。聚光灯的光照锥角是可以调节的，这样可更好地控制灯光范围，以模拟很多照明效果，如手电筒、车前灯的光照等。

聚光灯同样可以映射阴影，它的照明及阴影效果如图6-17所示。

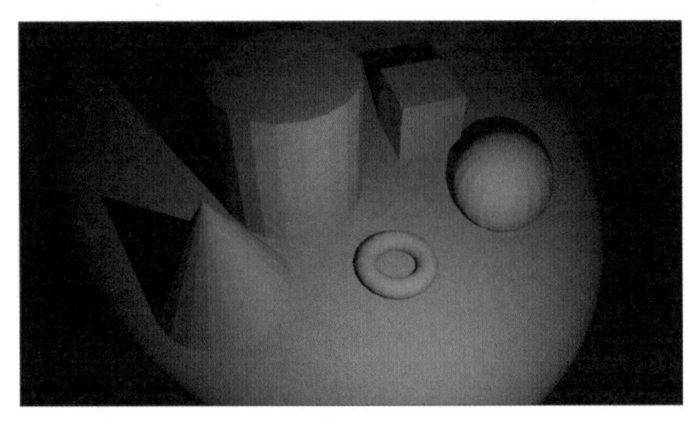

图 6-17

学习笔记

执行“创建”|“灯光”命令，单击“聚光灯”后的设置按钮，会打开“创建聚光灯选项”面板，如图6-18所示。

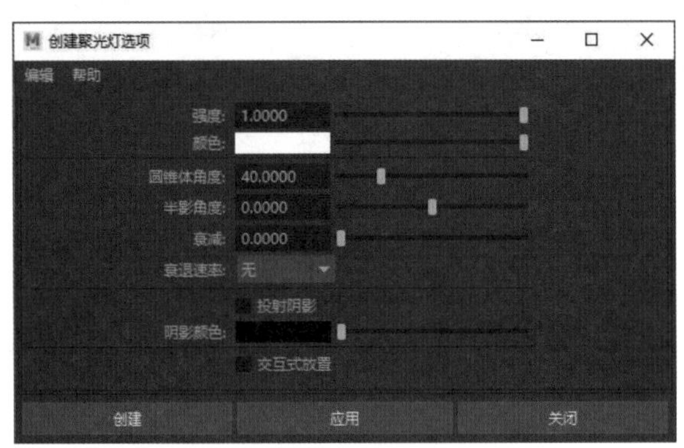

图 6-18

面板中部分参数的含义介绍如下。

- **圆锥体角度：** 该参数用于设置聚光灯的锥角角度，参数值默认为40。
- **半影角度：** 该参数用于设置聚光灯的半影角，即光线在圆锥边缘的衰减角度。
- **衰减：** 该参数用于设置聚光灯的强度从中心到聚光灯边缘衰减的速率。数值越大，灯光衰减的速率就越大，光线就比较暗，光线的边界轮廓就显得更加柔和。

6.2.5 区域光

区域光也叫面光源，是一种二维的面积光源。用户可以通过变换工具调节区域光图标面积的大小来控制灯光的亮度和强度，调节灯光图标方向可改变照射方向。

区域光的照射及阴影效果如图6-19所示。

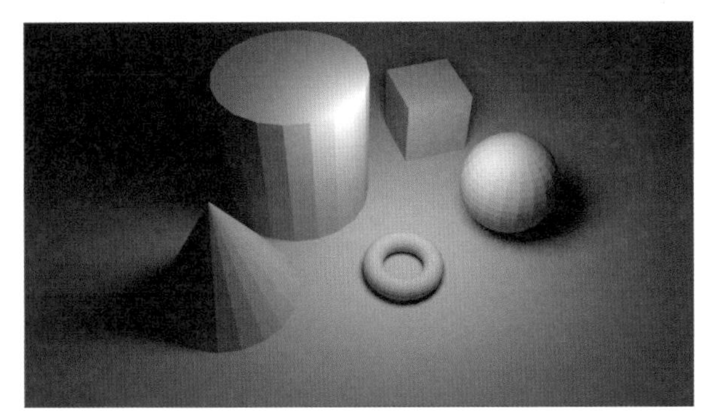

图 6-19

6.2.6 体积光

体积光和其他类型的灯光不同，它可以更好地体现灯光的延伸效果或限定区域内的灯光效果。利用体积光，可以很方便地控制光线所能达到的范围。

体积光只对线框所涵盖的范围进行照明，用户可以通过变换工具修改体积光图标大小来控制光线到达的范围。

体积光的照明效果如图6-20所示。

图 6-20

6.3 灯光阴影类型

在现实世界中，有光就会有阴影。阴影可以使物体变得有立体感，还可以渲染环境气氛。Maya提供了两种阴影类型，分别是深度贴图阴影和光线追踪阴影。

6.3.1 深度贴图阴影

深度贴图阴影是描述从光源到目标物体之间的距离阴影。其阴影文件中有一个渲染产生的深度信息，可以计算灯光到物体表面的距离，然后根据运算结果来判断是否产生阴影。这种阴影生成方式渲染速度快，生成的阴影相对柔软边缘柔和，但是和光线追踪阴影相比缺乏真实性。

打开灯光属性编辑器，展开灯光阴影属性卷展栏，勾选“使用深度贴图阴影”选项后，灯光就可以产生深度贴图阴影，如图6-21所示。

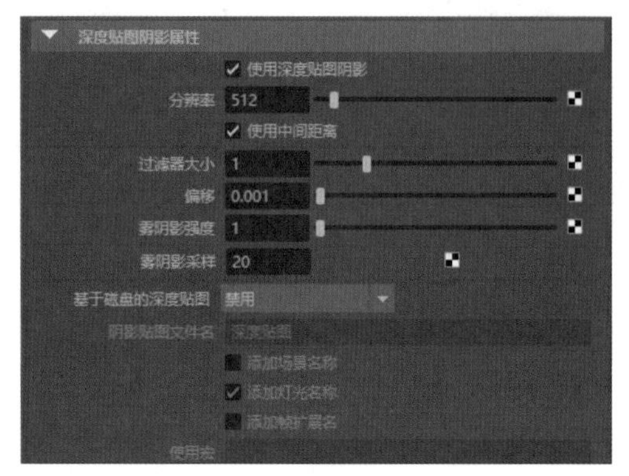

图 6-21

卷展栏中各部分参数含义介绍如下。

- **使用深度贴图阴影：** 只有勾选该复选框，深度贴图阴影才会被激活。
- **分辨率：** 阴影贴图的分辨率，数值越大，阴影贴图分辨率越高，阴影效果越好，但渲染速度会降低。
- **过滤器大小：** 用于控制阴影边缘的虚化效果。数值越大，边缘越柔和；数值越小，边缘越锐利。
- **偏移：** 调节该参数，可以使阴影和物体表面分离。数值变大，物体的阴影会只留下一部分；数值为1时，阴影完全消失。

使用深度贴图阴影的效果如图6-22所示。

图 6-22

6.3.2 光线追踪阴影

在创建光线跟踪阴影时，Maya会根据照射目的地到光源之间的运动路径跟踪计算光线，从而产生光线跟踪阴影。在大部分情况下，它能提供非常真实的效果，但是因为光线追踪阴影是要计算整个场景的，所以需花费更多的计算时间。

打开灯光属性编辑器，展开灯光阴影属性卷展栏，勾选“使用光线追踪阴影”选项，就可以打开光线追踪阴影效果，如图6-23所示。

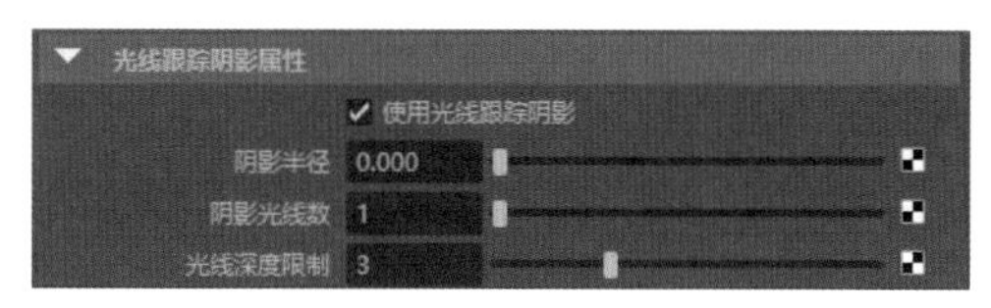

图 6-23

卷展栏中各参数含义介绍如下。

- **使用光线跟踪阴影：** 勾选该复选框，光线跟踪阴影才会被激活。该选项与“使用深度贴图阴影”复选框是相对的，二者不能同时选择。
- **阴影半径：** 该属性决定阴影柔化程度，该值越大，阴影的边缘越模糊。
- **阴影光线数：** 表示阴影采样次数，通过它可以控制阴影模糊细节的精度。调节该值可以控制阴影边缘的颗粒程度。
- **光线深度限制：** 限制光线追踪反弹的次数，即光线在投射阴影前被折射或者反射的最大次数，数值越大，渲染速度越慢。

使用光线追踪阴影的效果如图6-24所示。

图 6-24

6.4 默认灯光效果

灯光效果是指在场景中增加不同的光学效果而使光照更加丰富和真实，通过对光学特效属性的设置，可以模拟出真实世界中的多种光学效果。Maya为用户提供了几种灯光效果，本小节主要介绍最常用的灯光雾效果和辉光效果。

6.4.1 灯光雾效果

灯光雾的作用是在灯光的照明范围内产生一个肉眼可见的光照范围，常常和聚光灯配合使用，如图6-25所示。该效果只能应用于点光源、聚光灯和体积光，其中点光源的灯光雾是球形的，聚光灯的灯光雾是锥形的，体积光的灯光雾则由灯光的体积形状决定。

图 6-25

学习笔记

选中一盏灯光，在“属性编辑器”面板中会看到“灯光效果”卷展栏，如图6-26所示。

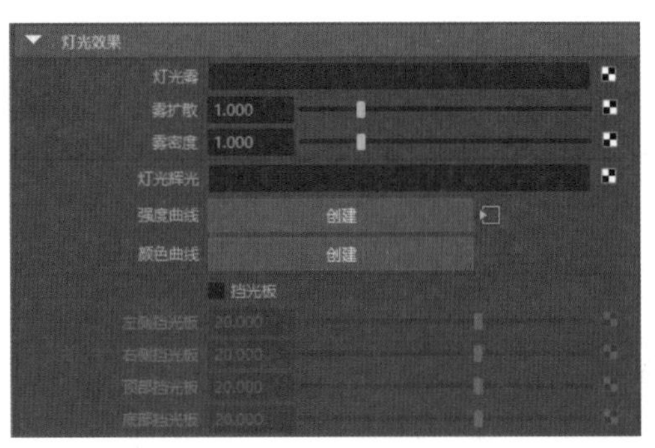

图 6-26

部分选项介绍如下。

- **灯光雾**：用户可以在此栏中自定义灯光雾的名称。单击右侧的图标，会为灯光添加一个雾节点，也就是创建了一个灯光雾效果，此时可以进入灯光雾节点的属性面板进一步设置属性参数，如图6-27所示。
- **雾扩散**：该参数可以控制灯光雾的分布情况，数值越高，光线分布越密集。
- **雾密度**：该参数可以控制灯光雾的照明强度，数值越小灯光雾越弱，数值越大灯光雾越强。

图 6-27

6.4.2 辉光效果

辉光是产生在光源位置的一种特殊的灯光效果，其颜色、强度和灯光都会受到大气的影响。一般我们看到的辉光是由太阳产生的，如图6-28所示。

图 6-28

选择灯光后，在“灯光效果”卷展栏单击“灯光辉光”右侧的图标，会为灯光添加一个辉光效果节点，在属性设置面板中可以设置辉光的类型及属性参数等，如图6-29所示。

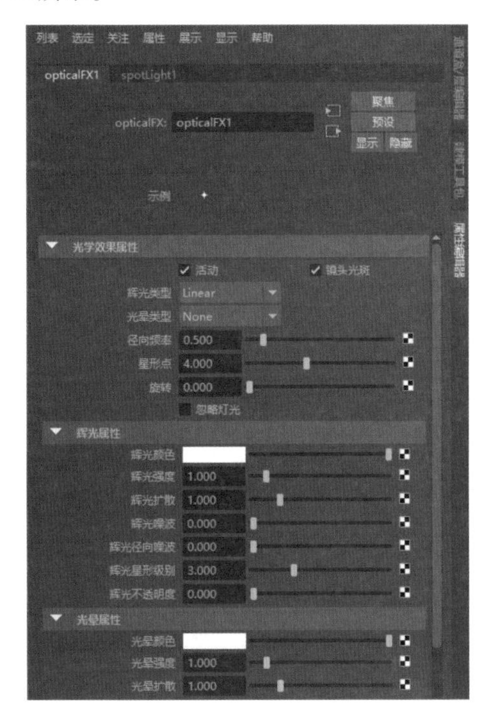

图 6-29

“光学效果属性”卷展栏中各属性介绍如下。

- **活动**：勾选该复选框，可以使光学特效起作用。
- **镜头光斑**：勾选该复选框，会使用镜头光斑效果。
- **辉光类型**：用于选择辉光的类型，包括None（无）、Linear（线性）、Exponential（指数）、Ball（球体）、Lens Flare（镜头光斑）、Rim Halo（边缘光晕）共6种。
- **光晕类型**：可以根据需要选择光晕类型，分类与辉光类型相同。
- **径向频率**：该参数用于控制辉光径向噪波的平滑度。

- **星形点**：该参数用于设置星形顶点数量。
- **旋转**：该数值可以改变光线旋转的角度。
- **辉光颜色**：该参数用于设置辉光的颜色。默认为白色，单击色块会打开拾色面板。
- **辉光强度**：该参数用于设置辉光的亮度。可设置为负值，此时将从其他辉光中吸光。
- **辉光扩散**：该参数用于设置辉光相对于镜头的大小。
- **辉光噪波**：该参数用于设置辉光的噪波强度。
- **辉光径向噪波**：该参数控制辉光随机扩散。
- **辉光星形级别**：该参数用于调节光束的宽度，数值越小，光束就越窄。
- **辉光不透明度**：该参数用于设置辉光的不透明度。
- **光晕颜色**：该参数用于设置光晕颜色。
- **光晕强度**：该参数用于设置光晕亮度。随着数值的增加，光晕的外观尺寸也会增加。
- **光晕扩散**：该参数用于控制光晕效果的大小。“光晕扩散”和“辉光扩散”数值相同时，光晕通常大于辉光。

课堂练习 制作路灯光源效果

本案例将介绍码头平台的灯光设置方法，包括路灯光源以及一些辅助光源等，通过运用各种类型的灯光为场景制作不同的照射效果。具体操作步骤介绍如下。

步骤 01 打开准备好的场景文件，这是一个码头平台，其主要光源是路灯，如图6-30所示。

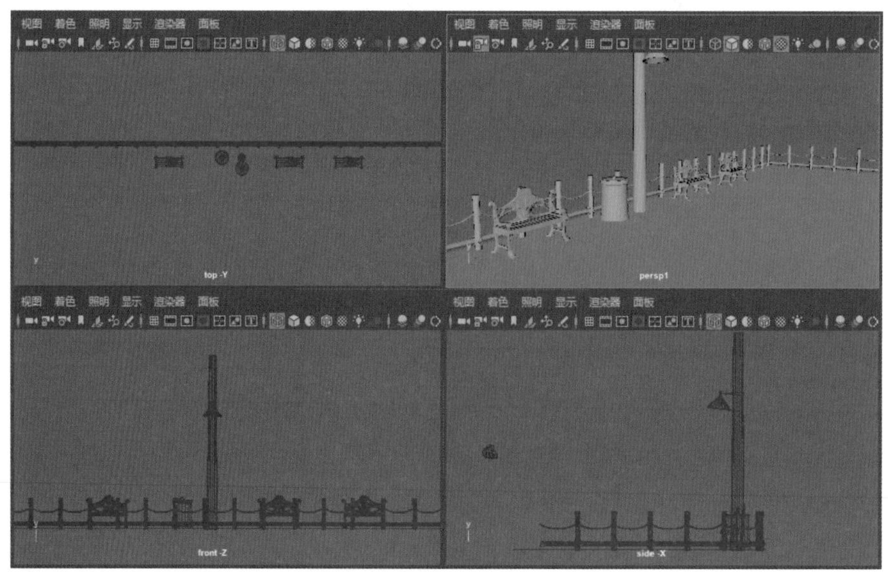

图 6-30

步骤 02 在“渲染器”工具架中单击“聚光灯”图标，创建一盏聚光灯，使用变换工具调整灯光的角度和位置，如图6-31所示。

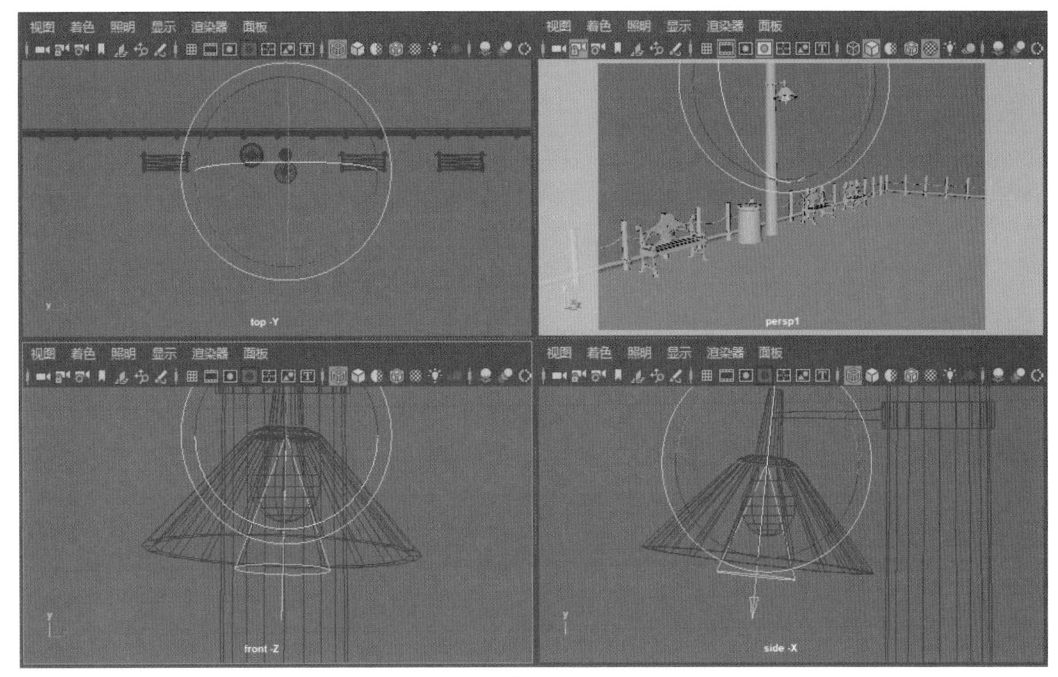

图 6-31

步骤 03 按Ctrl+A组合键打开属性编辑器，在“聚光灯属性”卷展栏下设置灯光的颜色、强度等参数，如图6-32所示。

步骤 04 展开“光线跟踪阴影属性”卷展栏，勾选“使用光线跟踪阴影”复选框，保持参数默认，如图6-33所示。

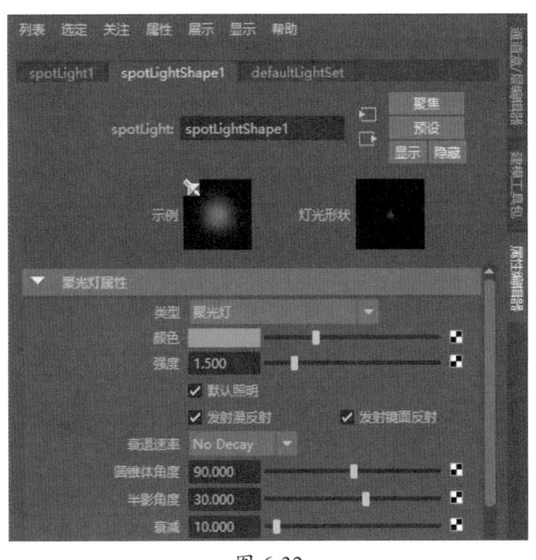

图 6-32

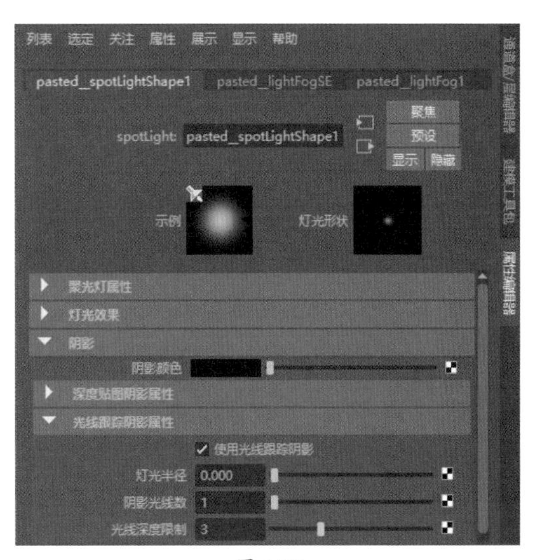

图 6-33

步骤 05 展开“灯光效果”卷展栏，单击“灯光雾”属性后的图标添加效果，返回后设置“雾扩散”和“雾密度”参数，如图6-34所示。

步骤 06 使用缩放工具放大聚光灯图标，使灯光雾范围覆盖整个地面，如图6-35所示。

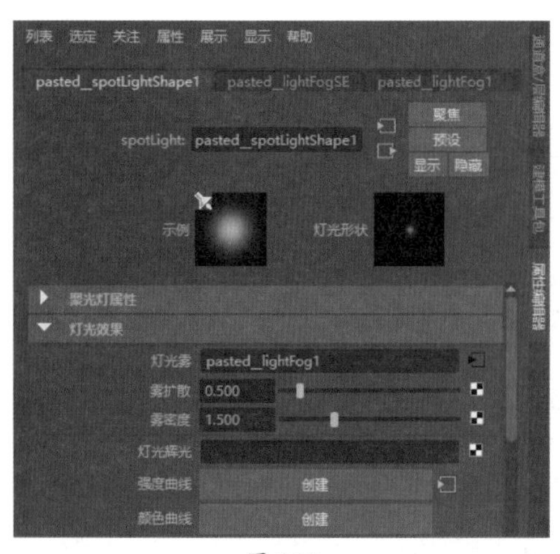

图 6-34

图 6-35

步骤 07 渲染视口，光源效果如图6-36所示。

图 6-36

步骤 08 新建一盏平行光，使用变换工具调整灯光的位置和角度，如图6-37所示。

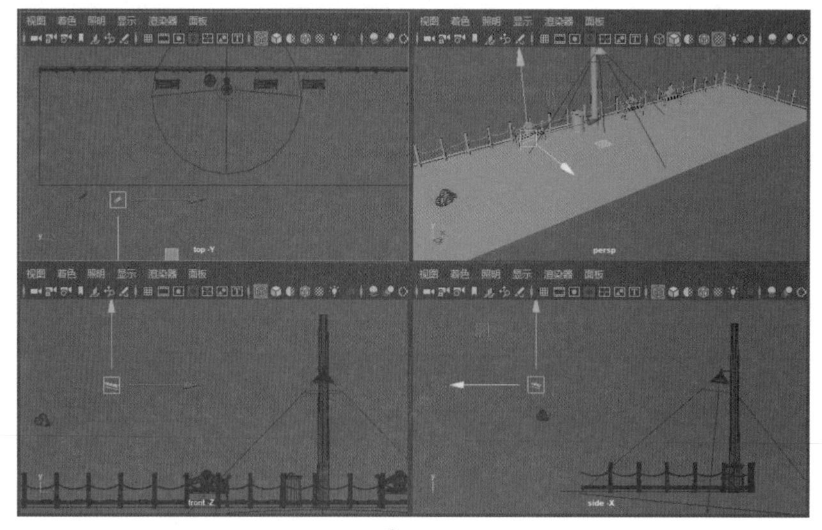

图 6-37

步骤 09 按Ctrl+A组合键，打开属性编辑器，设置灯光的颜色、强度等参数，如图6-38所示。

步骤 10 勾选“使用光线跟踪阴影”复选框，使用默认阴影设置，如图6-39所示。

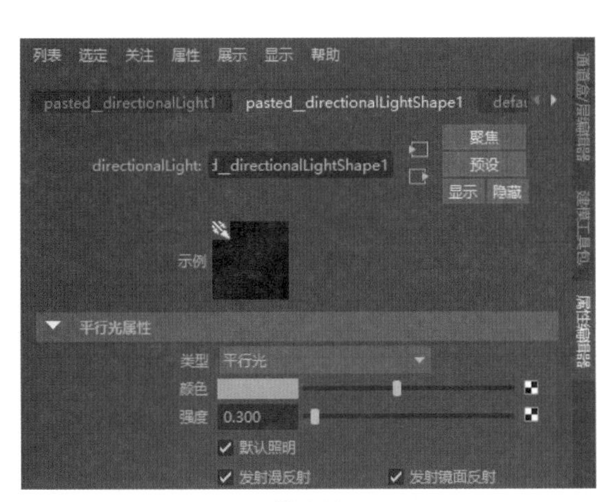

图 6-38

图 6-39

步骤 11 最后再次渲染视口，效果如图6-40所示。

图 6-40

强化训练

1. 项目名称

制作台灯光源效果。

2. 项目分析

台灯光源作为场景中的关键光源，要亮于其他任何照射物体的光源，且能够定义大部分的可视高光和阴影，能够使一个不光滑的物体在渲染场景中正确显示。本场景中的关键光源是台灯光源，需要利用聚光灯进行模拟制作，另外还需要在远处添加一盏辅助光源，使整个场景都亮起来。

3. 项目效果

项目效果如图6-41所示。

图 6-41

4. 操作提示

①创建一盏聚光灯，设置灯光颜色，调高亮度，再设置圆锥体角度和衰减参数，使聚光灯的角度符合台灯灯罩的坡度。

②为聚光灯添加灯光雾效果，并调整灯光雾参数，使灯光效果更加真实。

③在远处创建一盏平行光，设置较低的灯光强度，作为场景的辅助光源。

Maya

第7章

摄影机与渲染设置

内容导读

在使用Maya创建场景后，需要从不同的方向和角度观察场景，这时用户就需要使用摄影机获得恰到好处的角度。而渲染是动画制作的最后一道工序，利用渲染器可渲染出较为逼真的场景效果。本章将为读者介绍摄影机的创建、摄影机类型、摄影机的参数设置、渲染器的基本参数与设置。

学习目标

- 了解摄影机基础知识
- 掌握摄影机的参数设置
- 了解渲染算法及渲染器分类
- 掌握渲染器的应用及参数设置

7.1 关于摄影机

Maya中的摄影机同电影拍摄用的摄影机一样，都是用于记录或表达故事分镜的工具。每新建一个场景，系统就会自动创建透视图、顶视图、前视图和侧视图四个摄影机，从而组成四个不同的视图。在“大纲视图”面板中可以看到这几个摄影机，如图7-1所示。用户可以根据个人的需求创建摄影机，然后对其位置、角度、属性等进行修改。

学习笔记

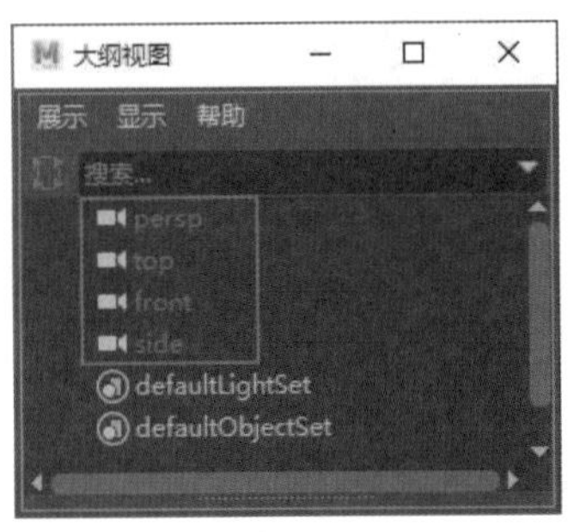

图 7-1

Maya中的摄影机和现实中的摄影机一样，在没有按动画和渲染功能之前，它只是一个观察和定位的工具。

7.1.1 摄影机分类

摄影机可以分为摄影机，摄影机和目标，摄影机、目标和上方向3种类型，下面对这三种摄影机的用途逐一进行介绍。

1. 摄影机

“摄影机”没有控制柄，常用于单帧渲染或一些简单的景动画，不能用于比较复杂的动画效果，一般被称为单节点摄影机，如图7-2所示。

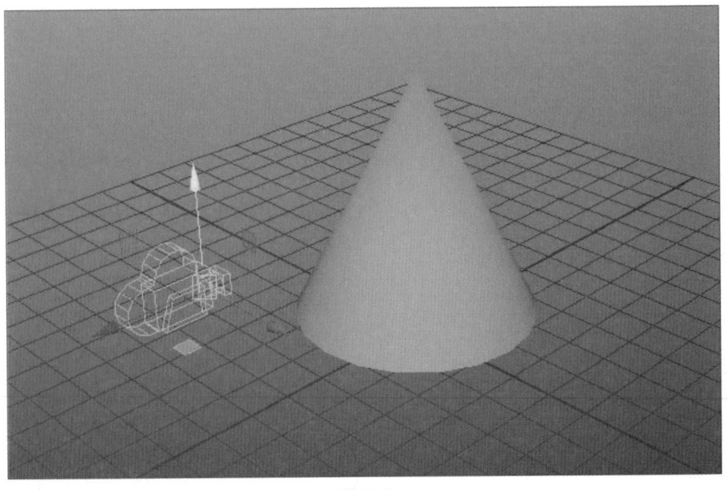
图 7-2

2. 摄影机和目标

“摄影机和目标”有一个控制柄，常用于制作稍复杂的动画，如路径动画或注释动画，一般被称为双节点摄影机，如图7-3所示。

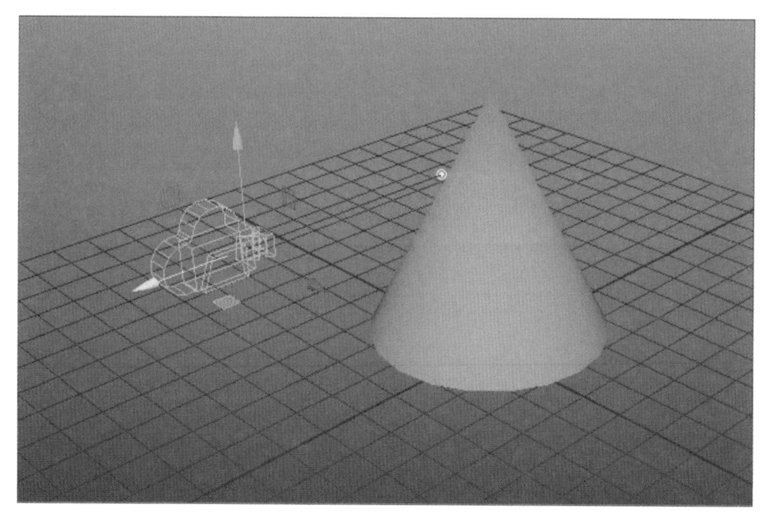

图 7-3

3. 摄影机、目标和上方向

该摄影机类型是带控制柄的目标摄影机，比目标摄影机具有更多元化的操作，使用控制柄可控制摄影机的旋转角度，常用于制作比较复杂的动画，一般被称为多节点摄影机，如图7-4所示。

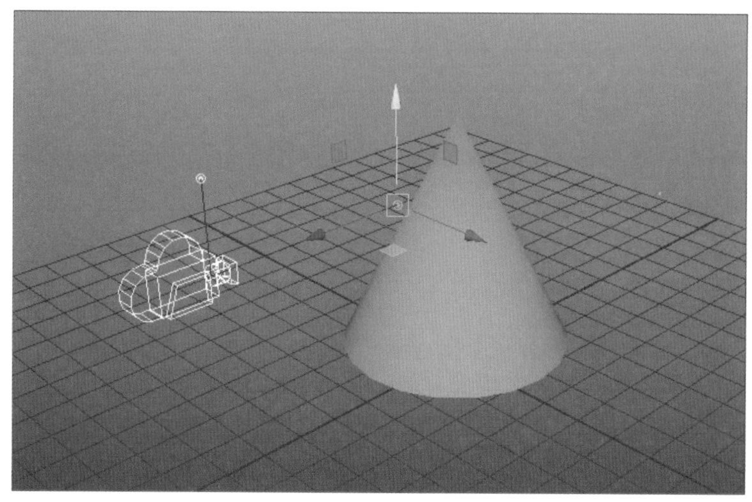

图 7-4

7.1.2 创建摄影机

在Maya中创建摄影机有很多种方法，常用的方法是使用菜单命令直接创建或者选择特定视图后在“视图”菜单内进行创建。

执行“创建”|“摄影机”|“摄影机”命令，即可以在场景中创建一台摄影机，如图7-5、图7-6所示。

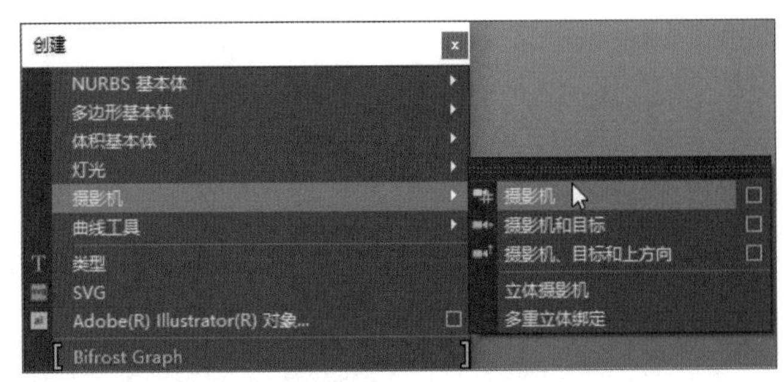

图 7-5

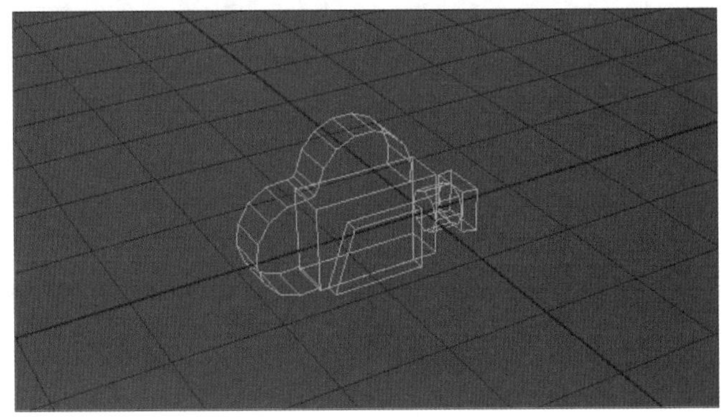
图 7-6

在视图菜单栏执行“视图”|“从视图创建摄影机”命令，同样可以在场景中创建一台摄影机，如图7-7所示。

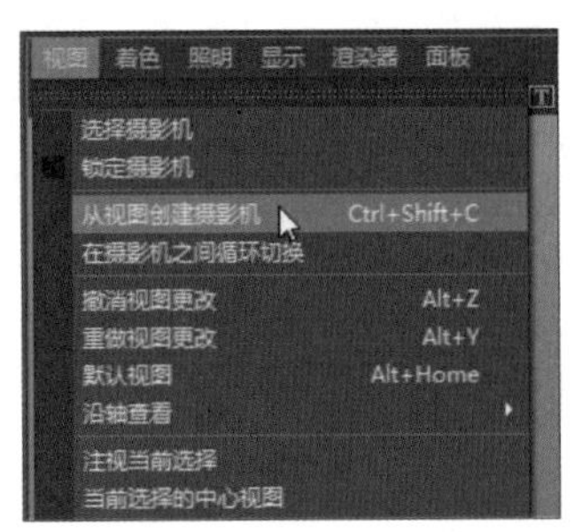

图 7-7

创建摄影机之后，需要设置其属性。选择摄影机，按Ctrl+A组合键打开属性编辑器，其中的“摄影机属性”面板主要用于设置摄影机最基本的参数，如图7-8所示。下面对该面板中的主要参数进行介绍。

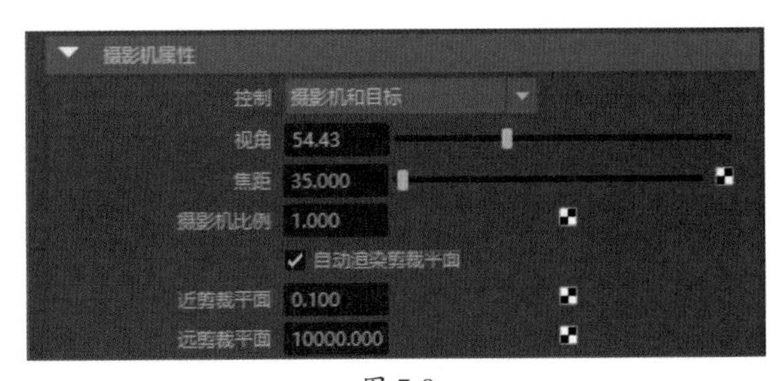

图 7-8

- **控制：** 单击下拉按钮，可以选择三种不同类型的摄影机，而不用再重新创建新的摄影机。
- **视角：** 该属性可以设置摄影机的视野范围。视角的大小决定了视野范围的大小，也决定了物体在摄影机画面中的大小。“视角”参数越大，物体在摄影机画面中所占的比例就越小。
- **焦距：** 该属性用于设置镜头中心到胶片的距离。数值越大，摄影机的焦距就越大，目标物体在摄影机画面中所占的比例就越大。
- **摄影机比例：** 按比例用于设置摄影机视野的大小。参数越小，目标物体在摄影机视图中就越大。
- **自动渲染剪裁平面：** 启用该选项后，系统会自动设置剪裁平面。Maya中的摄影机只能看到有限范围内的对象，其范围可以使用剪裁平面来描述。如果不启用该项，渲染时会看不到剪裁平面以外的物体。
- **近剪裁平面/远剪裁平面：** 该选项用于设置从摄影机到剪裁平面的距离。

知识拓展

现实世界中的摄影机都有一个拍摄的范围，范围内的对象都是聚焦效果（是清晰的），而范围外的对象都是模糊的，这个范围被称为景深。景深是一种表现目标特写的方法，在影视动画中经常用到。如果用户需要制作景深效果，可以开启“景深”属性，如图7-9所示。

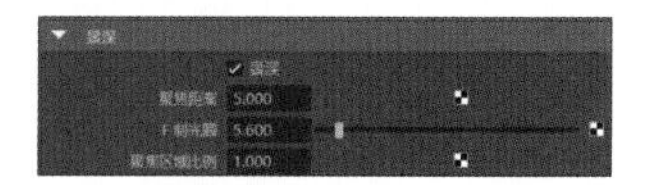

图 7-9

7.1.3 调整摄影机

在场景中创建摄影机后，可以使用变换工具对摄影机的位置和自身角度进行移动和旋转操作。对摄影机使用缩放工具，只能使摄影机的图标大小发生变化，不会对实际的摄影机参数产生影响。

选定摄影机，在视图菜单栏执行“面板”|“沿所选对象观看”命令，进入摄影机视角。用户可以使用和操作视图一样的方式直观地调整摄影机镜头，方法如下。

- 使用Alt键+鼠标左键旋转摄影机。
- 使用Alt键+鼠标中键平移摄影机。
- 使用鼠标中键滚轮推拉摄影机。

进入摄影机视角操作后，可以执行“视图”|“摄影机设置”命令，在展开的级联菜单中选择镜头的分辨率、门、安全区等辅助显示，如图7-10、图7-11所示。

图 7-10

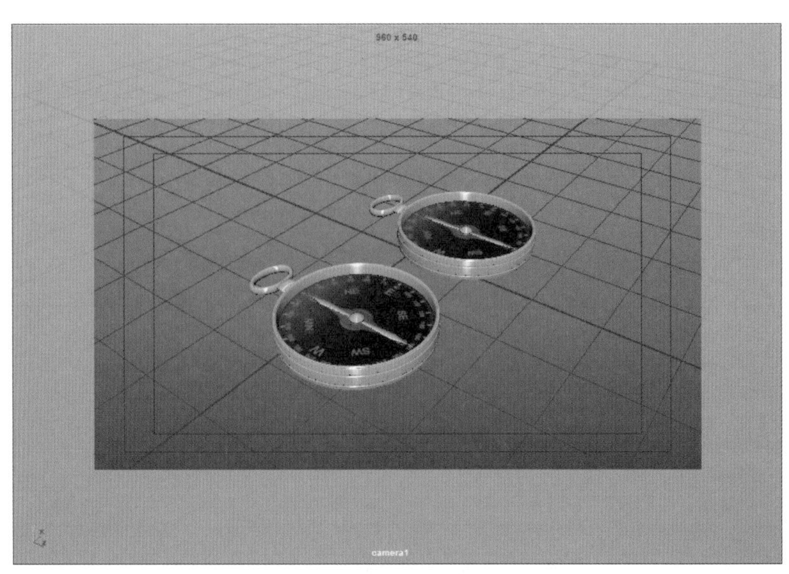

图 7-11

课堂练习 为场景创建摄影机

本案例将介绍“摄影机和目标”在场景中的创建及设置，具体操作步骤如下。

步骤 01 打开准备好的场景文件，其纹理贴图及灯光都已经创建完毕，如图7-12所示。

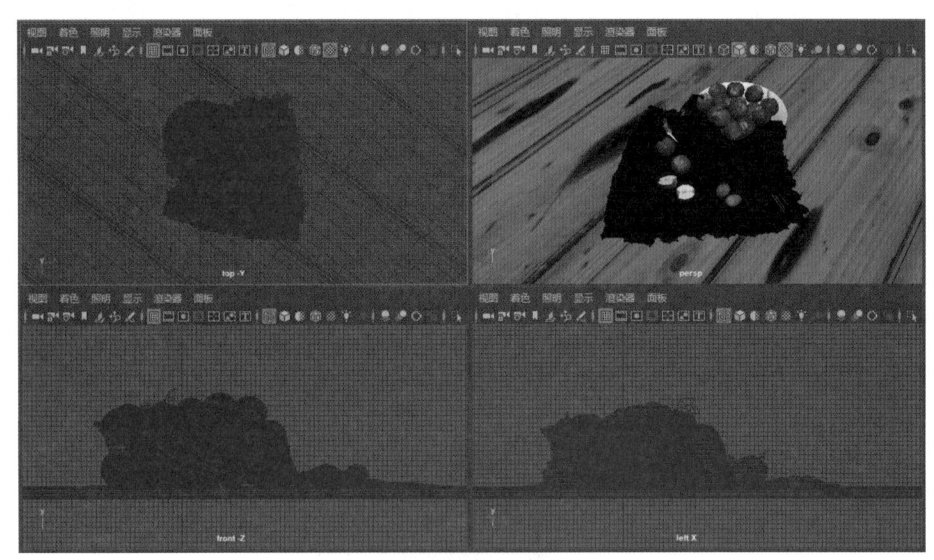

图 7-12

步骤 02 执行“创建”|“摄影机”|“摄影机和目标”命令，系统会自动创建一盏摄影机。使用缩放工具放大摄影机图标，再通过四视图模式调整摄影机的角度和位置，如图7-13所示。

步骤 03 选择透视图，执行“面板”|“透视”命令，在级联菜单中选择新创建的camera1，如图7-14所示。

步骤 04 该透视视口会切换到摄影机视口，如图7-15所示。

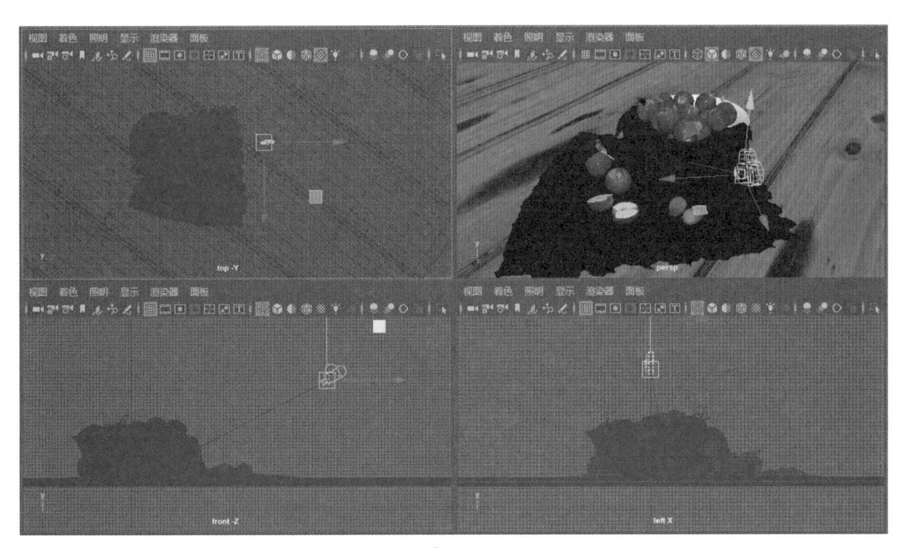

图 7-13

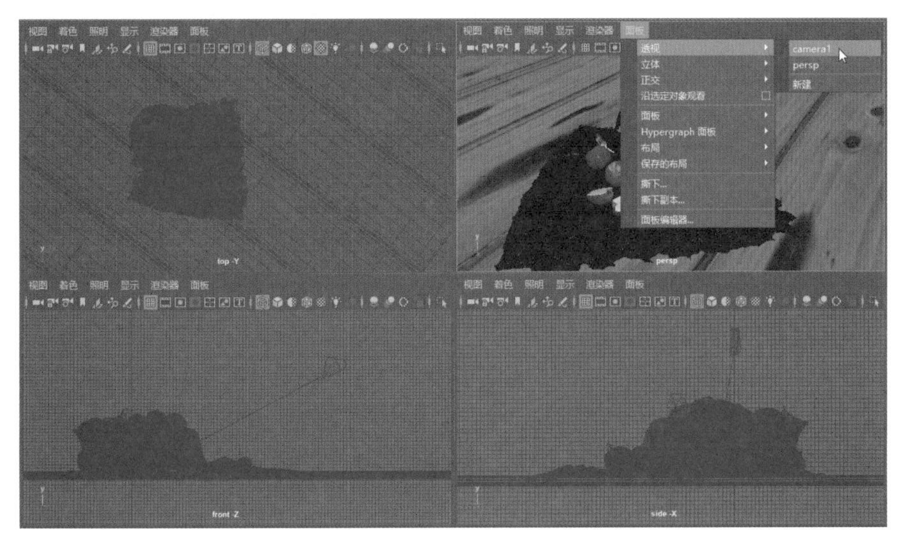

图 7-14

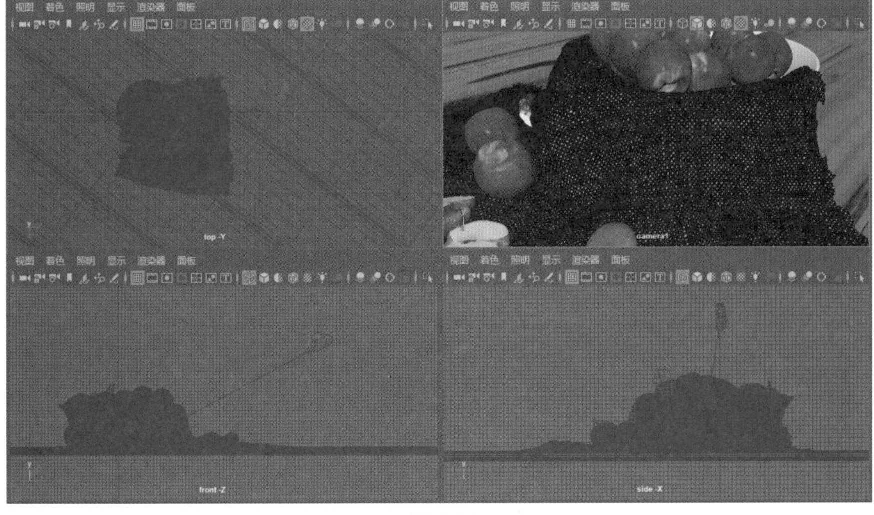

图 7-15

步骤 05 在摄影机视口中开启“胶片门”，继续通过其他视口调整摄影机的位置和角度，如图7-16所示。

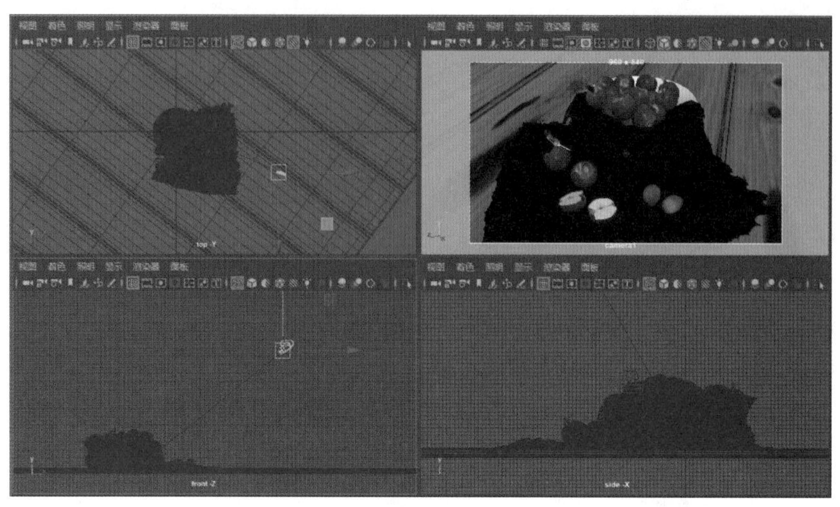

图 7-16

步骤 06 调整好的摄影机视口效果如图7-17所示。

图 7-17

7.2 关于渲染器

场景制作完毕后，就需要将场景中的场景模型、角色模型、光影效果等转化输出为图片或视频，这就需要使用Maya渲染方面的知识。

渲染是一个将场景视口中的模型和光影效果等输出成图片或者影像的环节。在渲染开始之前，会按作品要求对渲染参数进行设置；当渲染开始后，计算机会自动对数据进行运算。

Maya中有专门的渲染模块。切换至渲染模块，将会有对应的菜单出现。在工具架上也有预设的“渲染”标签，切换至“渲染”标签后，可以看到常用的渲染命令，如图7-18所示。

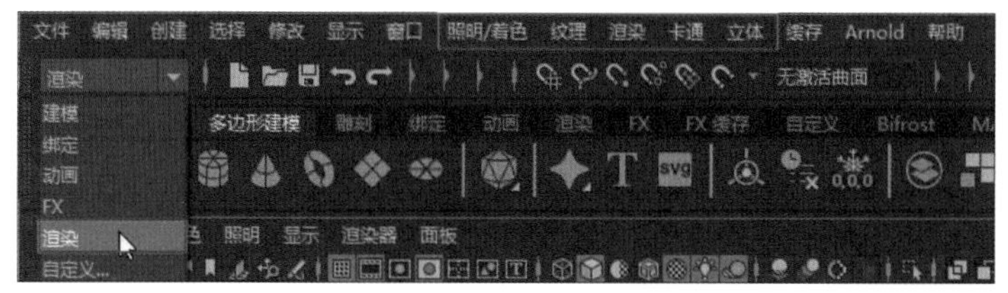

图 7-18

在状态栏的右方有一组渲染相关的按钮，分别为“打开渲染视图”“渲染当前帧”“IPR渲染当前帧”“显示渲染设置”“显示Hypershade窗口”“启动渲染设定编辑器”快捷按钮。

Maya的基础渲染类型有两种，一种是软件渲染，另一种是硬件渲染。软件渲染是最常用的一种渲染方式，可以渲染出高质量的图像效果，但渲染速度较慢。硬件渲染是利用计算机的显卡芯片完成计算的渲染方式，主要用来渲染一些特殊效果，如粒子特效等，它的渲染速度较快，但渲染质量低于软件渲染。

7.2.1 渲染器分类

关于三维场景，Maya提供了多种渲染器，可以快速且高质量地渲染场景效果，包括Maya软件、Maya硬件、Maya向量、Mental Ray、Arnold Render等。

（1）Maya软件。

“Maya软件”渲染器是Maya默认最常用的渲染器，也是兼容Maya所有内置特效（Mental Ray材质除外）的稳定渲染器。“Maya软件”渲染可以进行精确的光线追踪计算，可以计算出光滑表面的反射、折射和透明效果。

（2）Maya硬件。

硬件渲染是利用计算机的显卡来对图像进行实时渲染。“Maya硬件”渲染器可以利用显卡渲染出接近软件渲染的图像质量，渲染速度比软件渲染要快得多，但是对显卡的要求很高。

（3）Maya向量。

“Maya向量”渲染器是在Maya中以插件形式存在的程序，可以用来制作各种线框图以及卡通效果，同时还可以直接将动画渲染输出成Flash格式。利用这一特性，可以为Flash动画添加一些复杂的三维效果。

（4）Mental Ray。

Mental Ray凭借良好的开放性和操控性被集成到Maya等三维软件中，是一款超强的高端渲染器，能够实现反射、折射、焦散和全局光照明等其他渲染器很难实现的效果，被广泛应用于电影、动画、广告等领域。但在Maya 2016以后的版本中，该渲染引擎已经

Maya软件和Maya硬件的区别在于，Maya软件可以进行精确的光线追踪计算，可以计算出光滑表面的反射、折射和透明效果，而Maya硬件没有这方面的计算功能。相对来说，Maya硬件比Maya软件计算速度要快很多，但质量却差很多。

被Arnold渲染引擎替代，用户如果想要使用该引擎，需要自己手动安装。

（5）Arnold Render。

Arnold是Maya内置的高级渲染器，同时也是一款高级Monte Carlo光线跟踪渲染器。如果用户要使用Arnold渲染器，那么整个场景中就要尽量使用Arnold灯光、材质、节点、属性栏设置等来进行工作。

7.2.2 渲染器设置

随着软件行业的发展，渲染器类型也呈现出百花齐放的态势，出现了许多方便好用的渲染器类型。不同的渲染器，使用方法不同，计算方式也不同，渲染效果也大不相同。

学习笔记

1. 渲染器公用属性

Maya中“公用”选项卡的属性是各种类型渲染器通用的，用户可以根据需要设置文件的保存格式以及图像的大小等参数。

（1）文件输出。

“文件输出”卷展栏主要用于设置文件输出的名称和保存格式等，如图7-19所示。

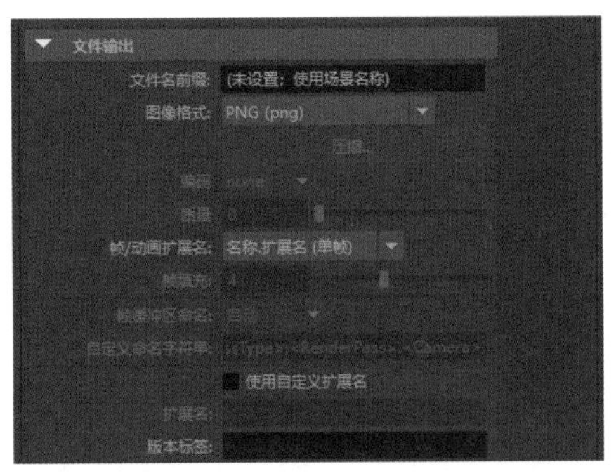

图 7-19

常用参数的含义介绍如下。

- **文件名前缀：** 该参数用于设置图像文件的名称。
- **图像格式：** 用户可以根据需要选择渲染输出文件的保存格式。
- **帧/动画扩展名：** 该参数有两个作用，一是用于选择渲染单帧或是渲染动画，二是选择渲染输出文件采用的格式。

（2）帧范围。

“帧范围”卷展栏用于设置渲染动画时的开始帧、结束帧和帧数，如图7-20所示。

图 7-20

常用参数的含义介绍如下。

- **开始帧：** 该数值用于设置渲染动画的开始帧。
- **结束帧：** 该数值用于设置渲染动画的结束帧。
- **帧数：** 该参数用于设置所渲染动画的总帧数。

（3）可渲染摄影机。

“可渲染摄影机”卷展栏用于设置要渲染的镜头。如果不进行特殊设置，系统会渲染当前激活的视图，如图7-21所示。

图 7-21

常用参数的含义介绍如下。

- **Alpha通道：** 如果勾选此项，渲染出的文件将带有Alpha通道属性。
- **深度通道：** 如果勾选此项，渲染出的文件将带有深度通道属性。

（4）图像大小。

“图像大小”卷展栏主要用于设置所输出图像的大小及精度，如图7-22所示。

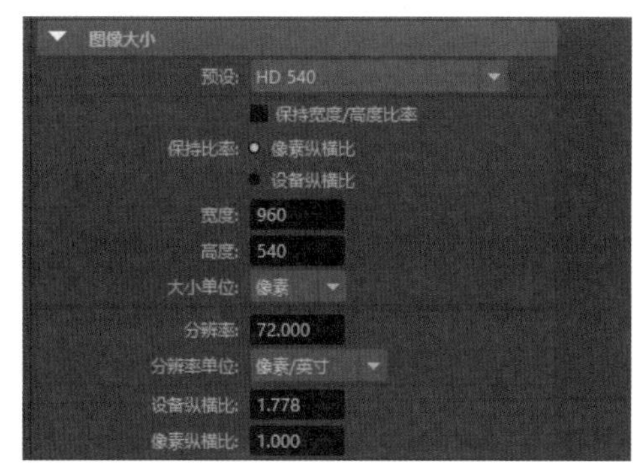

图 7-22

常用参数的含义介绍如下。

- **预设：** 下拉列表中提供了多种预置分辨率。
- **保持宽度/高度比率：** 勾选该复选框，将依据当前的宽高比进行锁定。改变宽度或者高度值时，另一个数值也将随之改变。
- **保持比率：** 该参数有“像素纵横比”和“设备纵横比”两个选项，分别用于设置不同的图像纵横比。
- **宽度/高度：** 该数值用于设置图像的宽度和高度。
- **大小单位：** 用于选择图片尺寸的单位，系统默认为像素。
- **分辨率：** 即图像分辨率，默认分辨率为72。渲染出来的图片用于印刷时，该参数才会起作用。

2. “Maya 软件”渲染器

“Maya软件”渲染器是Maya常用的渲染方式，可以用于渲染除了硬件粒子以外的所有效果。用户可以根据需要设置抗锯齿级别来控制渲染的速度和品质。

下面介绍“Maya软件”渲染器的主要设置界面。

（1）抗锯齿质量。

该卷展栏主要用于控制渲染的抗锯齿效果，如图7-23所示。

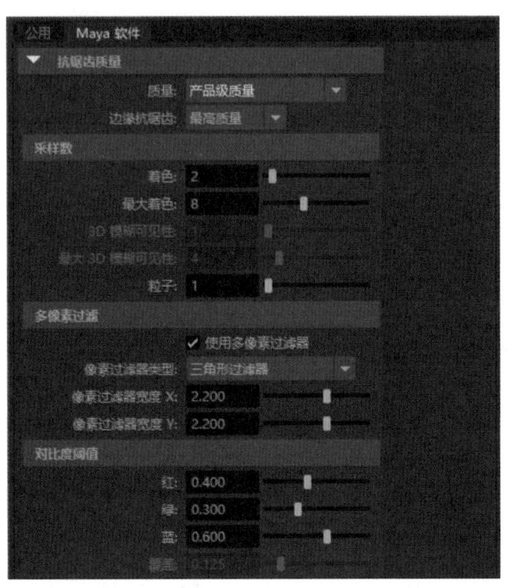

图 7-23

学习笔记

常用参数的含义介绍如下。

- **质量：**下拉列表中提供了一些预设的抗锯齿级别，用户可以根据“需要”进行选择。级别越高，图像的效果越好，渲染速度越慢。
- **边缘抗锯齿：**用于控制边缘的抗锯齿程度，下拉列表中有四个选项可选。
- **“采样数”选项板：**该选项板中的参数用于设置渲染结果的采样数值。数值越高，渲染的图像效果就越好，渲染时间越长。

（2）场选项。

该卷展栏用于设置渲染图像的上下场优先值，可在其中选择相应的选项来设置场的优先级，如图7-24所示。

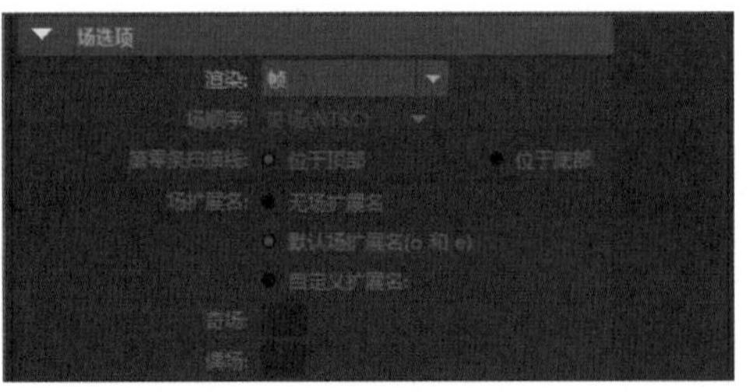

图 7-24

（3）光线跟踪质量。

该卷展栏中的参数主要用于控制渲染场景时光线跟踪的质量，如图7-25所示。

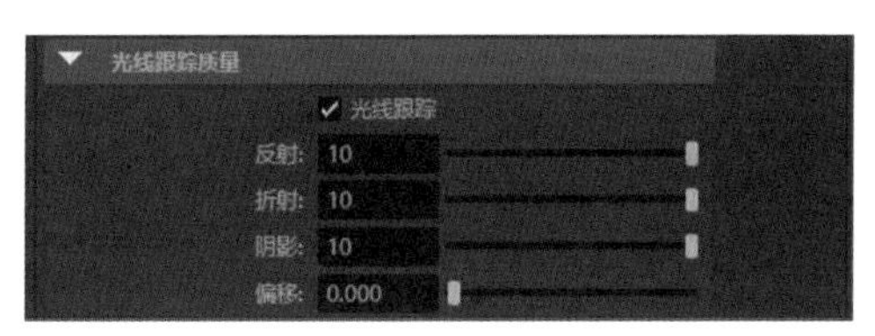

图 7-25

常用参数的含义介绍如下。

- **光线跟踪：**勾选该选项，则打开光线跟踪的总开关，Maya在渲染时会计算光线跟踪。
- **反射：**设置光线被反射的最大次数。该数值和材质自身的反射限制值起共同作用，以数值低的为标准。
- **折射：**设置光线被折射的最大次数，一般不超过10。
- **阴影：**光线被反射或折射后仍能对物体投射阴影的最大次数。数值为0时，阴影消失。

3. Arnold 渲染器

Arnold渲染器是基于物理算法的新一代高级渲染器，其使用方法比之前的Mentalray要简单很多，渲染速度也比较快。该渲染器现在已经被越来越多的电影、动画公司和工作室作为首席渲染器使用。

打开“渲染设置”面板，切换到Arnold Renderer选项卡，可以对Arnold渲染器的相关参数进行设置，如图7-26所示。

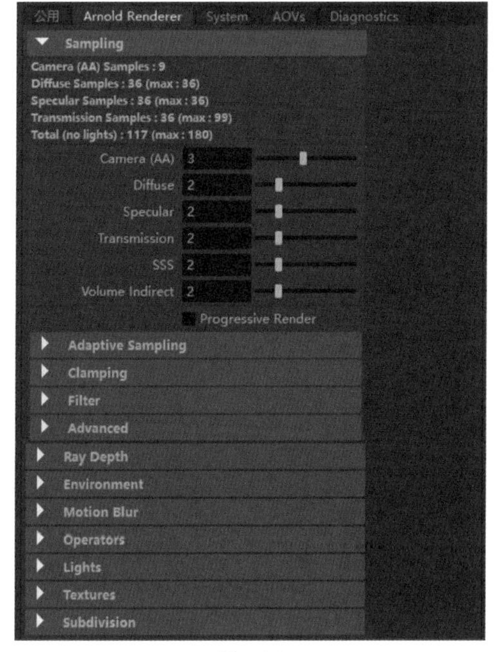

图 7-26

课堂练习 渲染场景

本案例将对制作好的场景模型进行渲染参数设置，以得到合适的场景效果。具体操作步骤如下。

步骤01 打开准备好的场景文件，场景中的材质、灯光、摄影机都已经创建完毕，如图7-27所示。

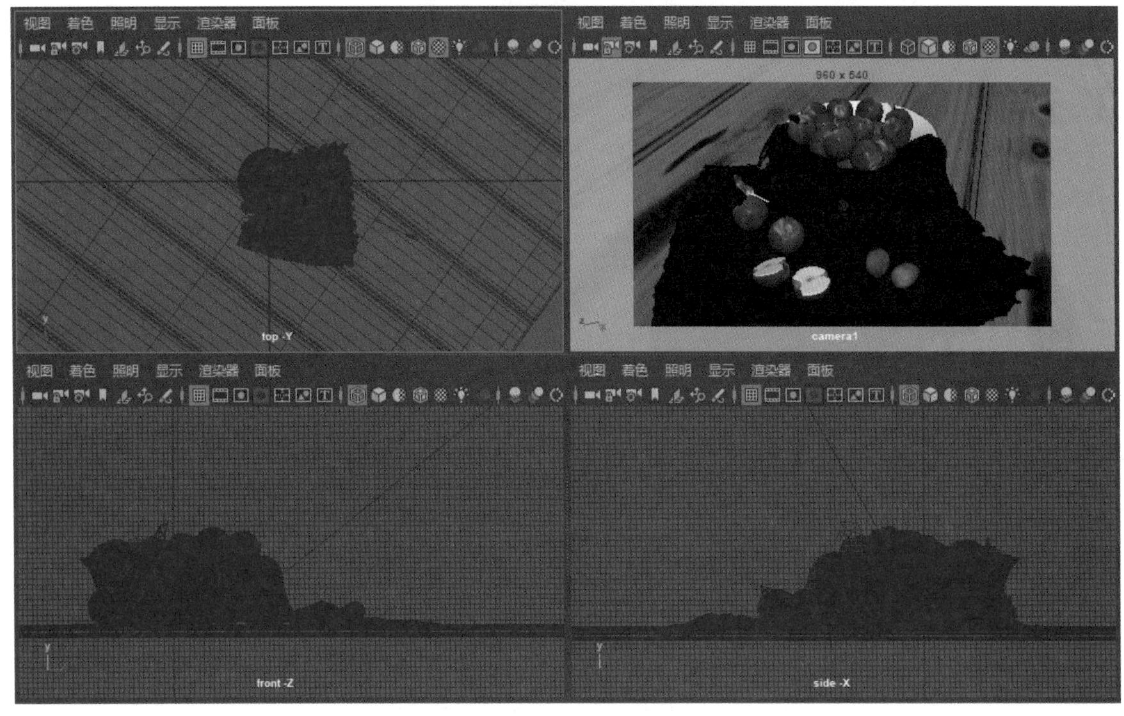

图 7-27

步骤02 单击“显示渲染设置”按钮，打开“渲染设置”面板，在“公用”选项卡下展开“图像大小”卷展栏，保持默认的“预设”值HD540，如图7-28所示。

步骤03 切换到“Maya软件”选项卡，在“抗锯齿质量”卷展栏选择“质量”模式为“预览质量”，如图7-29所示。

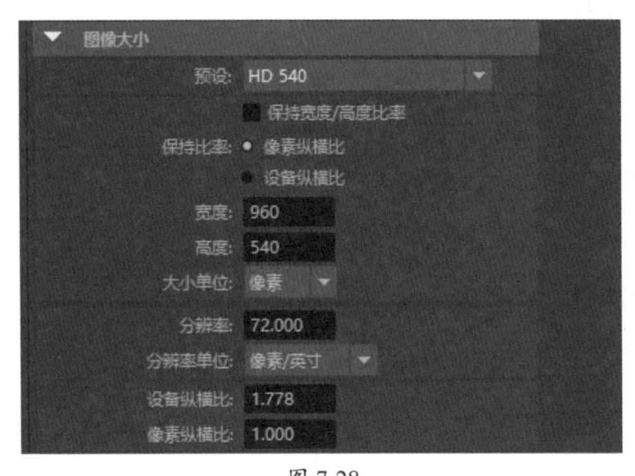

图 7-28

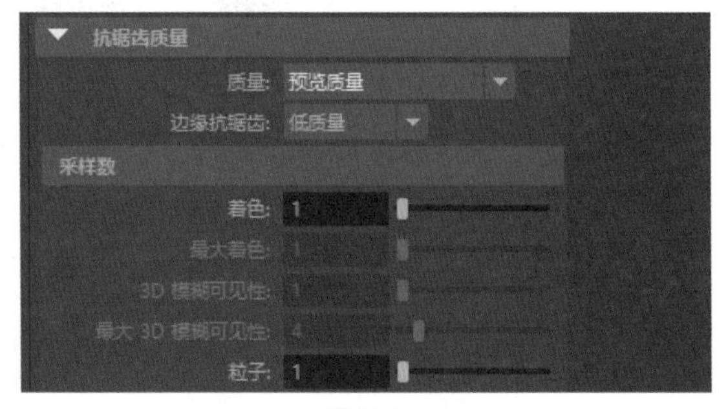

图 7-29

步骤04 选择摄影机视口，单击“渲染当前帧”按钮进行测试渲染，效果如图7-30所示。

图 7-30

步骤 05 测试渲染得到想要的效果后，即可设置高级渲染参数。在“图像大小”卷展栏中选择“预设”为HD1080，如图7-31所示。

步骤 06 切换到“Maya软件”选项卡，设置“质量”级别为“产品级质量”，并在“多像素过滤”选项板中选择“像素过滤器类型”为“高斯过滤器”，如图7-32所示。

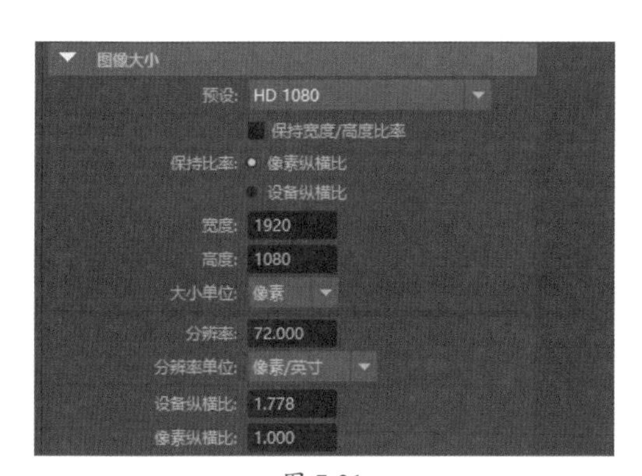

图 7-31

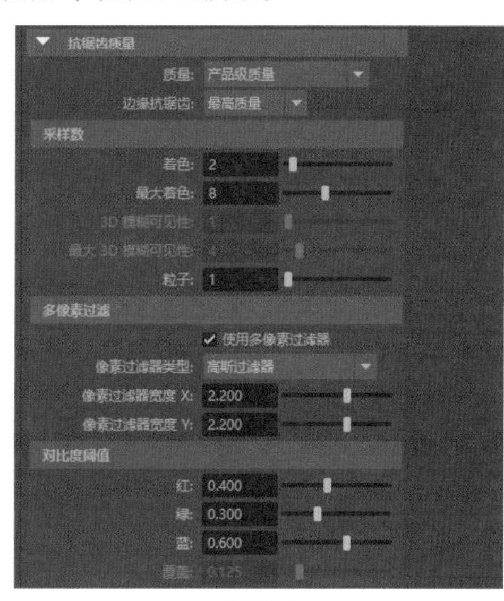

图 7-32

步骤 07 再次渲染摄影机视口，效果如图7-33所示。

图 7-33

强化训练

1. 项目名称

制作景深效果。

2. 项目分析

景深是场景效果中的锐聚焦区域，目标是为了凸显目标物体，所以其周围环境都将被虚化。景深效果的做法分为两种，一种是利用摄影机本身的景深功能，还有一种则是利用Arnold渲染器的景深功能。这里是通过摄影机的Arnold属性制作景深效果。

3. 项目效果

参数设置及项目效果如图7-34、图7-35所示。

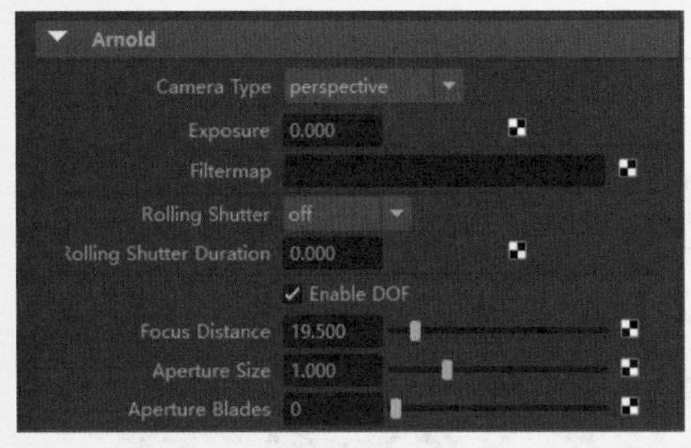

图 7-34

图 7-35

4. 操作提示

①为场景创建一盏摄影机，调整角度及位置。

②执行“创建”|“测量工具”|“距离工具”命令，在透视视口中测量摄影机到目标物体的距离。

③选择摄影机图标，按Ctrl+A组合键打开属性编辑器，展开Arnold卷展栏，勾选Enable DOF复选框，再设置Focus Distance（焦点距离）和Aperture Size（光圈大小）属性参数，其中Focus Distance（焦点距离）参数为测量距离。

Maya

第8章

动画技术

内容导读

动画制作是Maya的核心功能，也是相关从业者和爱好者学习的一个重点，目前大部分的3D电影、动画都会用Maya的动画模块进行制作。本章将会介绍动画技术的入门知识，帮助读者了解动画的基本原理和操作技巧。通过本章的学习，可以为今后制作更高难度的动画效果打下良好的基础。

学习目标

- 了解动画基础知识
- 掌握关键帧的编辑操作
- 掌握路径动画的制作技巧
- 掌握动画约束的应用

8.1 动画基础知识

一个对象创建完成后，它的所有节点属性，包括模型的位移、大小、旋转以及场景中的材质颜色、灯光等属性，都可以用于制作动画。

8.1.1 动画基本原理

动画是基于人的视觉原理创建的运动图像，而动画原理的学习是每个动画制作者的必经之路，对原理掌握的好坏会直接影响创作动画的最终效果。

- **挤压和拉伸：** 挤压和拉伸主要表现的是物体的弹性形变，具体体现在物体的重量和体积上。
- **动作预备：** 动作预备是指在发生主要动作之前的准备动作，预示着即将发生的动作。预备动作虽然不是主要动作，但主要动作需要预备动作来引导。如果没有预备动作，会使动画看起来很不舒服、很假。
- **动作布局（表现力）：** 动作布局是指尽可能直观清晰地表现动作的意图，以便观众能更好地理解。动作表现力能够很好地渲染氛围，能够直观地影响观众主观的态度、情绪、反应以及想法等。
- **制作动画：** 制作动画的过程是按照顺序逐帧绘制或摆出角色具体的姿势，直到整个动作序列都做出来为止。关键帧动作动画也是这个原理，由一个姿势到另一个姿势地制作，这也是计算机动画主要采用的方法。
- **动作跟随和动作重叠：** 动作跟随是指物体的运动超过了应该停止的位置然后折返回来，直到到达停止的位置。动作重叠是指当主要动作改变动作方向或状态时，其角色的附属物仍按照原动作方向运动，而不会立即停止。
- **慢进慢出：** 慢进慢出主要发生在物体从一种运动状态改变到另外一种运动状态时。当物体从一个姿势开始运动时是慢进状态，而物体从运动到接近于某个姿势停止时是慢出状态。
- **运动弧线：** 运动弧线普遍存在于各种动作之中，因为现实生活中所有动作都不是直来直去，多少都会有些弧线。
- **次要动作：** 次要动作是为了丰富和补充主要动作而加强的动作表现力。
- **节奏：** 所谓节奏就是物体运动速度的快慢，主要体现在动作的细节上，这是动画原理中最基本的要素。
- **夸张：** 动画角色的动作需要比真人的动作夸张许多，这也是动画的魅力所在。它是根据剧情的需要表现动作的突发性，不是每个动作都需要夸张，且夸张也不能过度，适当的夸张对刻画动画角色的性格及剧情表现非常有帮助。

- **立体造型**：该原理表面看起来与动画毫无关系，但是立体造型的重要性在于它是动画的依托，立体造型的成功与否直接影响着动画效果的表现。
- **吸引力**：吸引力也可以理解为魅力，一个有魅力的角色才能吸引观众，给观众留下深刻的印象。

8.1.2 动画分类

Maya有多种创建动画的方式，按照制作方式的不同可以分为关键帧动画、路径和约束动画、驱动关键帧动画、表达式动画和运动捕捉动画。

- **关键帧动画**：关键帧动画是应用比较广泛的一种动画创建方式，在角色动画的制作中较为常用。
- **路径和约束动画**：路径和约束动画主要用于制作一些受目标约束或沿特定路径运动的动画。
- **驱动关键帧动画**：该动画形式较为特殊，是通过物体属性之间的关联性，使一个物体的属性驱动另一个物体的属性。
- **表达式动画**：表达式动画在制作粒子特效方面应用得比较频繁，但要使用该动画方式，需要掌握较为专业的Mel编程语言。
- **运动捕捉动画**：可用于生成大量复杂的运动数据，这些运动数据可用于为角色设定动画。

8.1.3 动画控制界面与命令

在开始学习制作动画前，用户必须对动画的界面和基本操作有充分的认识，其中包括时间轨及时间滑块的操作、关键帧的创建和使用等。图8-1所示为动画控制界面。

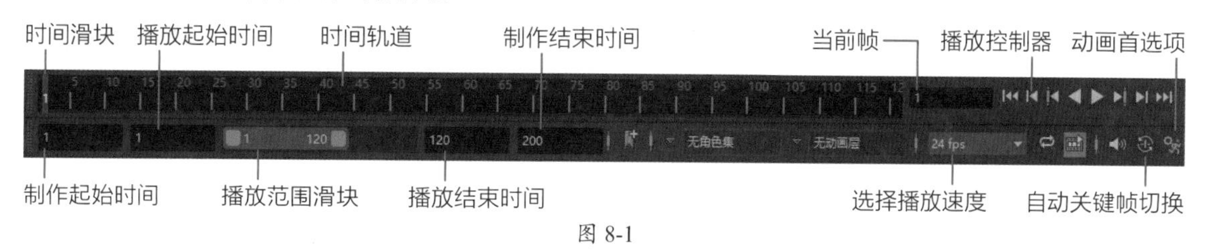

图 8-1

动画控制界面中的基本操作按钮介绍如下。

- **时间轨道**：时间轨道上的数字序号代表了每一帧的序列帧号，默认第1帧为起始帧。
- **当前帧**：用于显示时间滑块停留位置的序列帧号。

- **播放控制器：** 用于控制动画的播放，播放控制器集成了各种帧播放的操作工具。
- **制作起始时间：** 用于选择动画从第几帧开始制作。
- **播放起始时间：** 用于选择从时间轨道上的第几帧开始显示动画。
- **播放结束时间：** 用于选择在时间轨道上的第几帧结束显示动画。
- **制作结束时间：** 用于选择动画从第几帧制作完成。
- **播放范围滑块：** 用于控制动画播放的时间范围，滑块的两端分别对应动画播放的起始时间和结束时间。
- **选择播放速度：** 用户可以根据需要选择动画的播放速度。

8.1.4 时间滑块设置

学习笔记

Maya是一个用途非常广泛的动画制作软件，范围涵盖多个平台。不同的平台对动画播放速度等参数有不同的要求，用户可以根据需要对动画的制作和播放参数进行设置。单击动画控制界面中的“动画首选项”按钮，会打开“首选项”对话框的“时间滑块”选项板，如图8-2所示。

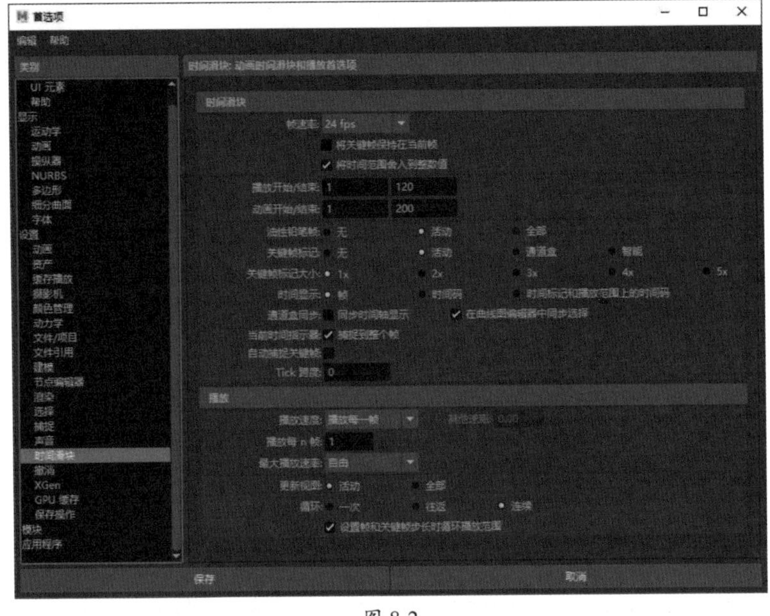

图 8-2

该选项板中常用属性的含义介绍如下。

- **帧速率：** 设置当前场景的帧速率。
- **将关键帧保持在当前帧：** 在更改当前时间单位时会修改任何现有帧的时间，以便保留播放计时。
- **将时间范围舍入到整数值：** 激活此设置，可在更改帧速率时保留整帧值。
- **播放开始/结束：** 指定播放范围开始和结束的时间。

- **动画开始/结束：**指定动画范围开始和结束的时间。
- **关键帧标记：**指定指示关键帧的线标记如何显示在时间滑块上。
- **播放速度：**指定播放场景的速度。
- **最大播放速率：**通过指定不允许超过的场景动画播放速度，来钳制场景播放速度。

8.2 关键帧动画

关键帧动画是最常用的动画创建方法。若要使场景中的静态物体可以运动起来，可以根据需要为物体设置不同的形态，并为这些形态设置关键帧。

8.2.1 关键帧操作

关于关键帧的操作主要包括以下几种。

（1）创建初始关键帧。

新建场景文件后，创建一个模型，拖曳时间滑块到第0帧处，按S键即可为所有属性设置关键帧。

（2）创建关键帧。

移动时间模块到任意一帧，在通道栏中随意调整参数，再次按S键设置关键帧，即可创建出第一个关键帧动画。

（3）移动关键帧。

在时间轨道中，按住Shift键的同时拖曳任意关键帧，即可移动关键帧的位置。

（4）复制/粘贴关键帧。

选择要复制的关键帧，单击鼠标右键，在弹出的快捷菜单中选择“复制”命令；再移动时间块到要粘贴的位置，单击鼠标右键，在弹出的快捷菜单中选择“粘贴”|“粘贴”命令即可。

（5）删除关键帧。

选择指定关键帧，单击鼠标右键，在弹出的快捷菜单中选择“删除”命令，即可将该关键帧删除。如果选中关键帧并直接按Delete键，会将关键帧与模型一同删除。

8.2.2 动画编辑器

使用动画编辑器可以便捷地编辑所创建的动画效果，本小节将介绍使用动画编辑器修改动画曲线的操作方法。动画编辑器是制作动画效果的辅助工具，其重点在于理解物体的运动轨迹和时间轴之间的关系。

用户可以根据需要选择物体所有属性的曲线或单一属性的曲线。在对象列表中选择物体，则会在编辑区内显示该物体的所有动画曲线，如图8-3所示。如果选择物体的单一属性，则在编辑器中只显示该属性的动画曲线，如图8-4所示。

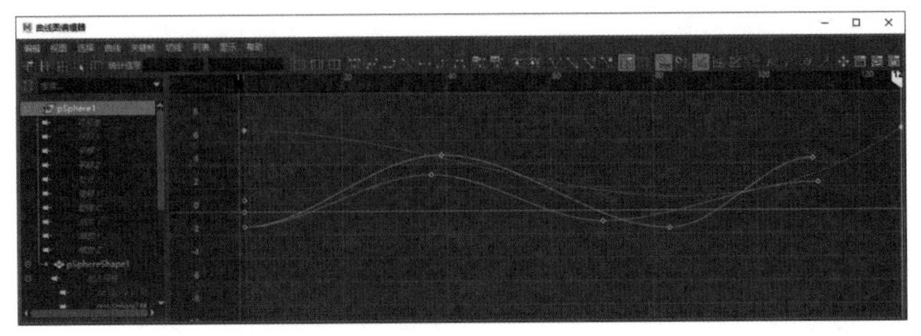

图 8-3

学习笔记

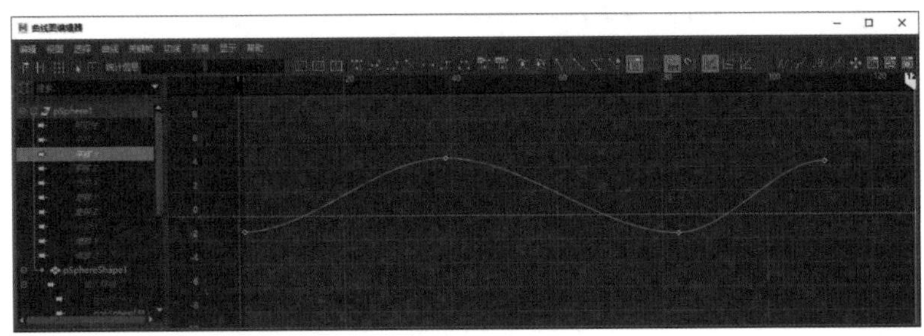

图 8-4

1. 样条线切线

该工具可以使相邻的两个关键点之间产生平滑曲线，关键帧的操作手柄在同一水平线上，旋转一侧手柄会带动另一侧手柄旋转，如图8-5所示。

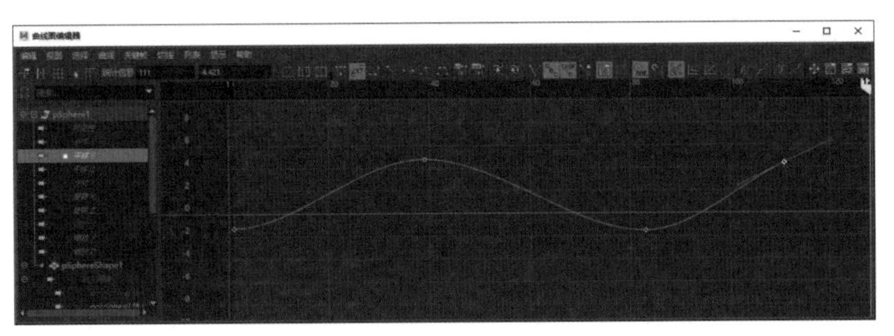

图 8-5

2. 线性切线

选择关键帧后，单击该工具，可以使两个关键帧之间的曲线变为直线，并影响到后面的曲线连接，如图8-6所示。

3. 平坦切线

该工具可以将选择的关键帧控制手柄变为水平角度，如图8-7所示。

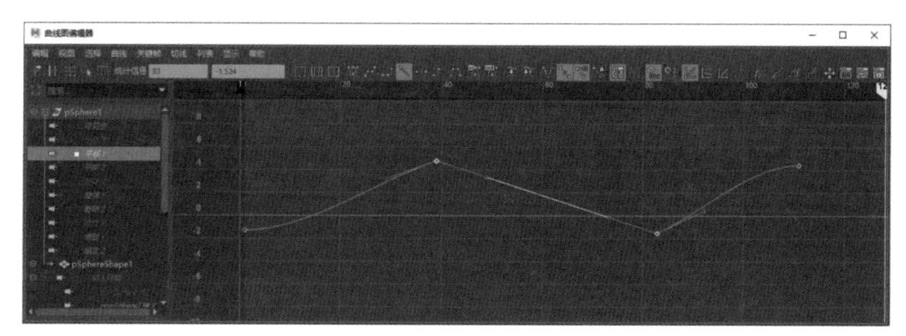

图 8-6

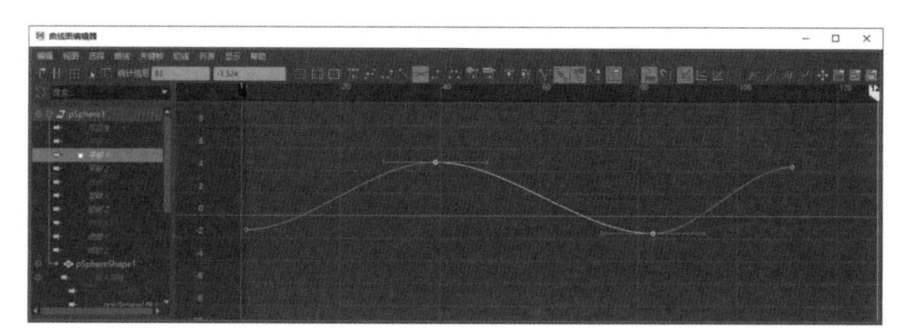

图 8-7

4. 断开切线

单击该工具，可以将两个关键帧的控制手柄之间的联系断开。此时用户可以单独操作想要控制的手柄，从而调整出更加合适的动画曲线，如图8-8所示。

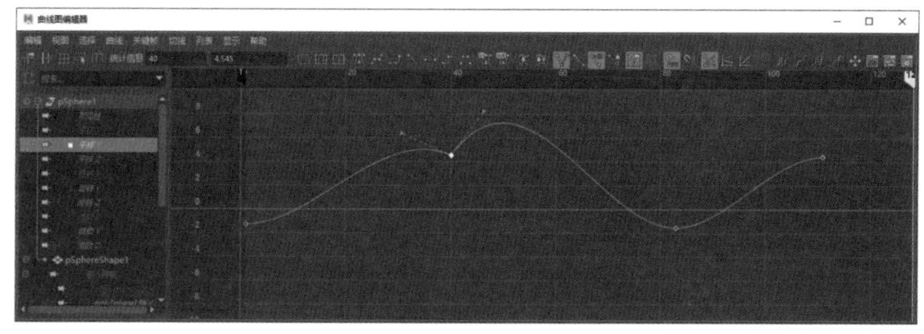

图 8-8

5. 统一切线

该工具可以将两个断开的控制手柄重新连接在一起，调整一个控制手柄，另一个手柄也会随着变化。

6. 缓冲区曲线快照

该工具可以将动画曲线捕捉到控制器上，将调整后的曲线与原来的曲线进行对比，可便于用户对曲线的修改，如图8-9所示。

7. 交换缓冲区曲线

该工具可以将调整过的曲线和缓冲曲线进行交换。交换后，调整过的曲线不能被编辑，而缓冲曲线可以被编辑和调整，如图8-10所示。

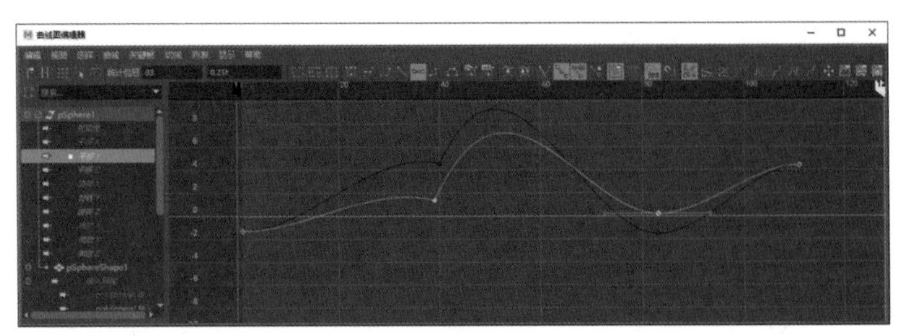

图 8-9

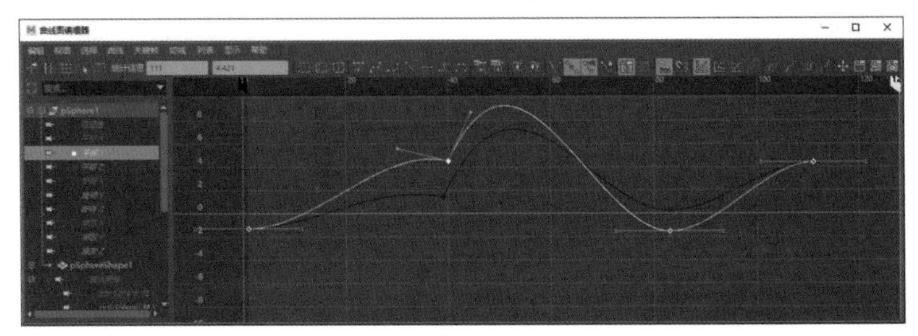

图 8-10

8.3 路径动画

利用Maya创建动画的方式有很多种，其中关键帧的方式并不适用于所有情况，有些特定情况下需要用到路径动画。

8.3.1 创建路径动画

在“动画”工作区内创建一条NURBS曲线和一个球形对象。先选择球形再按住Shift键加选曲线，执行“约束”|“运动路径”|“连接到运动路径”命令，即可使球形沿着曲线运动，如图8-11、图8-12所示。

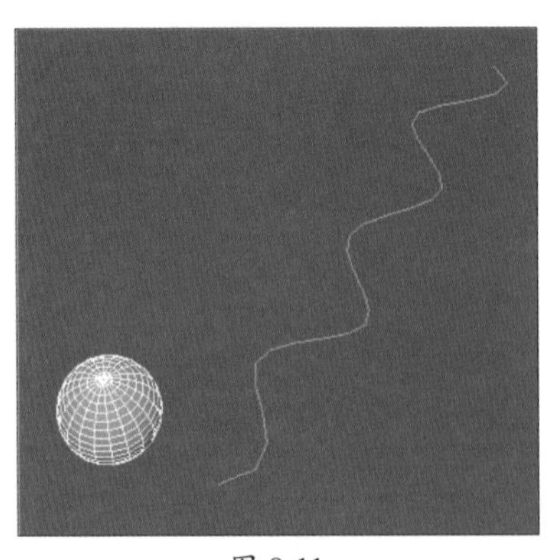

图 8-11

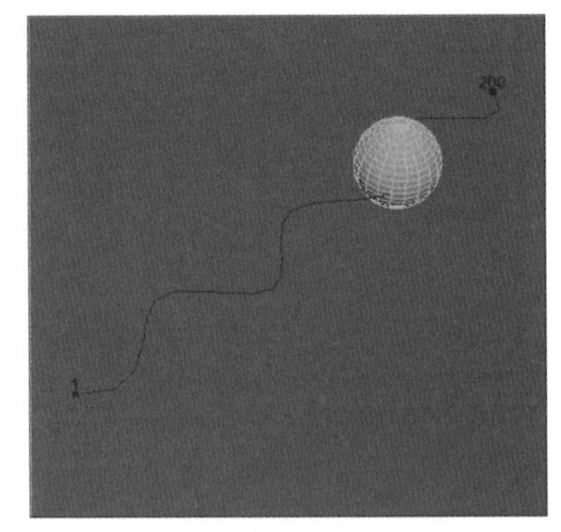

图 8-12

单击“连接到运动路径”命令后的设置按钮，打开“连接到运动路径选项”对话框，用户可在该对话框中设置时间范围、方向轴等参数，如图8-13所示。

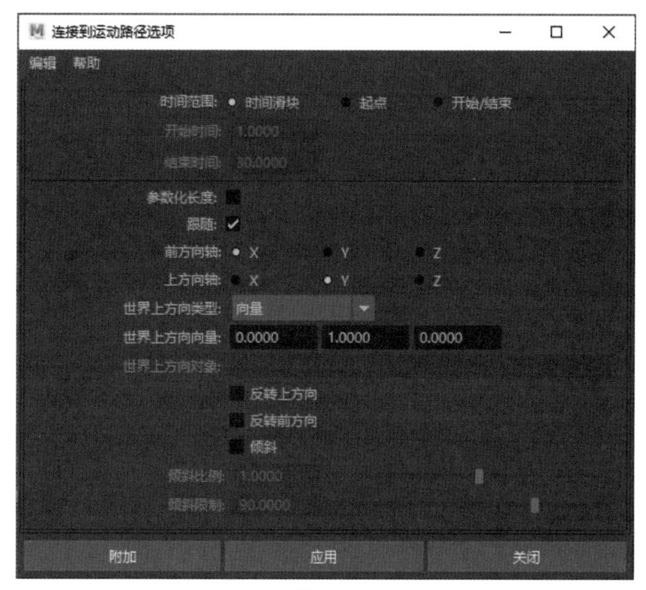

图 8-13

对话框中各参数含义介绍如下。

- **时间范围：**该选项后有三个单选按钮，分别是“时间滑块”“起点”“开始/结束”。选择“时间滑块”时，时间轨道上的开始、结束时间用于控制路径动画的开始、结束时间；选择“起点”时，下方“开始时间”参数将会被激活，用户可以根据需要设置路径动画的开始时间；选择“开始/结束”时，下方“开始时间”和“结束时间”参数将会同时激活，用户可以设置路径动画的开始和结束时间。
- **参数化长度：**指定Maya沿曲线定位对象的方法，包括参数间距方式和参数长度方式两种。
- **跟随：**勾选该复选框，Maya将计算物体沿曲线运动的方向。
- **前方向轴：**选择X、Y、Z三个坐标轴中的一个和“前方向轴”对齐。
- **上方向轴：**选择X、Y、Z三个坐标轴中的一个和顶向量对齐。
- **世界上方向类型：**包括“场景上方向”“对象上方向”“对象旋转上方向”“向量”“法线”五种。
- **世界上方向向量：**指定世界上方向向量相对于场景世界空间的方向。
- **世界上方向对象：**在“世界上方向类型”设定为“对象上方向”或“对象旋转上方向”的情况下指定世界上方向向量尝试对齐的对象。
- **反转上方向：**如果启用该选项，“上方向轴”会尝试使其与上方向向量的逆方向对齐。
- **反转前方向：**沿曲线翻转对象面向的前方向。

- **倾斜：**倾斜意味着对象将朝曲线曲率的中心倾斜，该曲线使对象移动所沿的曲线。仅当启用“跟随”选项时，“倾斜”选项才可用。
- **倾斜比例：**如果增加“倾斜比例”，那么倾斜效果会更加明显。
- **倾斜限制：**允许用户限制倾斜量。

8.3.2 创建快照动画

快照动画是路径动画的一种形式，可以沿着设置好的路径复制物体，适用于特定情况，若使用得当可以很好地提高工作效率。

先按照上一小节的方法创建路径动画。选择运动对象，执行“可视化”|“创建动画快照”命令，单击其右侧的设置按钮，会打开“动画快照选项”对话框，如图8-14所示。

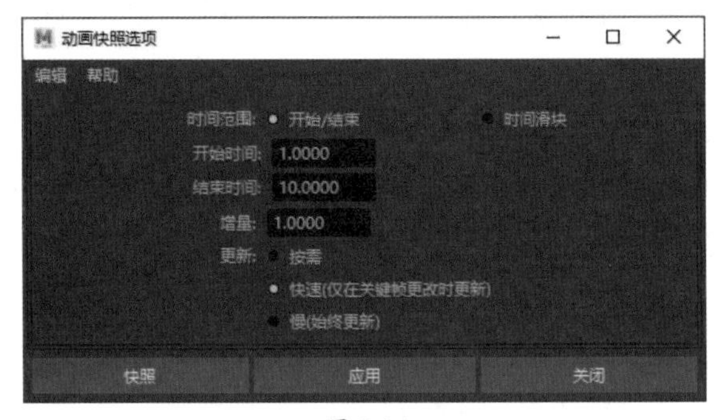

图 8-14

对话框中各属性含义介绍如下。

- **时间范围：**它有两个选项，分别是“开始/结束”“时间滑块”。选择“开始/结束”，可以自定义生成快照的开始和结束时间；选择“时间滑块”，表示使用时间轨道上的时间范围。
- **增量：**该选项用于设置生成快照的取样值，单位为帧。通过该参数可以控制快照物体的疏密，如图8-15、图8-16所示为不同增量数值的效果。
- **更新：**该选项用于控制快照的更新方式。

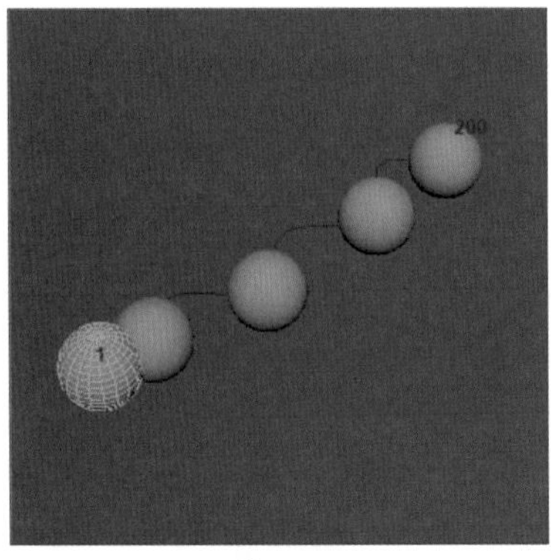

图 8-15

图 8-16

8.3.3 创建流动路径变形动画

沿路径变形动画的原理是在路径动画的基础上添加晶格变形。假如制作一条龙的游动动画，在沿着路径运动的过程中必然还保持着弯曲效果。

执行“约束”|“运动路径”命令，在级联菜单中单击“流体路径对象”命令后的设置按钮，打开“流动路径对象选项”对话框，如图8-17所示。

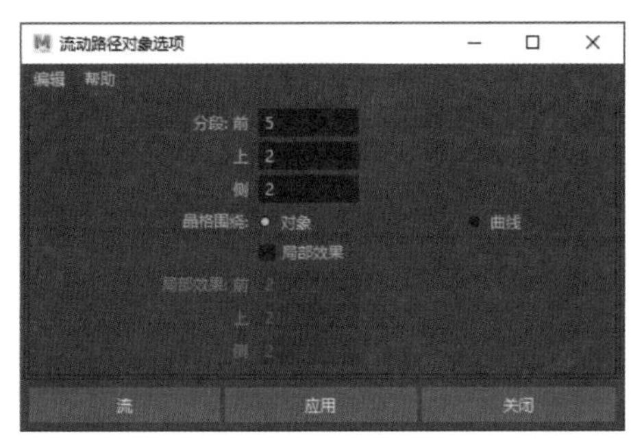

图 8-17

对话框中各属性含义介绍如下。

- **分段：** 该选项主要用于设置晶格在三个方向上的分割度。“前”选项控制沿曲线方向的晶格分割度；“上”选项控制沿物体向上的晶格分割度；“侧”选项控制沿物体侧边的晶格分割度。
- **晶格围绕：** 该选项用于控制晶格的生成方式，用户可以根据需要选择。“对象”选项会沿物体周围创建晶格，物体将会被晶格包裹住，跟随物体一起运动，并控制物体的弯曲；“曲线”选项是包裹着曲线的晶格，即从晶格的开始到末端，晶格沿着路径分布。
- **局部效果：** 该选项可以用于纠正路径变形中的一些错误，特别是曲线拐弯处。

创建一条曲线和一个长方体，为长方体设置较大的分段（这样可以得到较好的弯曲运动效果）。依次选择二者，执行“约束”|“运动路径”|“连接到运动路径”命令创建路径动画，如图8-18所示。在“流动路径对象选项”对话框中设置相关参数后，单击“应用”按钮即可完成操作，如图8-19所示。

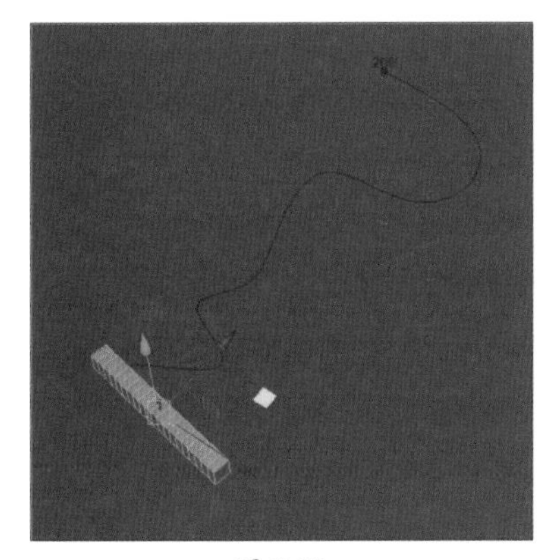
图 8-18

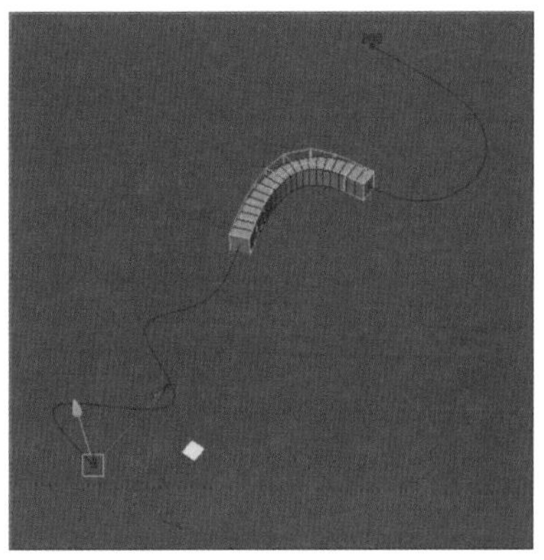
图 8-19

课堂练习 制作轨道动画

通过前面内容的学习，用户对动画设置以及制作都有了一定的了解，下面通过实例介绍轨道动画的制作，操作步骤如下。

步骤01 打开准备好的轨道模型，使用三点圆弧工具和EP曲线工具绘制首尾相接的NURBS曲线，使用“曲线”|“附加”命令连接曲线。移动曲线至轨道表面，如图8-20所示为前视图效果，如图8-21所示为透视图效果。

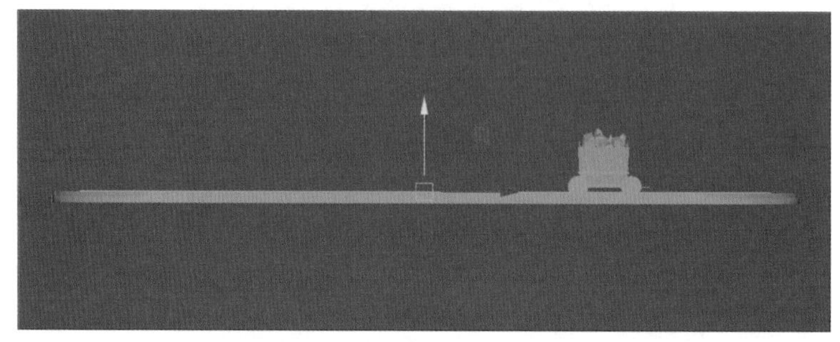

图 8-20

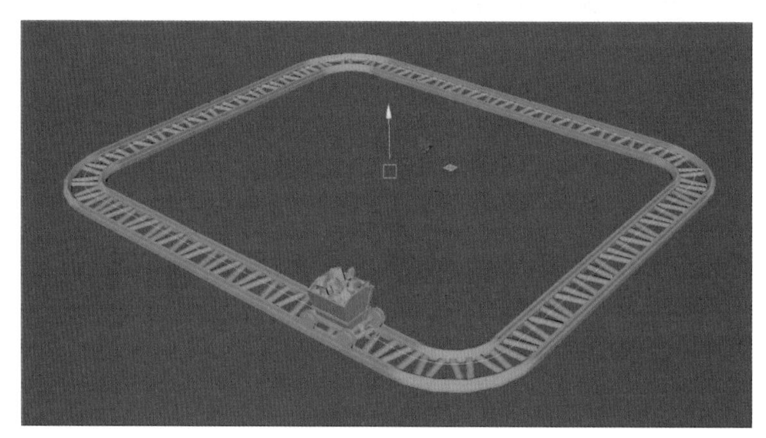

图 8-21

步骤02 使用移动工具选择矿车模型，可以看到当前的枢轴坐标，如图8-22所示。

步骤03 切换到左视图，按住D键调整枢轴到轨道表面，如图8-23所示。

图 8-22

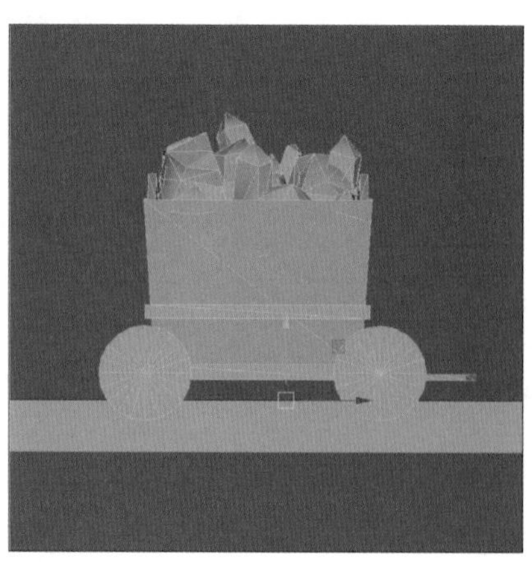

图 8-23

步骤 04 在动画控制区单击“首选项”按钮，在“时间滑块”选项板中设置“播放开始/结束”和“动画开始/结束”的帧数为1～400，如图8-24所示。单击“保存”按钮，保存设置并关闭对话框。

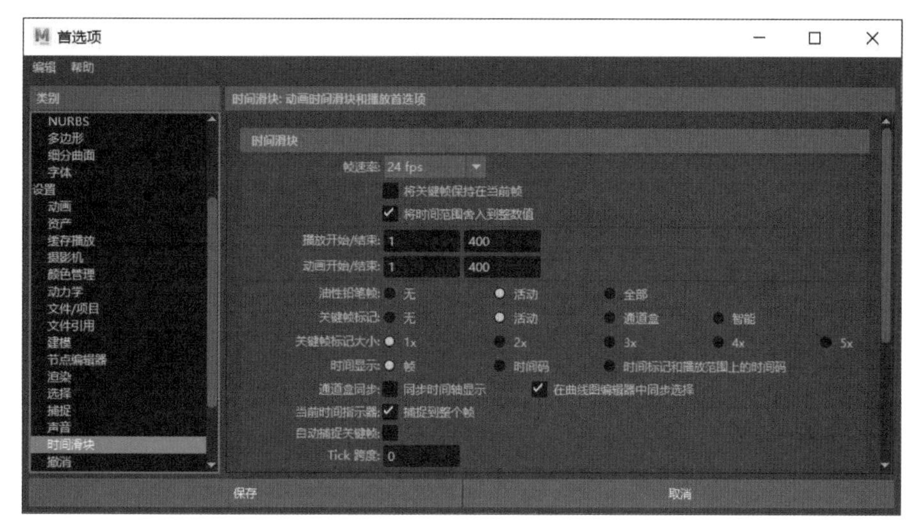

图 8-24

步骤 05 按住Shift键加选NURBS曲线，如图8-25所示。

步骤 06 切换到动画工作区，单击“约束”|“运动路径”|“连接到运动路径”后的设置按钮，打开“连接到运动路径选项”对话框，设置“时间范围”类型为“时间滑块”，再设置“前方向轴”“上方向轴”，如图8-26所示。

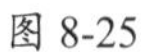
图 8-25

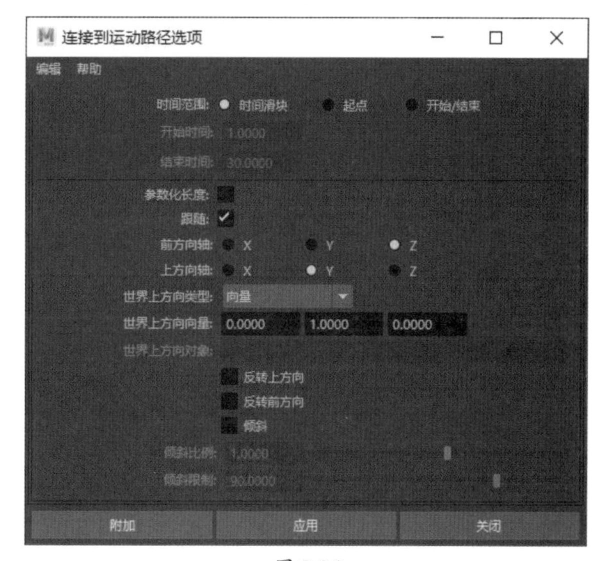

图 8-26

步骤 07 单击“应用”按钮并关闭对话框，在视图中可以看到矿车模型已经连接到运动路径，如图8-27所示。在动画控制区单击“播放”按钮播放动画，即可看到矿车沿轨道运动的动画效果，如图8-28所示。

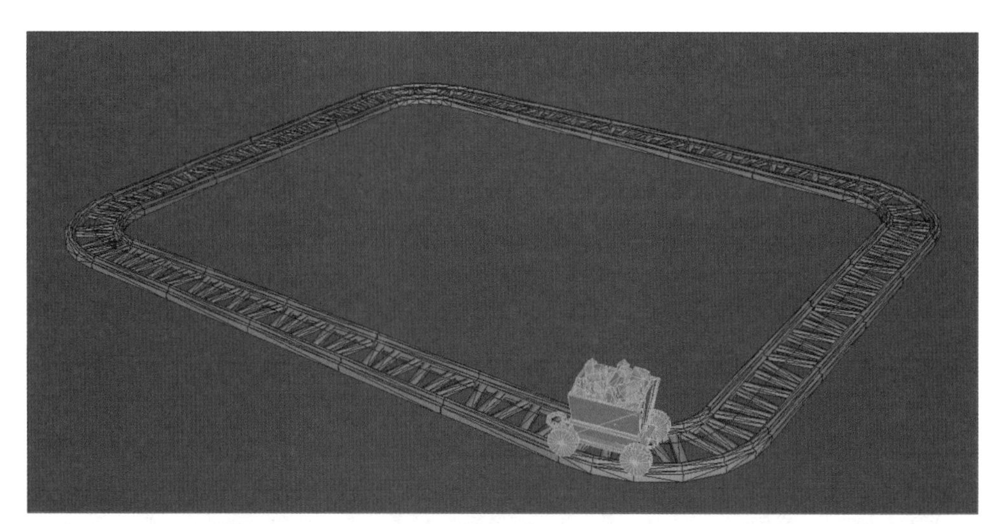

图 8-27

图 8-28

8.4 动画约束

在某种程度上，用户可以将路径动画理解为约束动画，即物体的空间坐标和旋转等参数被曲线所约束。

8.4.1 父对象约束

父对象约束是使一个物体对另一个物体进行平移和旋转约束。

创建一个立方体和一个球体，先选择立方体作为摄像头物体，再按住Shift键加选目标物体球体，如图8-29所示。执行“约束”|“父对象”命令后，会发现球体的平移和旋转属性已经变为蓝色，如图8-30所示。

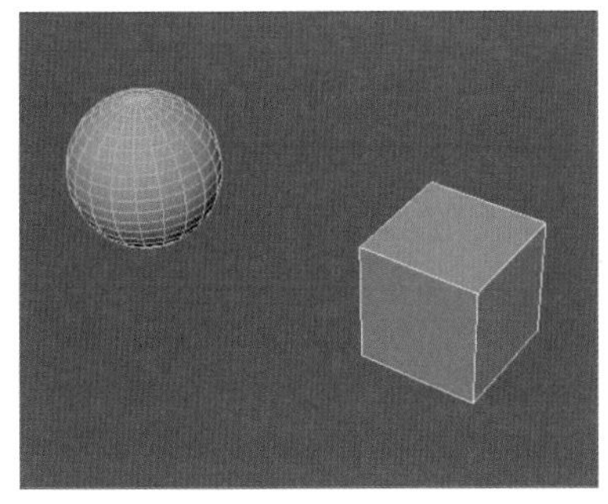

图 8-29

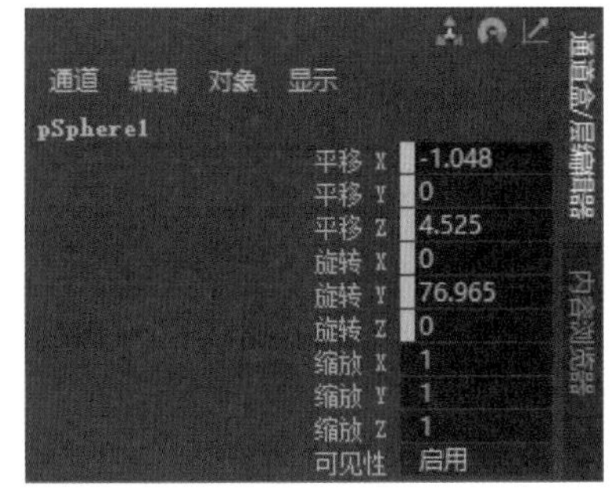

图 8-30

这代表球体的平移和旋转属性已被立方体所约束，旋转立方体的同时球体也会围绕立方体进行旋转，如图8-31、图8-32所示。

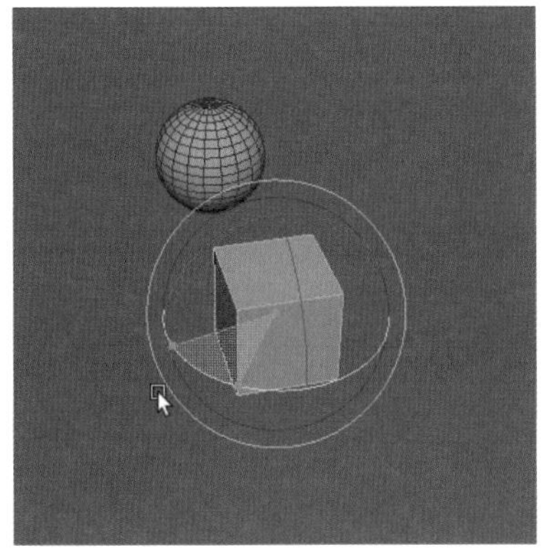

图 8-31

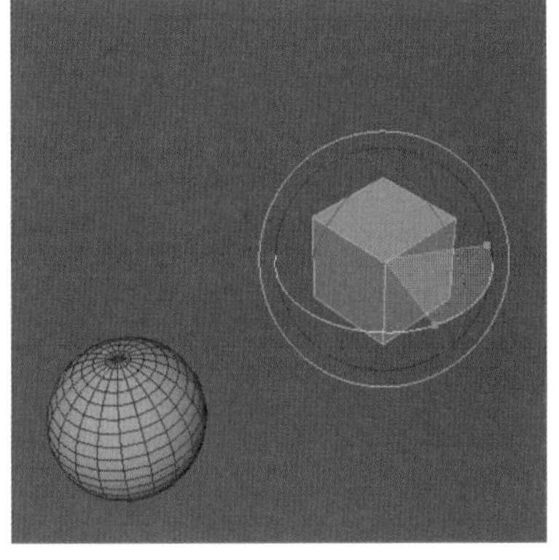

图 8-32

8.4.2 点约束

点约束可以理解为位移约束，即用一个物体的空间坐标去约束另一个物体的空间坐标。

创建一个立方体和一个球体，先选择立方体作为摄像头物体，再按住Shift键加选目标物体球体，执行“约束”|“点”命令，即可在通道盒中看到球体的移动属性变为蓝色，表示该属性已经被立方体约束，如图8-33所示。

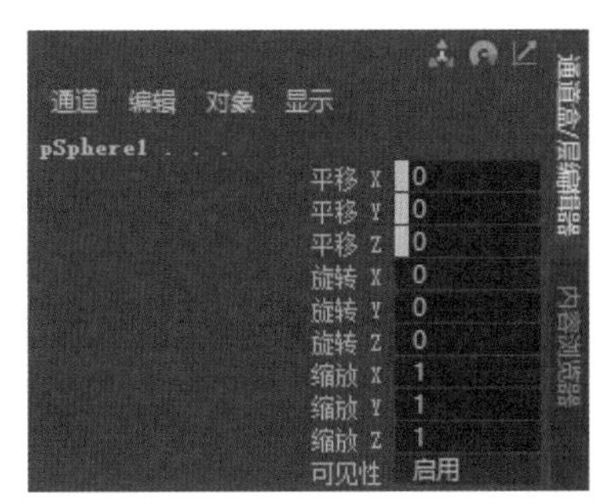

图 8-33

单击“点”命令后的设置按钮，打开“点约束选项”对话框，如图8-34所示。对话框中的相关参数介绍如下。

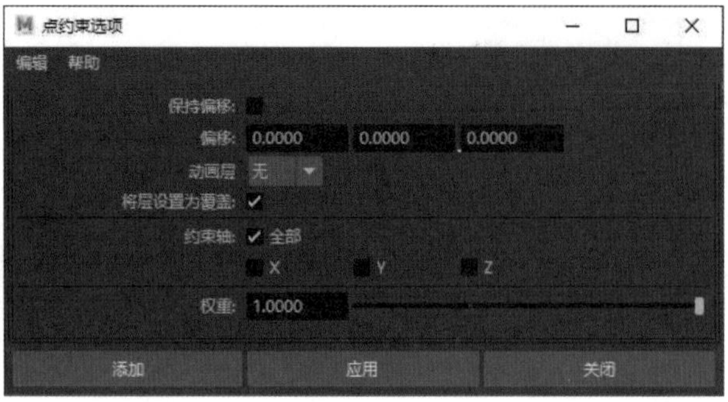

图 8-34

- **保持偏移：**若勾选该复选框，则在约束时，控制物体和被控物体会保持原始位置差。否则，被控物体的原点就会被吸附到控制物体上。
- **偏移：**三个数值框分别代表X、Y、Z位移轴的偏移量。
- **动画层：**允许向其中添加点约束的动画层。
- **将层设置为覆盖：**勾选该复选框时，在“动画层”下拉列表中选择的层会在将约束添加到动画层时自动设定为“覆盖”模式，这是默认模式；否则，在添加约束时层会设定为“相加”模式。
- **约束轴：**该选项控制对物体哪个轴向进行约束。启用“全部”复选框，对所有的轴向进行约束；如果只启用某一个轴向，则只约束选中的轴向上的位移，其他两个轴向可以自由移动。
- **权重：**该参数控制着约束的权重值，即受约束的程度。

8.4.3 方向约束

方向约束可以理解为旋转约束，即用一个物体的旋转属性去约束另一个物体的旋转属性。创建一个立方体和一个圆环，依次选择二者后，使圆环约束立方体，如图8-35所示。使用旋转工具旋转圆环，可以看到立方体会跟随着旋转，效果如图8-36所示。

图 8-35

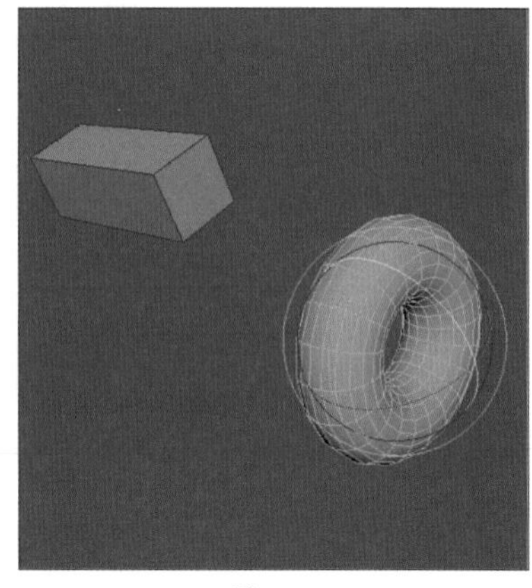

图 8-36

8.4.4　目标约束

目标约束可约束某个对象的方向对准其他物体，也就是用一个物体的位移属性来约束另一个物体的旋转属性。该功能会在制作眼睛动画时用到，比如将一个物体约束到球体上，物体移动到哪里，球体就会进行相应的旋转，以使指定轴一直对准物体。

创建一个长方体和一个球体，选择球体再按住Shift键加选长方体，单击“约束”|“目标”后的设置按钮，会打开“目标约束选项”对话框，如图8-37示。

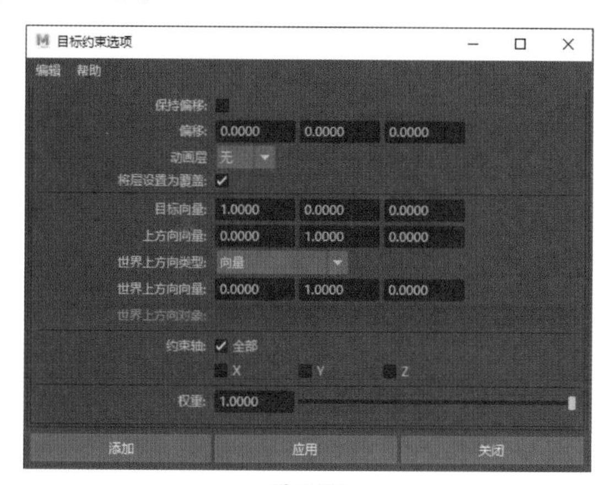

图 8-37

学习笔记

下面介绍对话框中各选项的含义，其中与点约束设置中相同的参数不再赘述。

- **目标向量：** 该参数用于设置目标向量在约束局部空间中的方向。
- **上方向向量：** 该参数可以控制围绕目标向量的受约束对象的方向。
- **世界上方向类型：** 设置世界向量在空间坐标中的类型，默认选项为“向量”。

添加约束后，移动约束对象，被约束对象会沿着约束对象移动的方向进行旋转，如图8-38、图8-39所示。

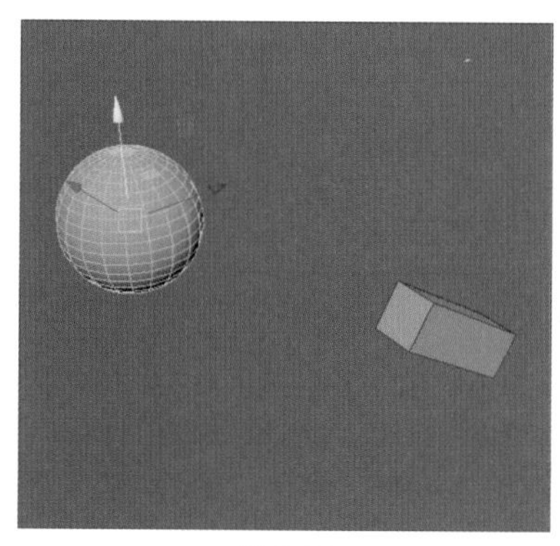

图 8-38

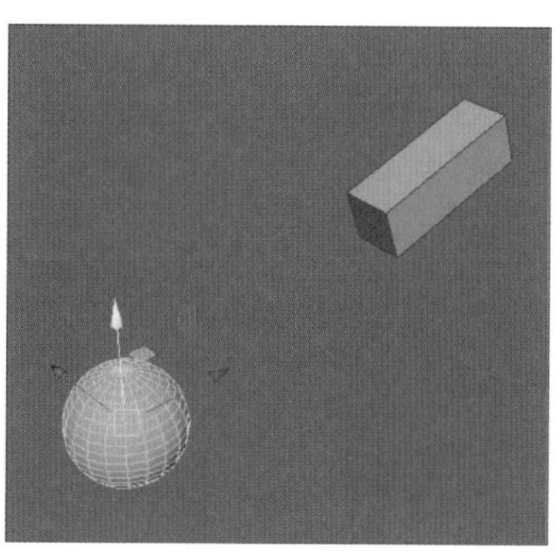

图 8-39

强化训练

1. 项目名称

制作篮球运动动画。

2. 项目分析

球体在抛出去时呈弧形抛物线运动，在运动过程中会自动旋转，受到阻力后会进行反弹运动。本项目将通过创建关键帧、编辑操作等制作出篮球运动动画效果。

3. 项目效果

项目效果如图8-40所示。

图 8-40

4. 操作提示

①选择球体对象，在第1帧中按S键创建第一个关键帧。

②移动球体到合适位置，创建第二个关键帧。

③再移动对象，旋转对象，创建第三个关键帧。

④照此方法按照篮球运动轨迹创建其他关键帧。

⑤打开动画编辑器，通过控制柄调整曲线。

⑥单击“播放”按钮预览动画。

Maya

第9章 城门场景

内容导读

Maya是一款广泛应用于游戏开发和动画制作领域的专业软件，而场景模型的制作是Maya游戏动画的构成基础，用户可以使用直观的建模工具设置三维对象和场景的造型。城门建筑是古风游戏和动画中比较常见的场景模型，结合古代建筑、器物可以很好地营造古风场景氛围。

学习目标

- 了解城门建筑的组成
- 掌握建筑模型的制作

- 掌握成品模型的导入操作

9.1 创建城门建筑模型

本案例中的模型是参考古代城门建筑制作的，其中包括城墙主体、城门楼、牌匾等对象，具有中国古代建筑特色。

9.1.1 创建城墙主体

本节首先制作城墙主体的建筑造型，包括城墙墙体、女墙以及门洞，操作步骤介绍如下。

步骤 01 创建一个长方体，并在通道盒中调整对象的宽度、高度、深度等参数，如图9-1、图9-2所示。

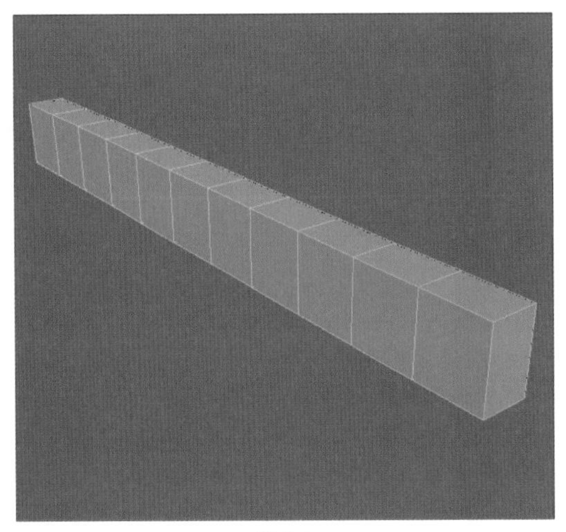

图 9-1

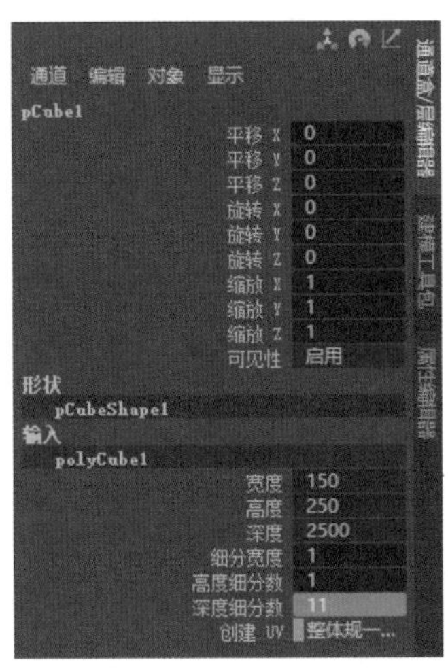

图 9-2

步骤 02 单击鼠标右键，打开热盒，进入面编辑模式，选择如图9-3所示的两侧的面。

步骤 03 单击“挤出”按钮，设置“局部平移Z”参数为60，如图9-4所示。

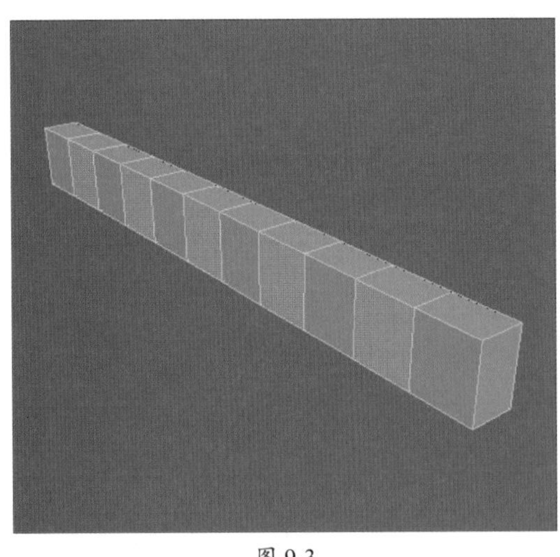

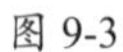

图 9-3

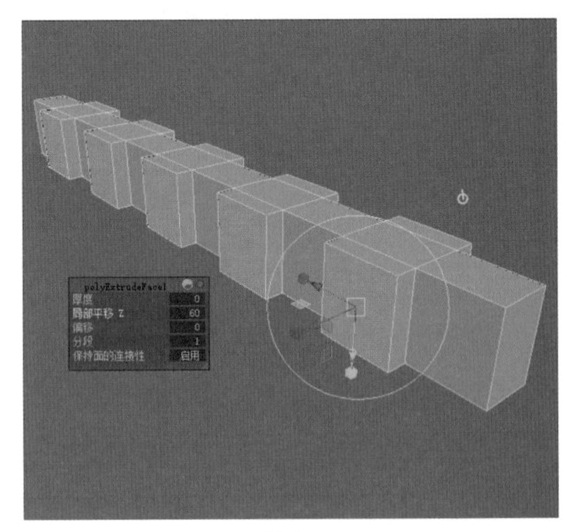

图 9-4

步骤 04 切换到顶视图，进入顶点编辑模式，选择中间部分的顶点，使用缩放工具沿蓝色轴进行缩放，调整中间区域的宽度，如图9-5所示。

步骤 05 切换到透视图，选择除了中间区域的两端顶点，沿红色轴进行缩放，如图9-6所示。

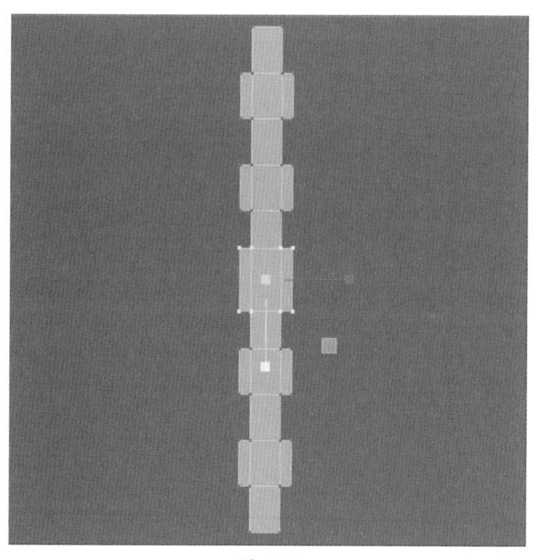

图 9-5

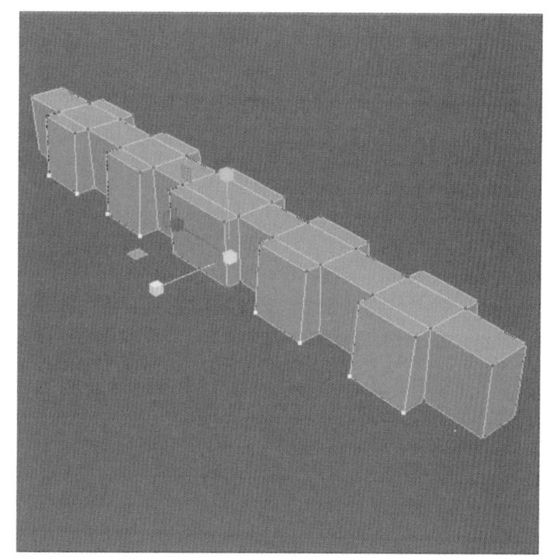

图 9-6

步骤 06 切换到前视图，创建一个平面，并在通道盒中设置参数，如图9-7所示。

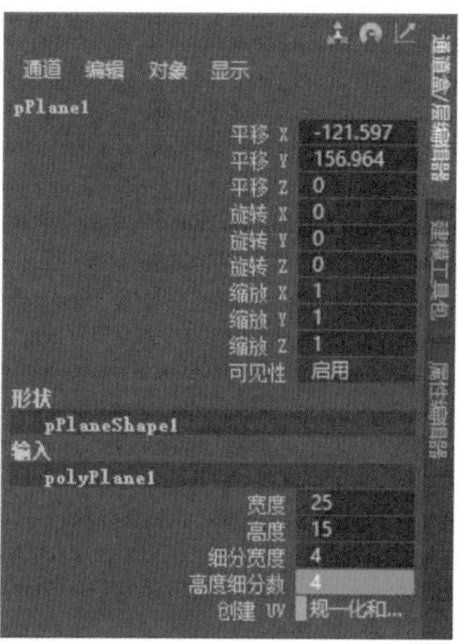

图 9-7

步骤 07 进入面编辑模式，选择并删除中间位置的四个面，如图9-8所示。

步骤 08 单击“挤出”按钮，设置“局部平移Z”参数为8，如图9-9所示。

图 9-8

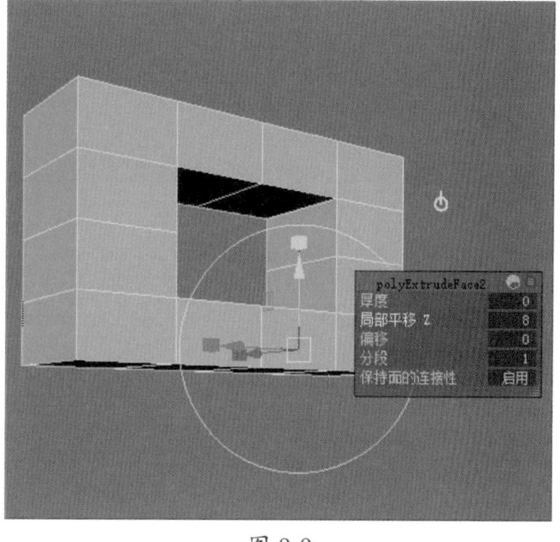

图 9-9

步骤 09 退出编辑模式，调整对象位置，如图9-10所示。

步骤 10 复制对象，制作城墙上的女墙，如图9-11所示。

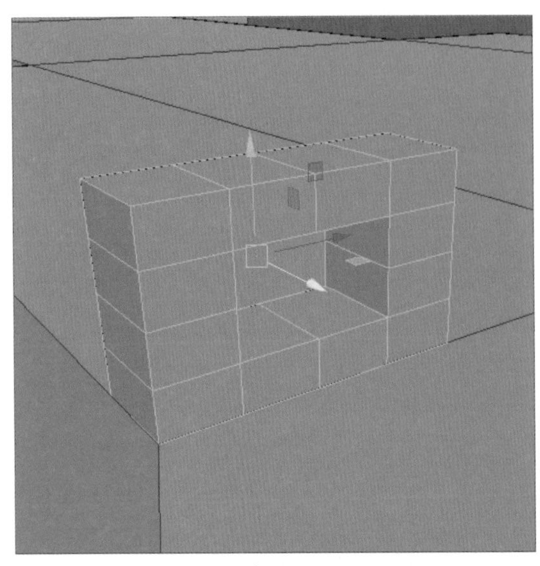

图 9-10

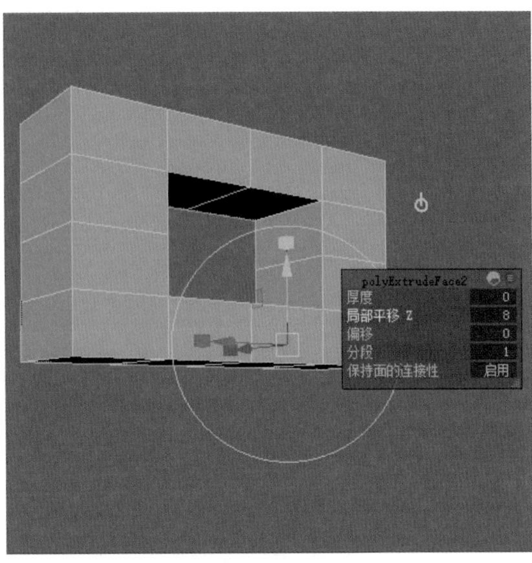

图 9-11

步骤 11 复制女墙造型，如图9-12所示。

步骤 12 制作门洞。切换到前视图，执行“插入循环边”命令，在城墙的中心位置插入多条循环边，如图9-13所示。

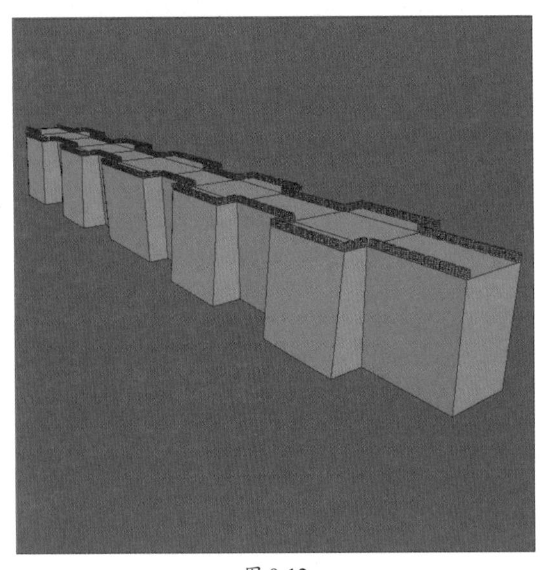

图 9-12

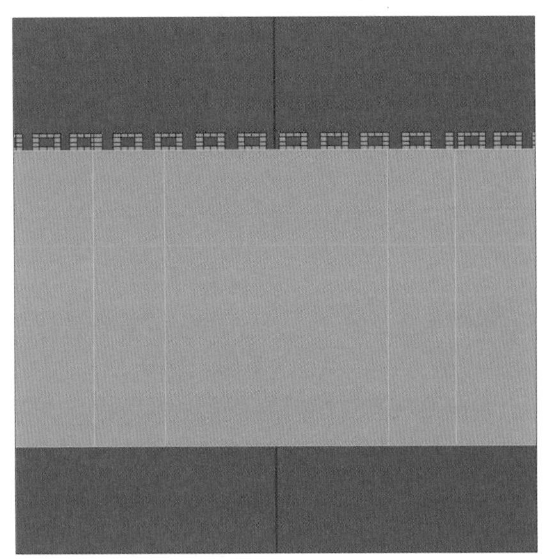

图 9-13

步骤 13 执行“多切割”命令，绘制城门门洞造型。进入顶点编辑模式，调整顶点位置，如图9-14所示。

步骤 14 切换到右视图，使用“多切割”命令绘制另一侧的门洞造型，在线框模式下调整顶点位置，使两侧门洞造型基本一致，如图9-15所示。

步骤 15 进入面编辑模式，选择两侧的面，执行“桥接”命令，制作桥洞造型，如图9-16、图9-17所示。

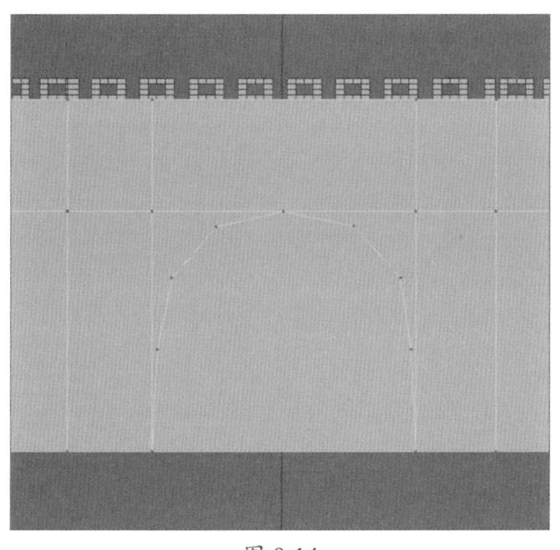

图 9-14

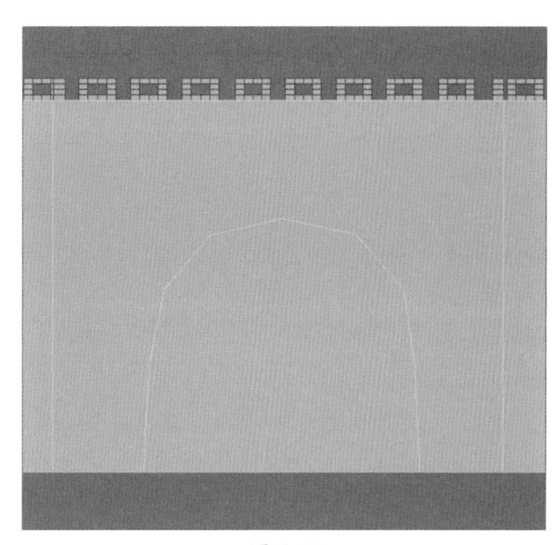

图 9-15

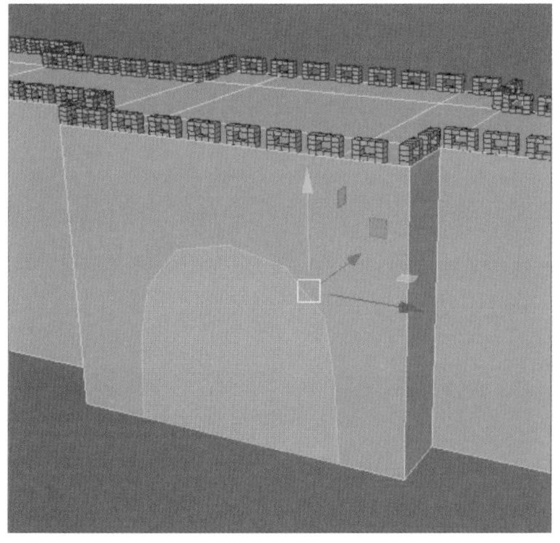

图 9-16

图 9-17

步骤 16 使用“多切割”命令在门洞外侧绘制轮廓，如图9-18所示。

步骤 17 切换到面编辑模式，选择门洞外框的面，单击“挤出”按钮，设置“局部平移Z”参数为10，如图9-19所示。按照此方法再制作城墙另一侧，完成城墙的制作。

图 9-18

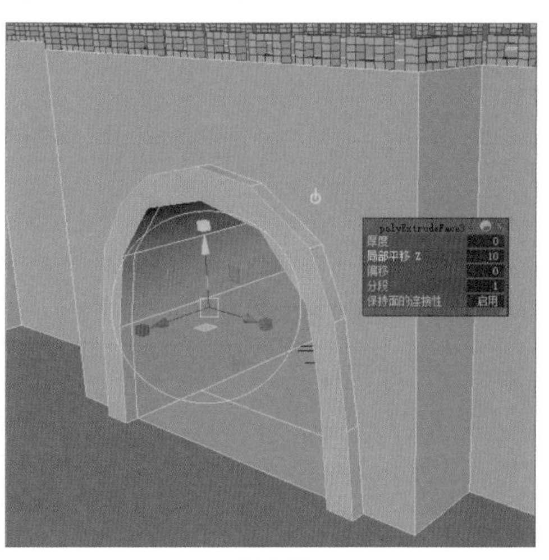

图 9-19

步骤 18 最后使用多切割工具绘制墙面缺口，接着在顶点编辑模式下调整顶点位置，制作出缺口凹凸造型，如图9-20所示。

图 9-20

9.1.2 创建城门楼

城门楼是城墙上的楼台建筑，它与地面上的普通建筑大致相同，包括台阶、门窗、立柱、屋檐、屋脊等组件。下面介绍具体操作步骤。

步骤 01 创建一个长方体，在通道盒中设置参数，并调整对象位置，如图9-21、图9-22所示。

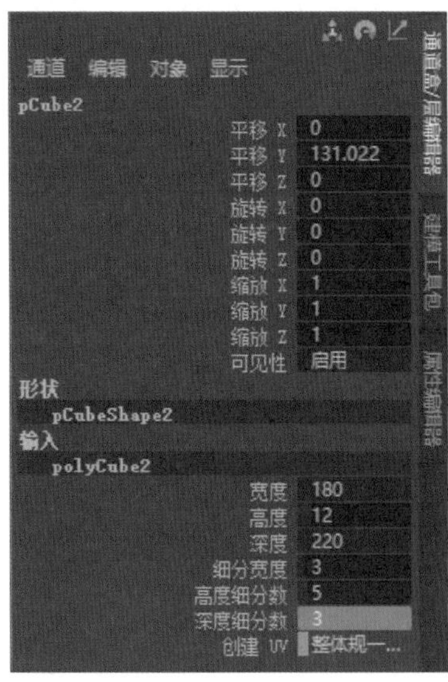

图 9-21

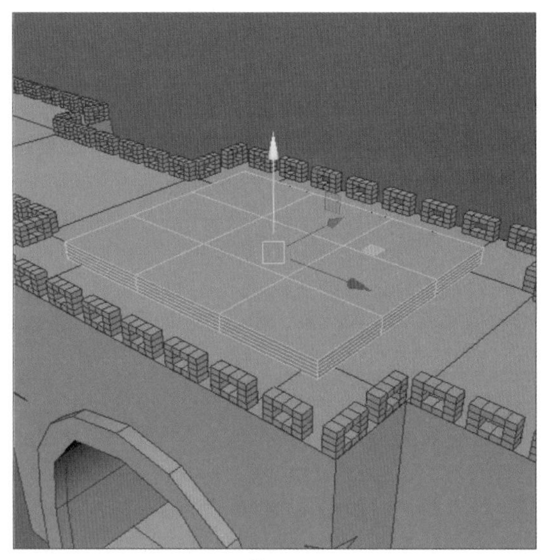

图 9-22

步骤 02 进入面编辑模式，选择四周底部的面，单击“挤出”按钮，设置“局部平移Z”参数为16，并禁用“保持面的连接性”属性，将选择的面挤出，如图9-23、图9-24所示。

步骤 03 依次选择每个圈面进行挤出，分别设置挤出参数为12、8、4，制作出城门楼的台阶造型，如图9-25所示。

步骤 04 创建一个宽度为130、高度为50、深度为170的长方体作为城门楼墙体，如图9-26所示。

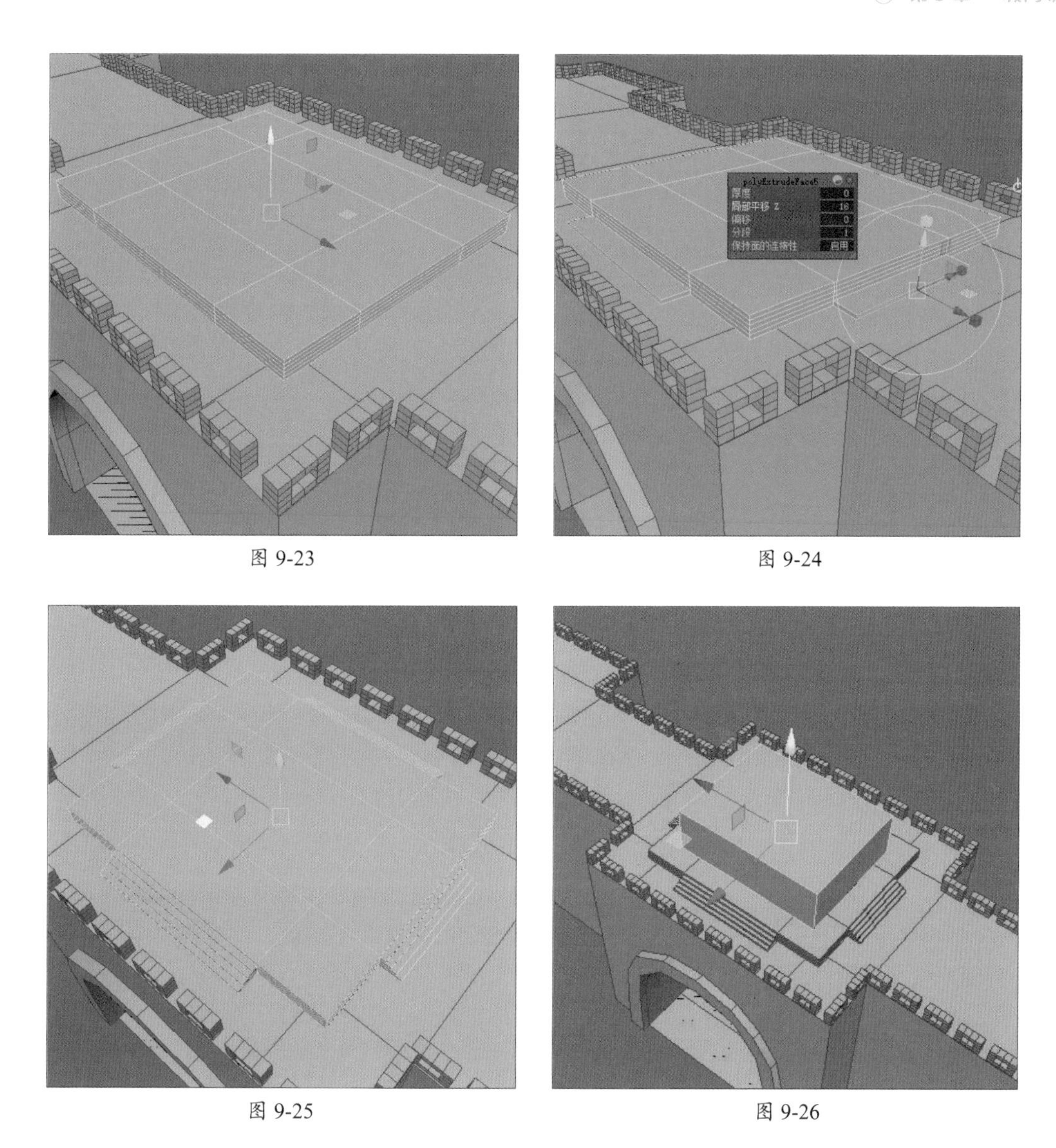

图 9-23　　图 9-24

图 9-25　　图 9-26

步骤 05 创建一个长方体，在通道盒中设置参数，置于墙体顶部，如图9-27、图9-28所示。

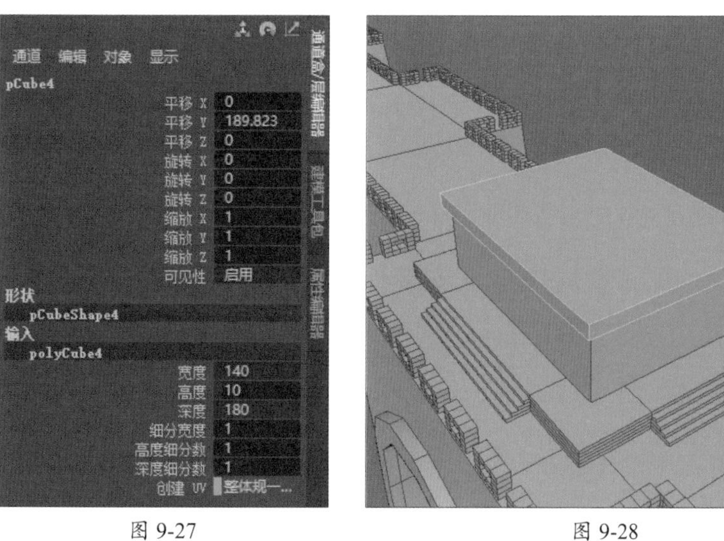

图 9-27　　图 9-28

步骤 06 继续创建长方体，在通道盒中设置参数，如图9-29、图9-30所示。

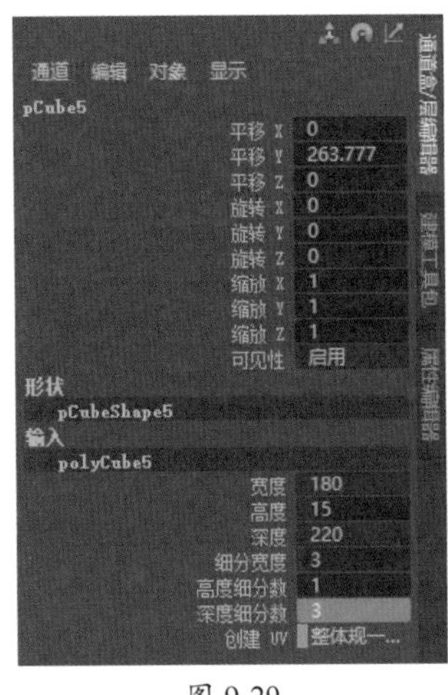

图 9-29

图 9-30

步骤 07 使用多切割工具为长方体的顶面和地面绘制对角线，如图9-31所示。

步骤 08 再进入边编辑模式，删除多余的边线，如图9-32所示。

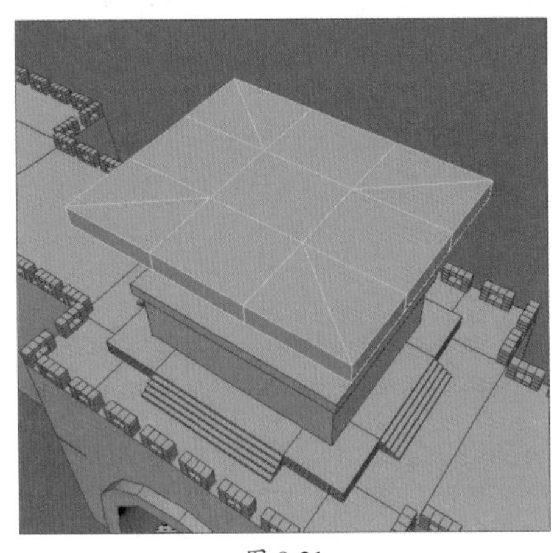

图 9-31

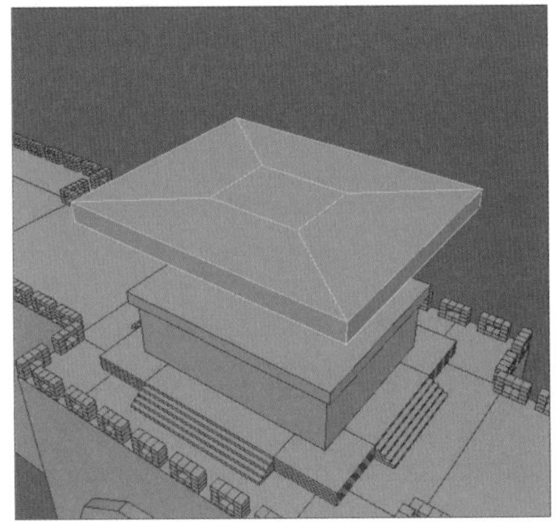

图 9-32

步骤 09 进入面编辑模式，使用缩放工具缩放顶部的面，如图9-33所示。

步骤 10 使用移动工具调整顶部和底部中心的面，如图9-34所示。

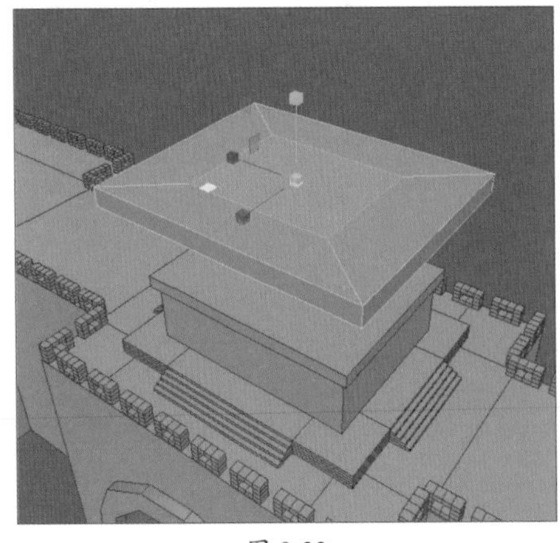

图 9-33

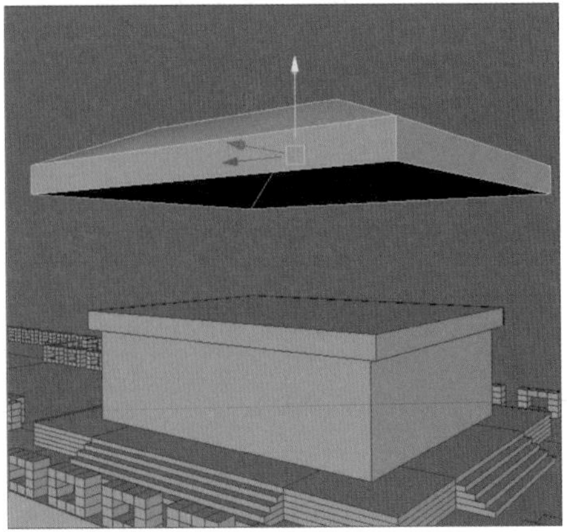

图 9-34

步骤 11 进入边编辑模式，选择一圈边线，使用缩放工具沿平面进行放大，制作出屋檐造型，如图9-35所示。

步骤 12 向下调整对象位置，如图9-36所示。

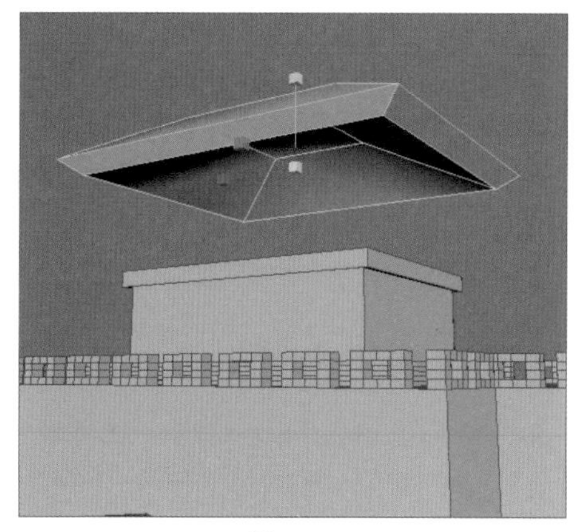

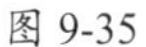

图 9-35

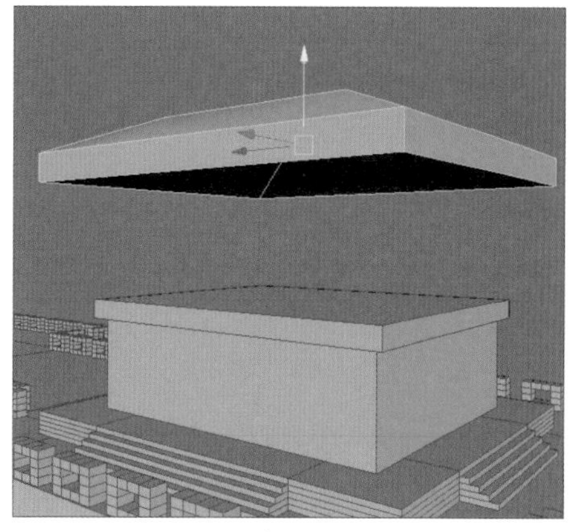

图 9-36

步骤 13 制作屋脊模型。创建一个长方体，并在通道盒设置参数，如图9-37、图9-38所示。

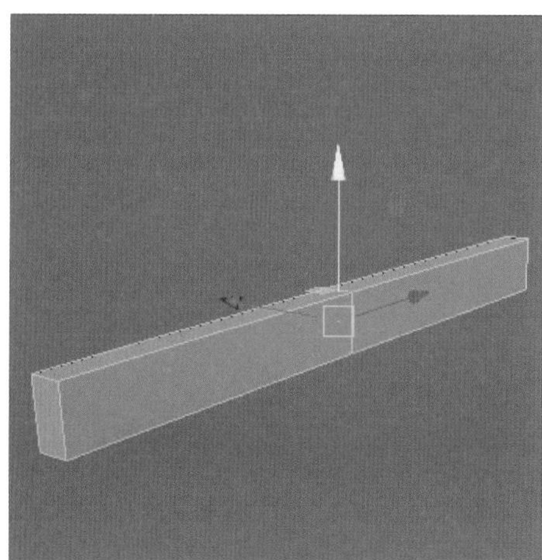

图 9-37

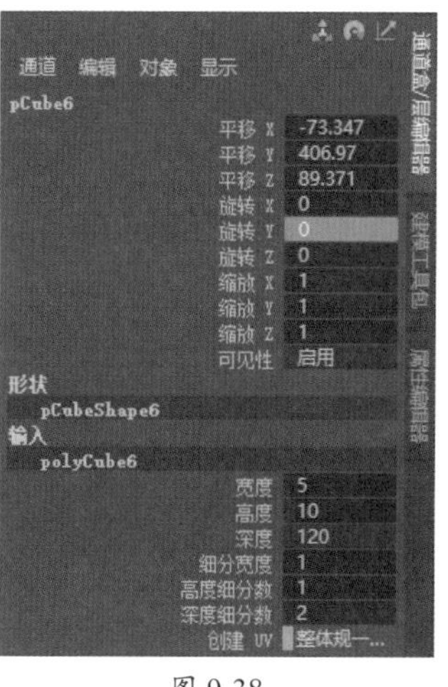

图 9-38

步骤 14 进入顶点编辑模式，调整出屋脊造型。退出编辑模式并旋转对象，将其移动到屋脊处，如图9-39、图9-40所示。

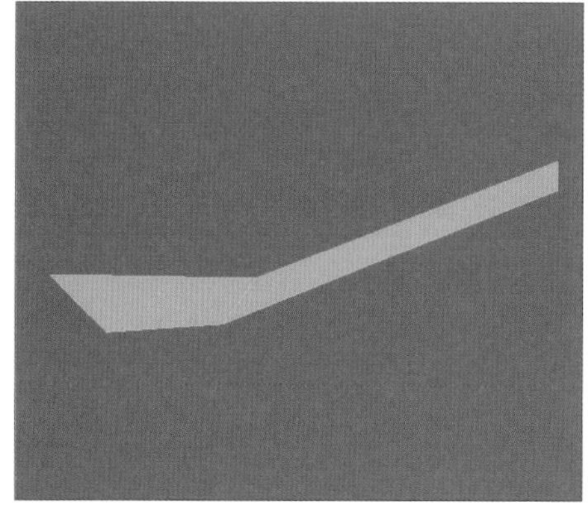

图 9-39

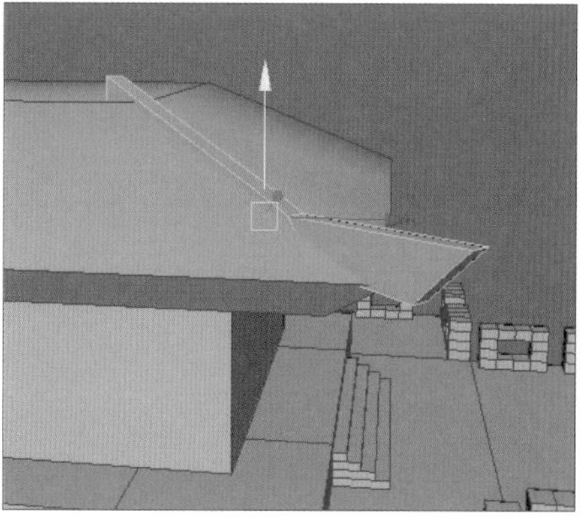

图 9-40

步骤 15 复制对象并旋转角度，制作四角屋脊，如图9-41所示。

步骤 16 选择屋顶和墙体，按住Shift键向上进行复制，调整城门楼二层造型，如图9-42所示。

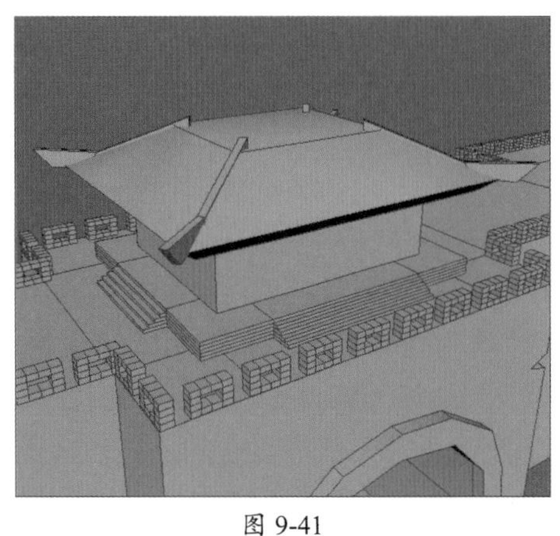

图 9-41

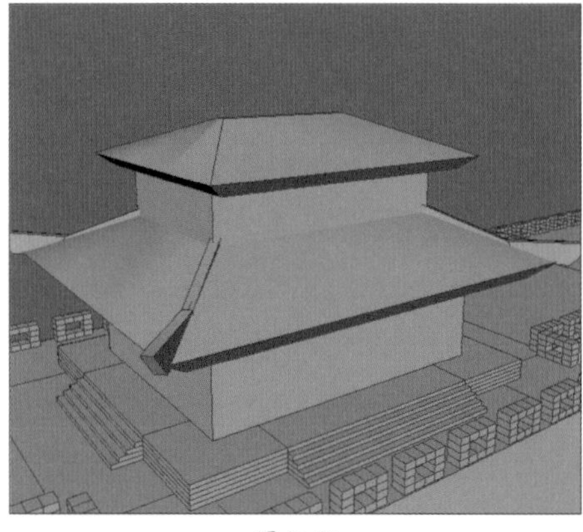

图 9-42

步骤 17 复制一条屋脊对象，调整对象的角度和形状，如图9-43所示。

步骤 18 复制并旋转屋脊对象，如图9-44所示。

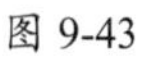

图 9-43

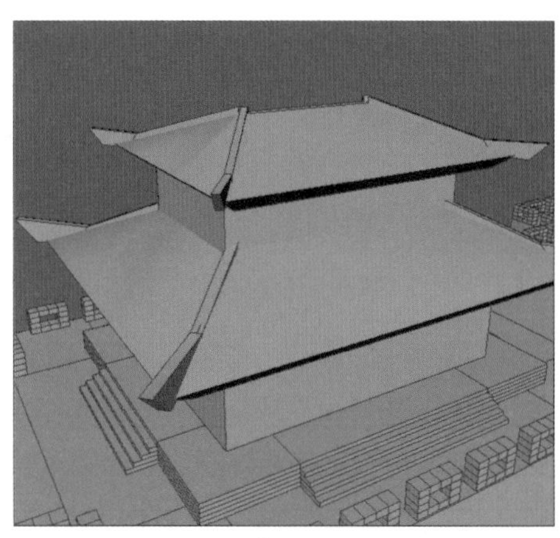

图 9-44

步骤 19 创建一个长方体，使用缩放工具缩放对象，如图9-45所示。

步骤 20 进入面编辑模式，选择顶部两侧的面，单击“挤出”按钮，设置“局部平移Z”参数，如图9-46所示。

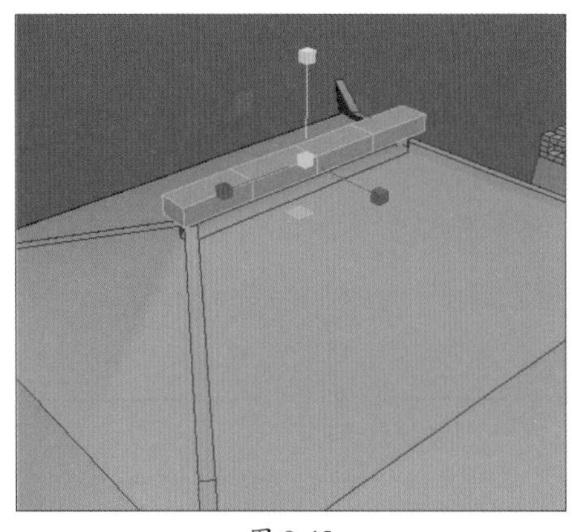

图 9-45

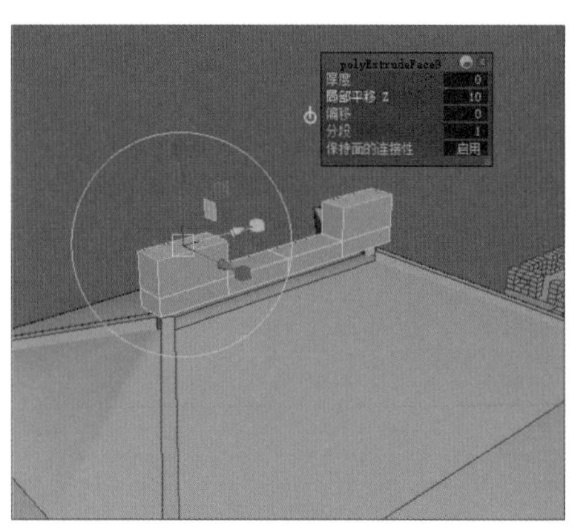

图 9-46

步骤 21 在进入边编辑模式，选择两端的边线并向下移动，制作顶部屋脊造型，如图9-47所示。

步骤 22 退出编辑模式，调整屋脊的位置，如图9-48所示。

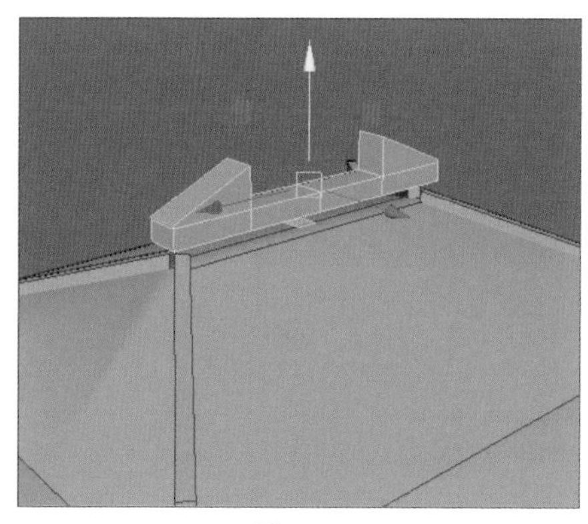

图 9-47

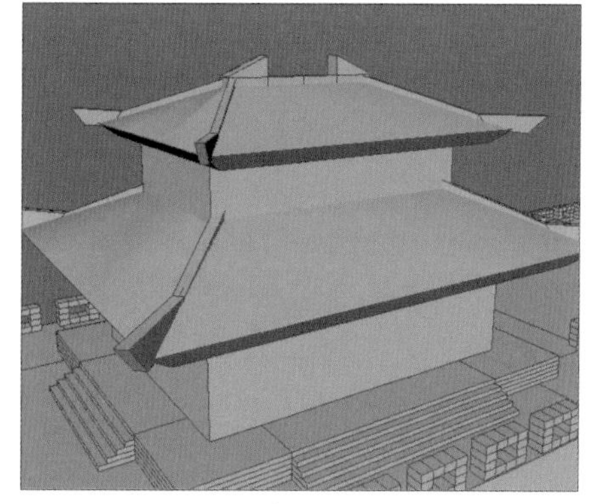

图 9-48

步骤 23 制作门窗模型。创建一个长方体，使用缩放工具缩放对象，如图9-49所示。

步骤 24 进入顶点编辑模式，选择内部的顶点，使用缩放工具均匀调整顶点位置，如图9-50所示。

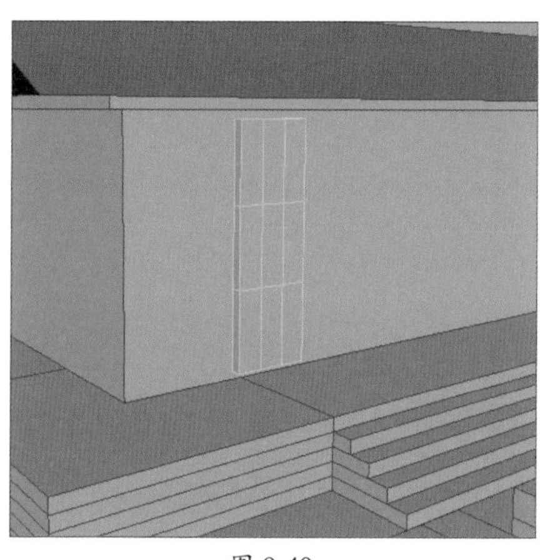

图 9-49

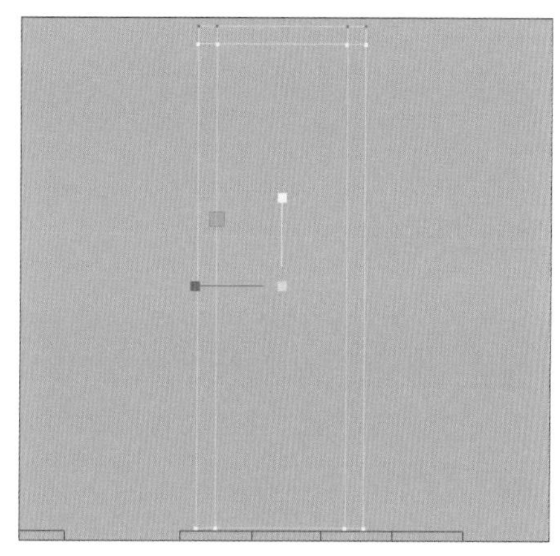

图 9-50

步骤 25 进入面编辑模式，选择两侧内部的面，单击“挤出”按钮，设置“局部平移Z”参数，如图9-51所示。

步骤 26 退出编辑模式，复制对象，制作出一层的门扇，如图9-52所示。

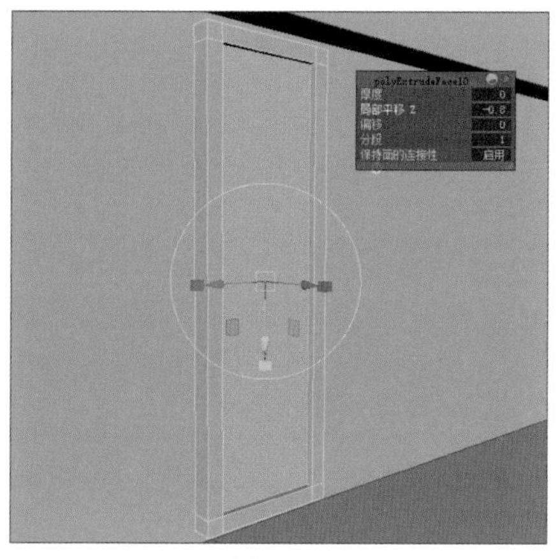

图 9-51

图 9-52

步骤 27 复制门扇模型，通过顶点编辑模式调整高度。再进行复制操作，完成二层窗扇的制作，如图9-53所示。

步骤 28 最后创建多边形圆柱体模型作为一层建筑立柱，完成城门楼模型的制作，如图9-54所示。

图 9-53

图 9-54

9.1.3 创建牌匾

本节介绍城墙外匾额的制作过程，操作步骤如下。

步骤 01 创建一个长方体，使用缩放工具缩放对象，将其移动到门洞上方，如图9-55所示。

步骤 02 进入面编辑模式，选择正面，单击“挤出”按钮，设置“局部平移Z”和“偏移”参数，如图9-56所示。

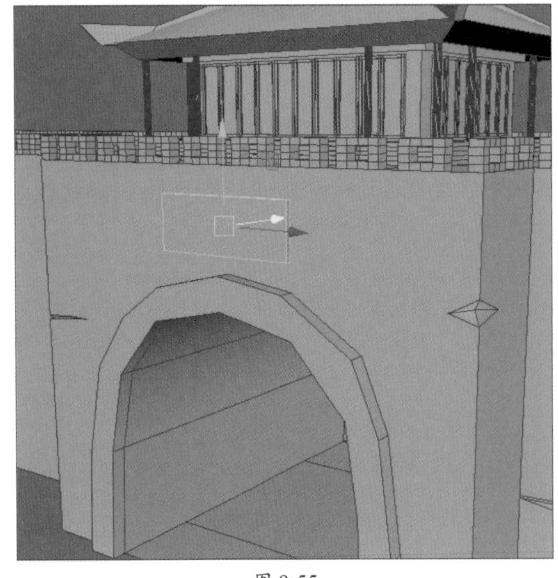

图 9-55

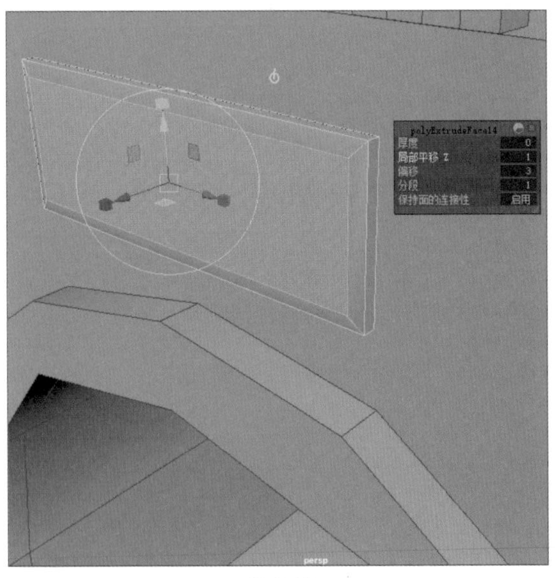

图 9-56

步骤 03 再次单击“挤出”按钮，设置“局部平移Z”和“偏移”参数，如图9-57所示。

步骤 04 继续单击“挤出”按钮，设置“局部平移Z”参数，即可制作出牌匾的造型轮廓，如图9-58所示。

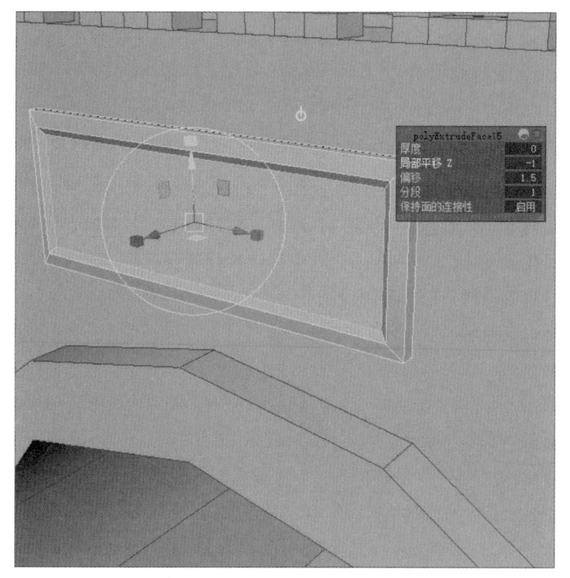

图 9-57

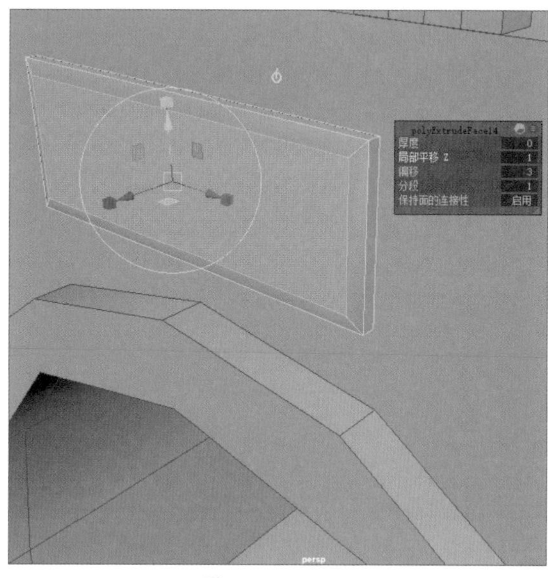

图 9-58

步骤 05 创建3D文本，在属性编辑器中输入文字内容，并设置字体大小等参数，如图9-59所示。

步骤 06 在通道盒中设置Y轴旋转参数，如图9-60所示。

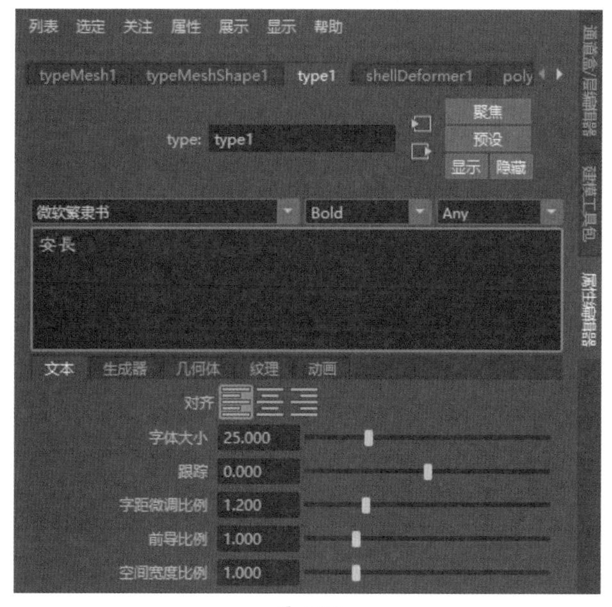

图 9-59

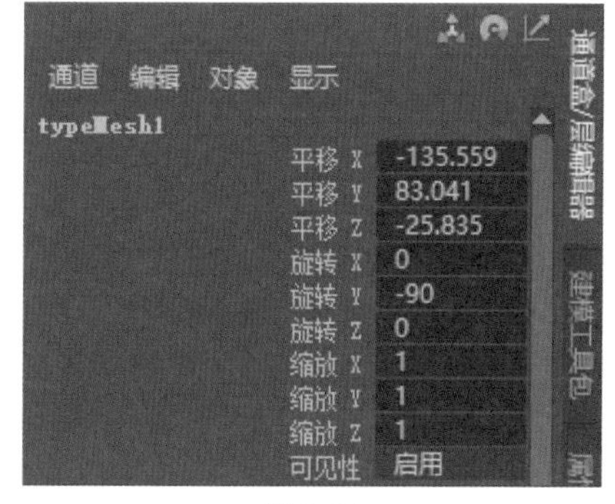

图 9-60

步骤 07 在视图中调整文字及牌匾位置，如图9-61所示。

图 9-61

9.2 创建护城河及吊桥

护城河位于城市的周围，起到防护城池的作用；而吊桥放下时是桥，吊起来则是门。二者是城门处常见的设施。

9.2.1 创建护城河

下面介绍护城河模型的制作，具体操作步骤如下。

步骤 01 创建长方体，使用缩放工具缩放对象并调整位置，如图9-62所示。

步骤 02 进入顶点编辑模式，调整顶点位置，如图9-63所示。

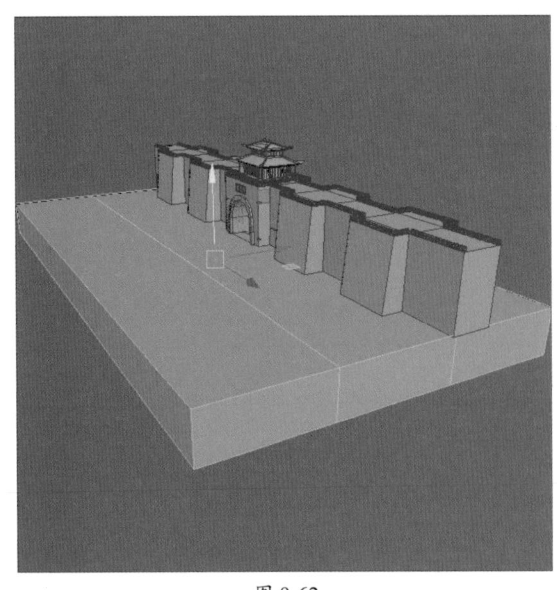

图 9-62

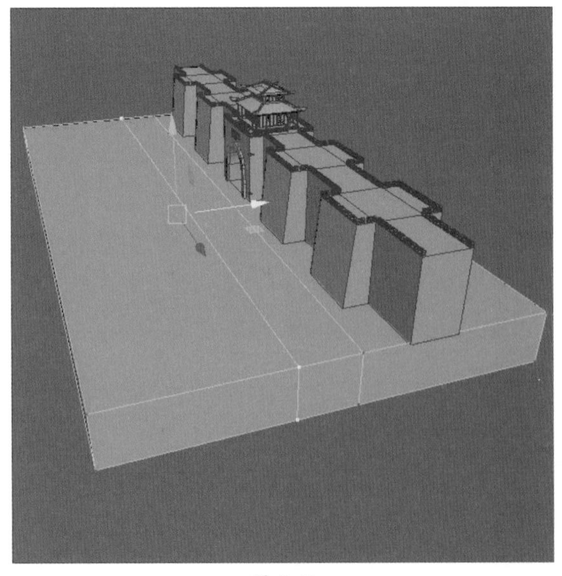

图 9-63

步骤03 再进入面编辑模式，选择中间的面，单击“挤出”按钮，拖曳控制柄挤出高度，制作出护城河轮廓，如图9-64所示。

步骤04 退出编辑模式，执行“网格工具”|“多切割”命令，对护城河的边进行切割，如图9-65所示。

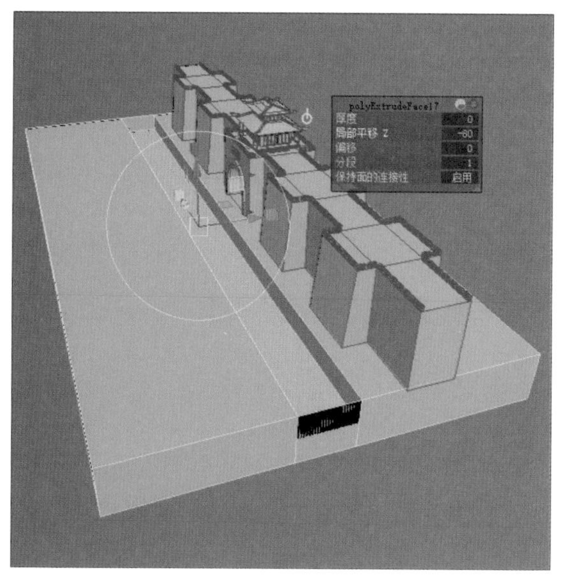

图 9-64

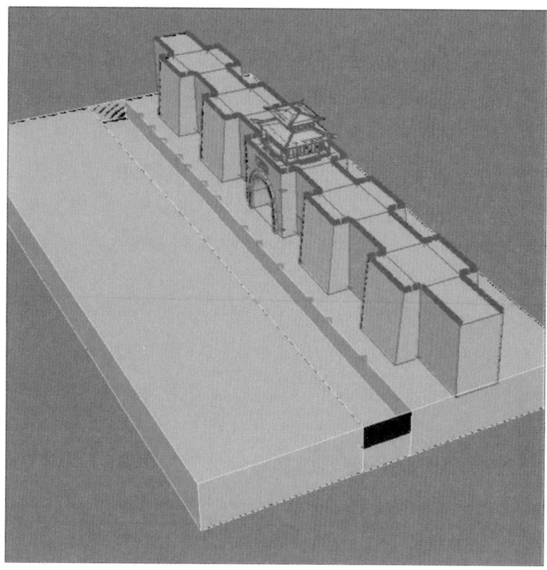

图 9-65

步骤05 进入顶点编辑模式，使用移动工具调整顶点位置，如图9-66所示。

步骤06 按照此方法编辑护城河另一侧，如图9-67所示。

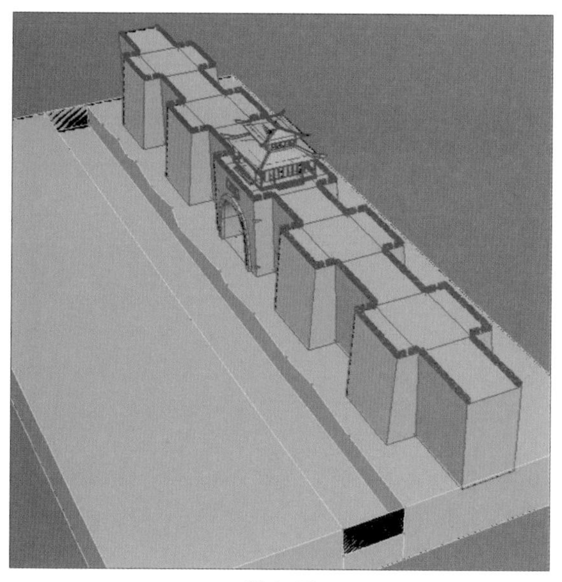

图 9-66

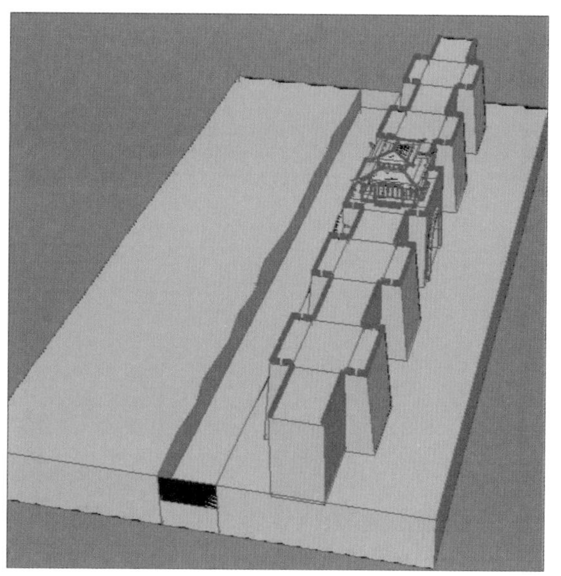

图 9-67

9.2.2 创建吊桥

下面介绍吊桥模型的制作，包括桥面、吊索等几个部分，操作步骤如下。

步骤01 创建长方体，使用缩放工具进行缩放，如图9-68所示。

步骤02 使用多切割工具编辑长方体，制作出不规则的木板造型，如图9-69所示。

图 9-68

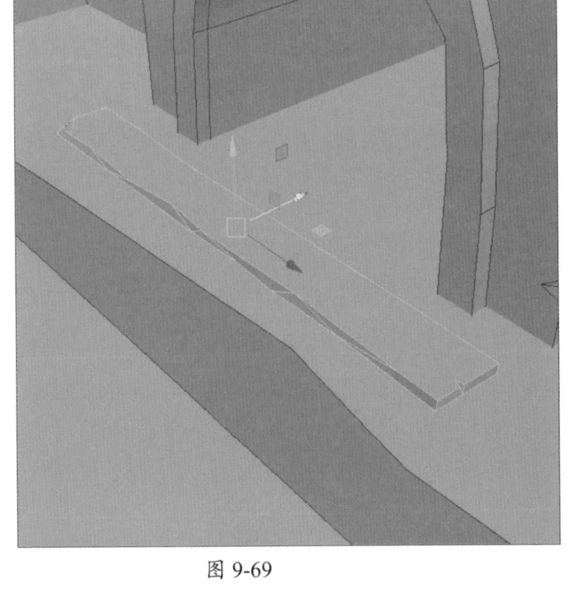

图 9-69

步骤03 复制对象，通过编辑顶点位置改变造型，制作吊桥平台，如图9-70所示。

步骤04 创建一个球体，使用缩放工具调整成扁圆形，将其移动到吊桥角落，如图9-71所示。

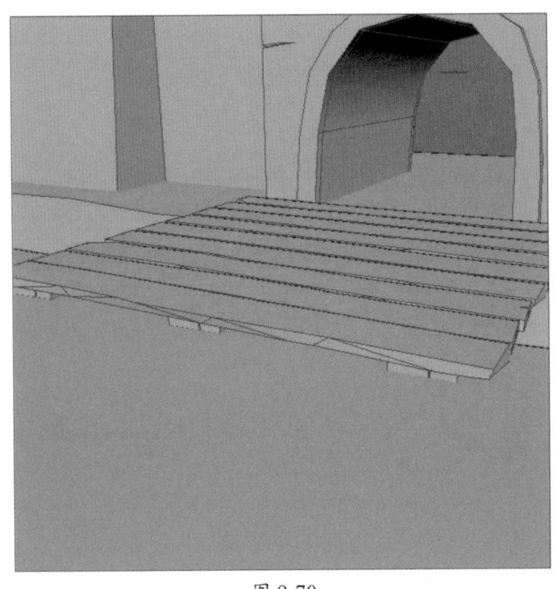

图 9-70

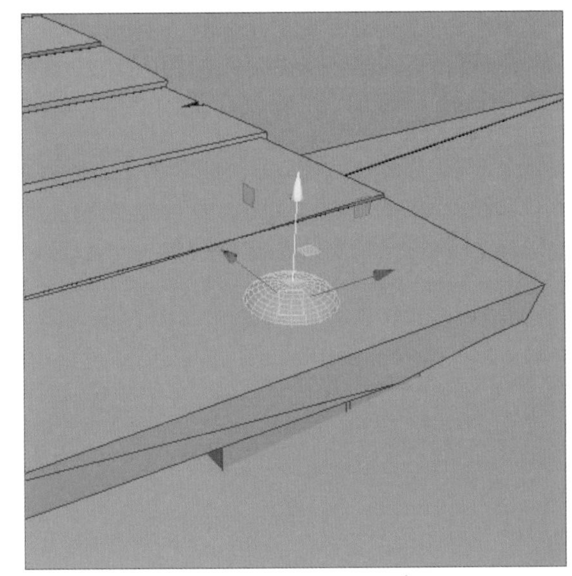

图 9-71

步骤05 创建一个CV曲线和一个NURBS圆形，分别作为路径和截面，调整路径形状和二者位置，如图9-72所示。

步骤06 选择两个曲线，执行“曲面”|“挤出”命令，制作曲面对象，如图9-73所示。

步骤07 执行“曲面”|“反转方向”命令反转曲面，再单击“曲面”|“重建”命令后的设置按钮，打开“重建曲面选项”对话框，设置U向跨度数和V向跨度数，如图9-74所示。

步骤08 单击“应用”按钮重建曲面UV布局，制作锁链造型，如图9-75所示。

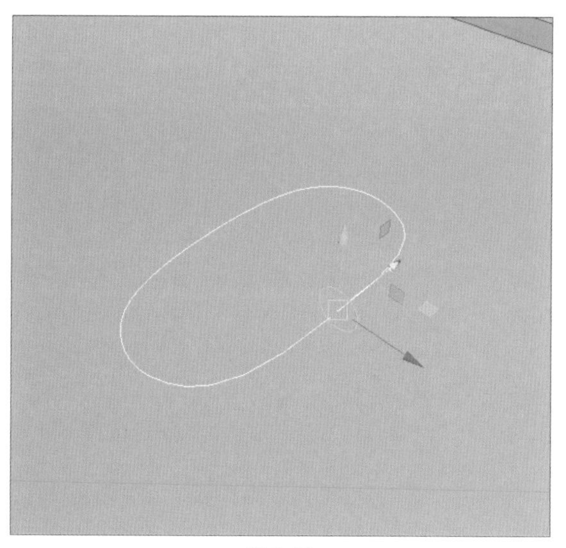

图 9-72

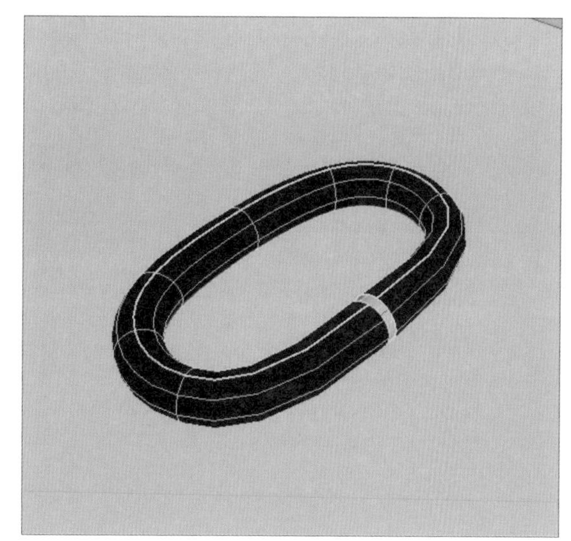

图 9-73

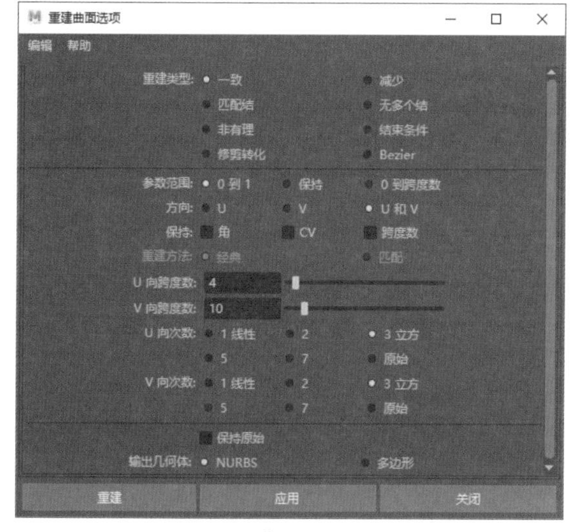

图 9-74

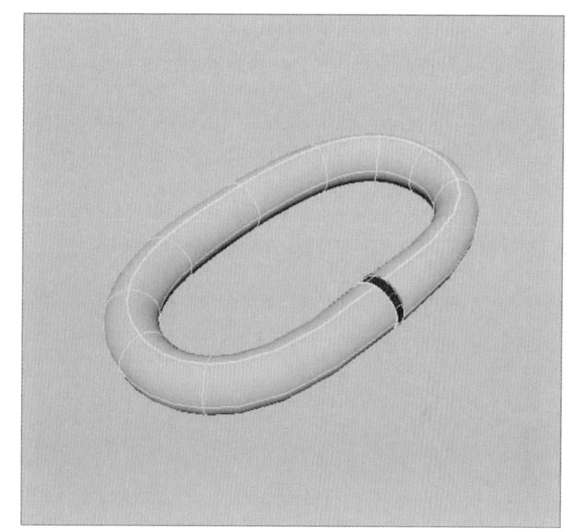

图 9-75

步骤 09 在Z轴旋转对象33°，调整位置，如图9-76所示。

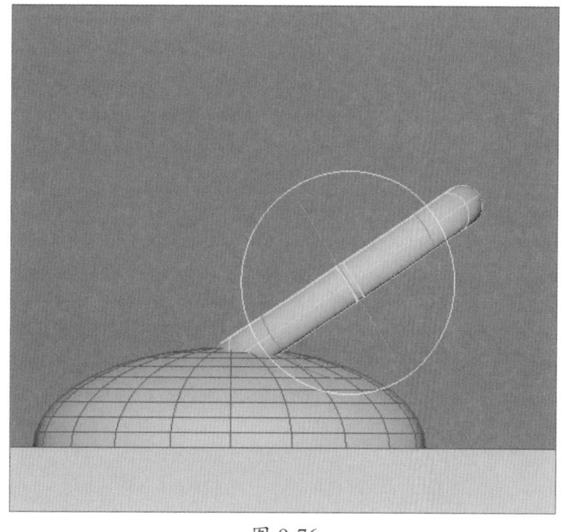

图 9-76

步骤10 复制对象，并在X轴旋转90°，调整对象位置，如图9-77所示。

步骤11 多次复制对象，制作一段链条，如图9-78所示。

图 9-77

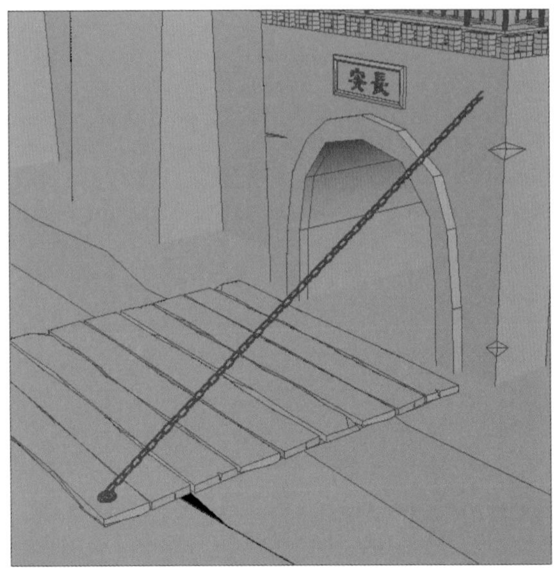

图 9-78

步骤12 复制链条到吊桥另一侧，如图9-79所示。

步骤13 为锁链添加兽首造型，完成吊桥的制作，如图9-80所示。

图 9-79

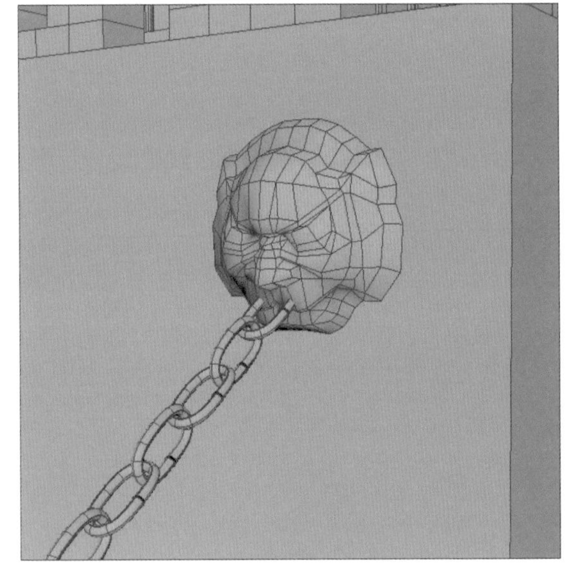

图 9-80

9.3 创建旗帜

古代城墙上多有旗帜竖立，用于标志和引导，下面介绍城墙上旗帜模型的制作方法，具体操作步骤如下。

步骤01 首先制作旗杆。创建一个圆柱体，使用缩放工具缩放高度，如图9-81所示。

步骤 02 使用“插入循环边”命令插入多条循环边，如图9-82所示。

图 9-81

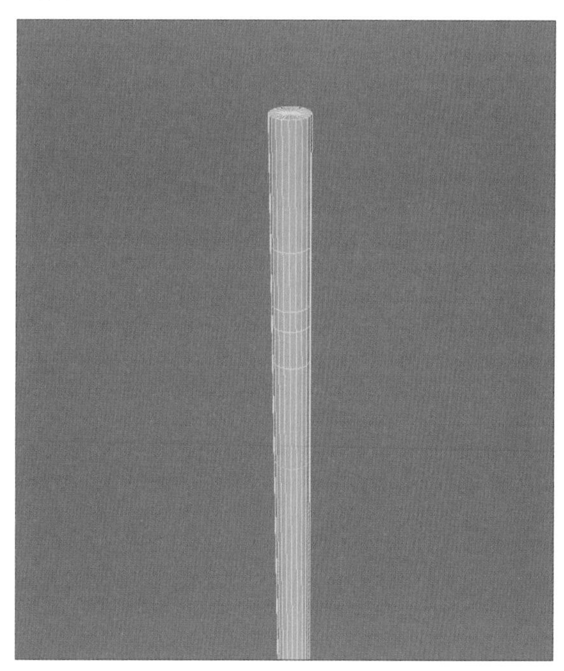

图 9-82

步骤 03 进入顶点编辑模式，使用缩放工具缩放顶点，再调整顶点位置，如图9-83所示。

步骤 04 进入面编辑模式，选择一个圈面，单击“挤出”命令，设置“局部平移Z”参数，如图9-84所示。

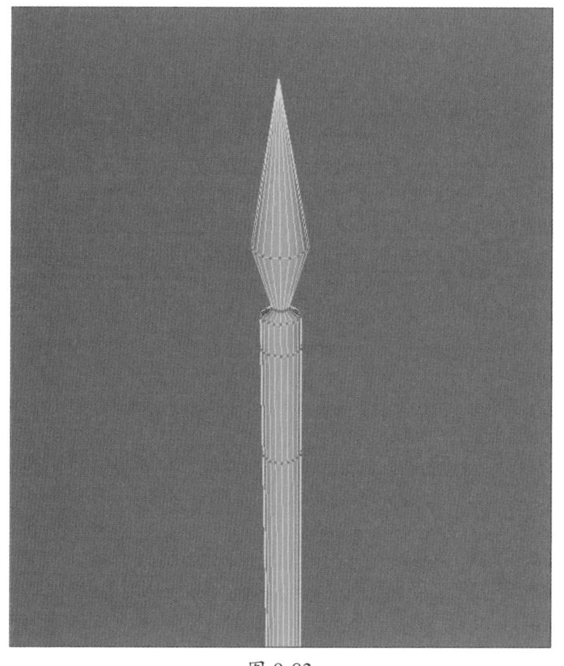

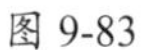

图 9-83

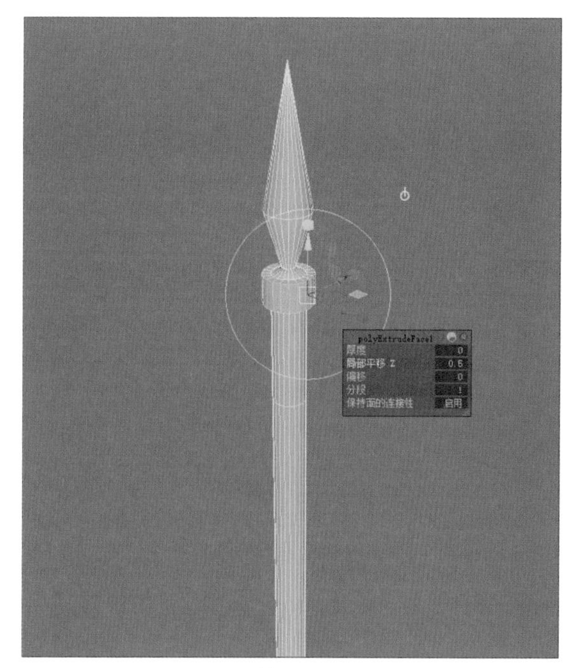

图 9-84

步骤 05 使用同样的操作方法挤出下方的一个圈面，如图9-85所示。

步骤 06 制作旗帜。创建一个多边形平面，使用旋转工具旋转对象，再使用缩放工具缩放对象。切换到前视图，效果如图9-86所示。

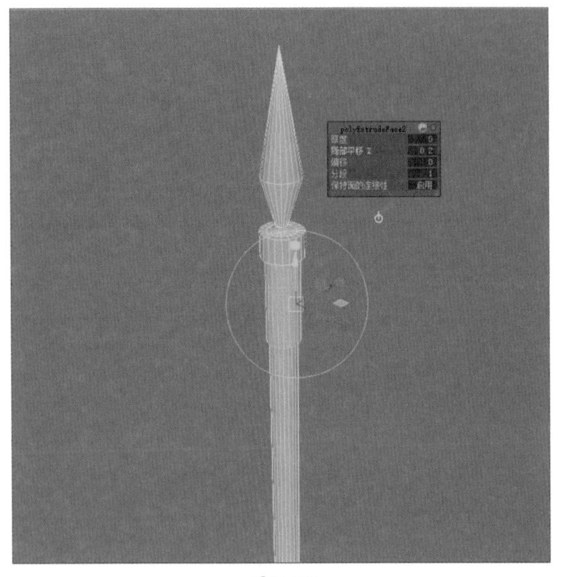

图 9-85

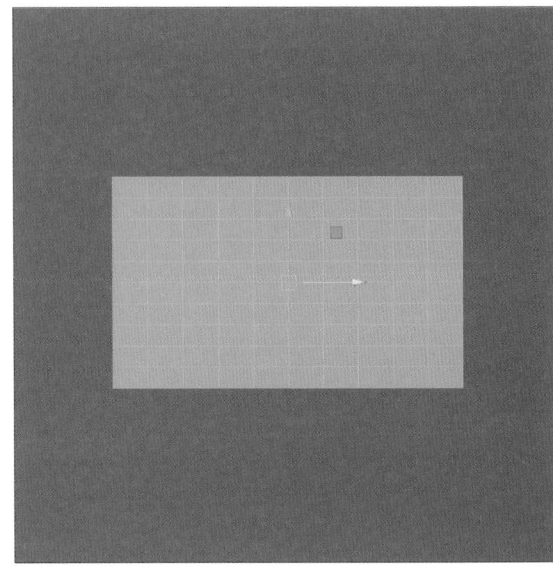

图 9-86

步骤 07 进入顶点编辑模式，编辑顶点位置，如图9-87所示。

步骤 08 退出编辑模式，调整旗帜位置，如图9-88所示。

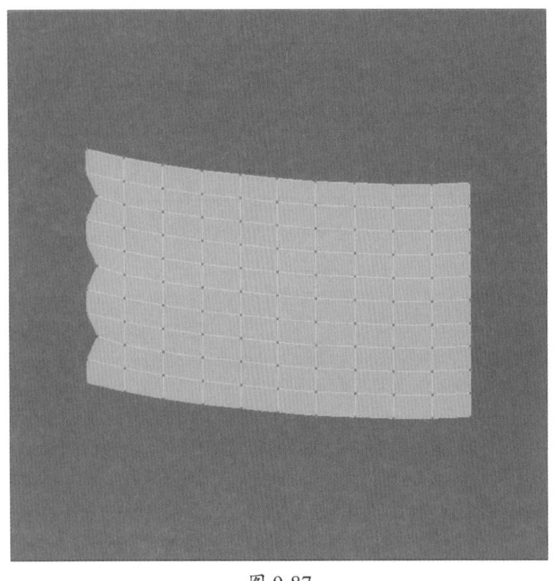

图 9-87

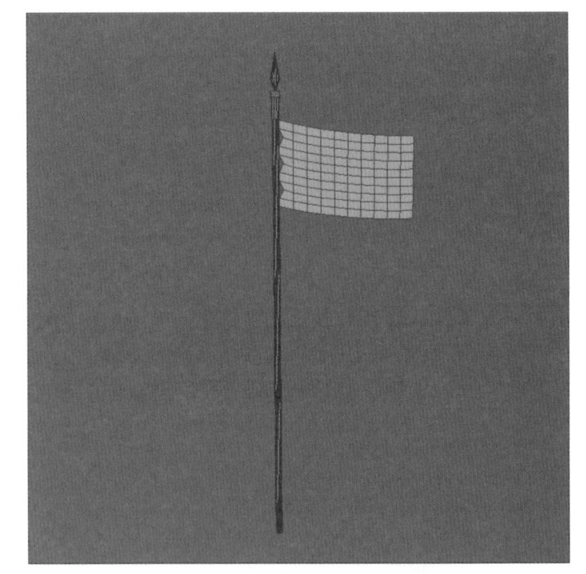

图 9-88

9.4 创建独轮车

本节将通过多边形编辑功能制作一个独轮车模型，具体操作步骤如下。

步骤 01 创建一个长方体，使用缩放工具调整形状，在通道盒中设置细分值，如图9-89所示。

步骤 02 进入顶点编辑模式，调整顶点位置，如图9-90所示。

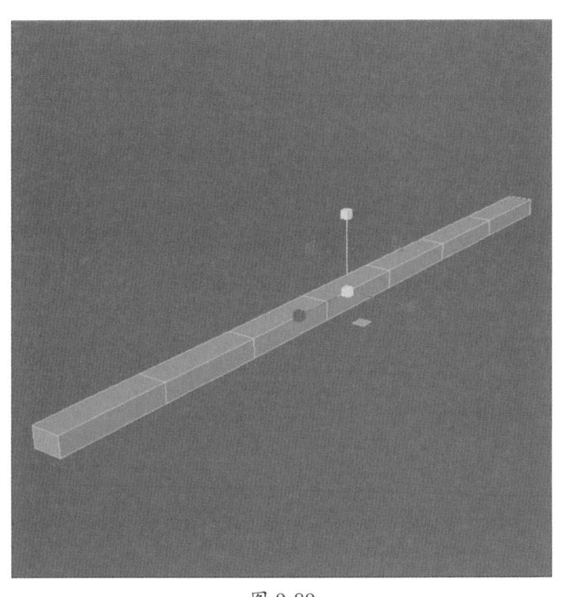

图 9-89

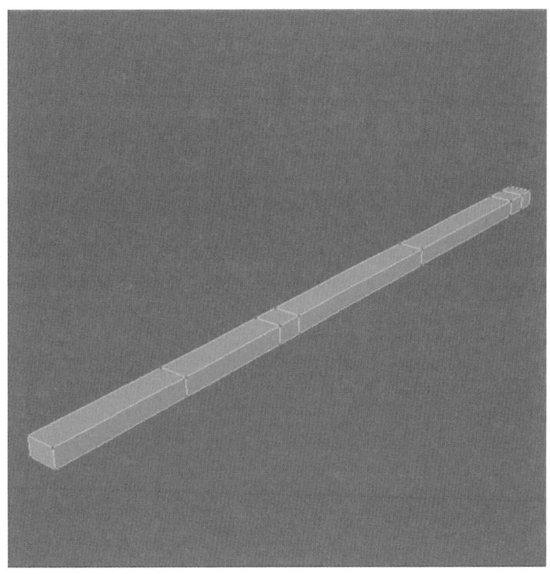

图 9-90

步骤 03 进入面编辑模式，选择两个面，单击“挤出”按钮，并设置“局部平移Z”参数，如图9-91所示。

步骤 04 全选面，单击“镜像”按钮，设置“轴位置”“偏移”等参数，如图9-92所示。

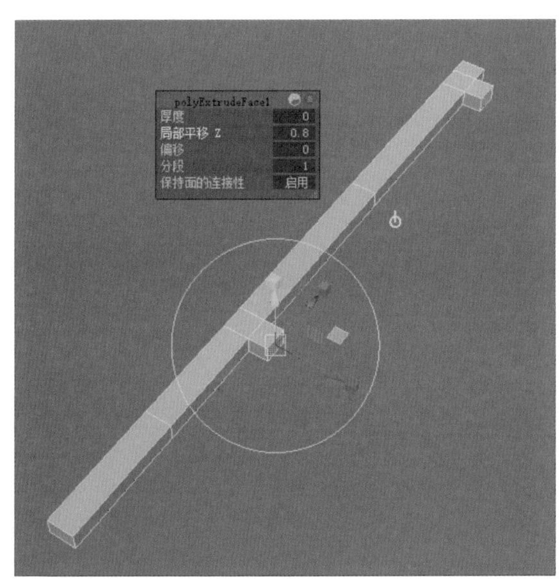

图 9-91

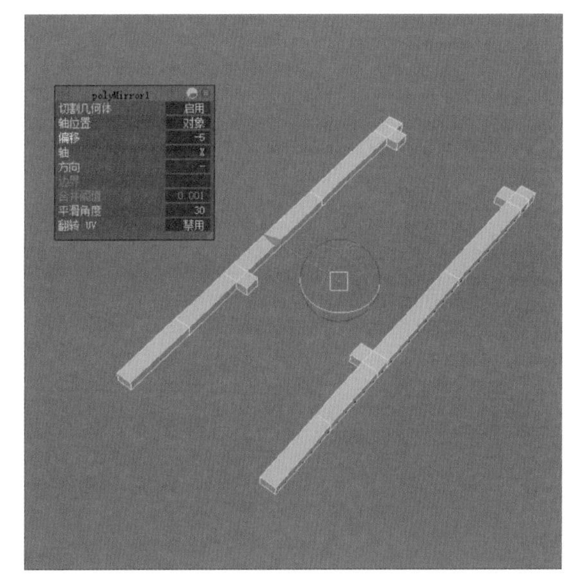

图 9-92

步骤 05 选择一侧的造型，移动位置，如图9-93所示。

步骤 06 选择一侧的面，使用“挤出”命令挤出面，将两个结构连接到一起，如图9-94所示。

步骤 07 切换到左视图，进入顶点编辑模式，调整顶点位置，如图9-95所示。

步骤 08 使用缩放工具缩放顶点，如图9-96所示。

步骤 09 切换到顶视图，创建多边形平面，设置细分数，再使用缩放工具缩放对象，如图9-97所示。

步骤 10 进入顶点编辑模式，调整顶点位置，再使用缩放工具缩放顶点，如图9-98所示。

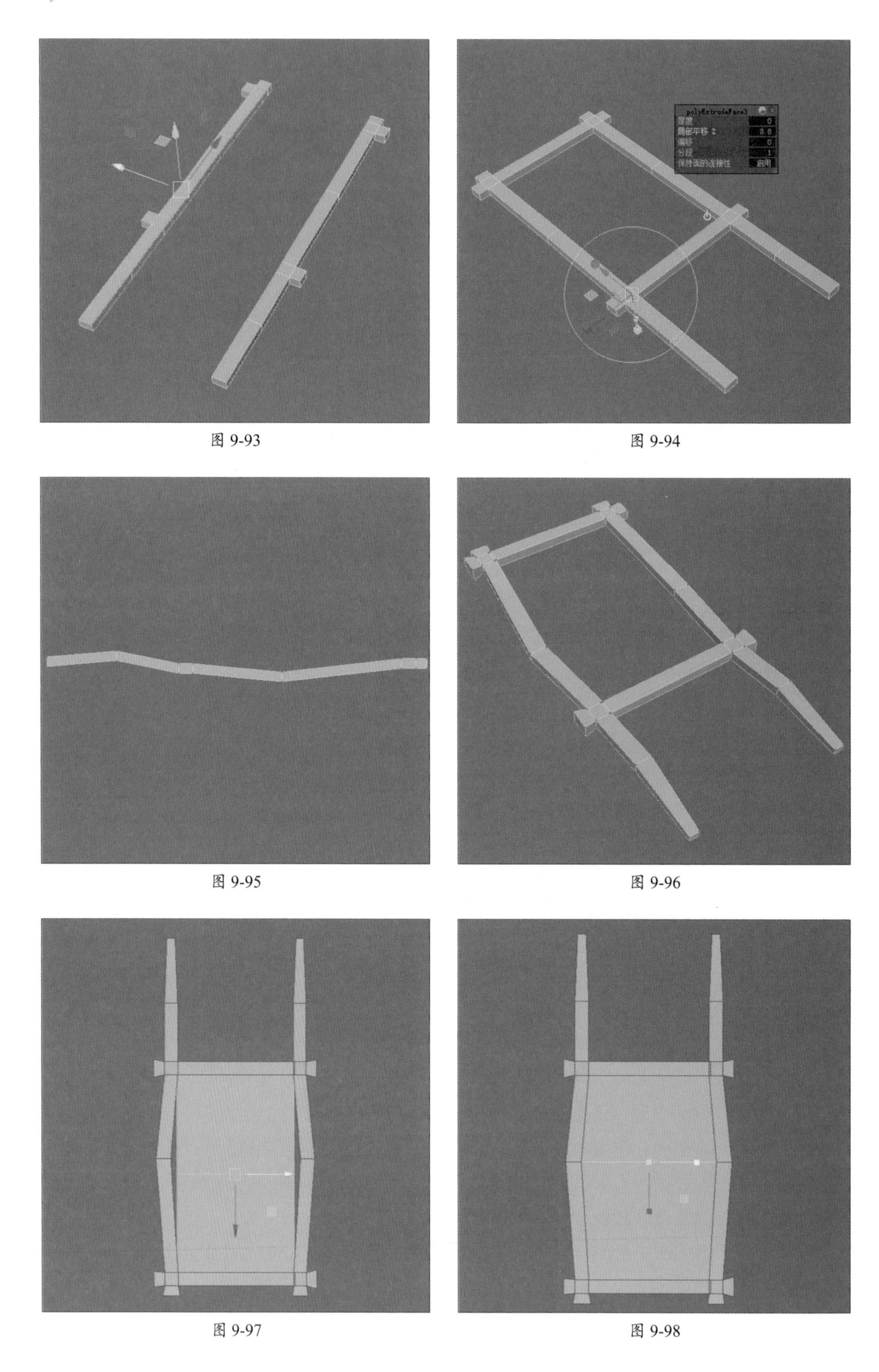

图 9-93

图 9-94

图 9-95

图 9-96

图 9-97

图 9-98

步骤11 使用“插入循环边”命令插入多条循环边，如图9-99所示。

步骤12 切换到前视图，设置线框视图，进入顶点编辑模式，调整顶点位置，如图9-100所示。

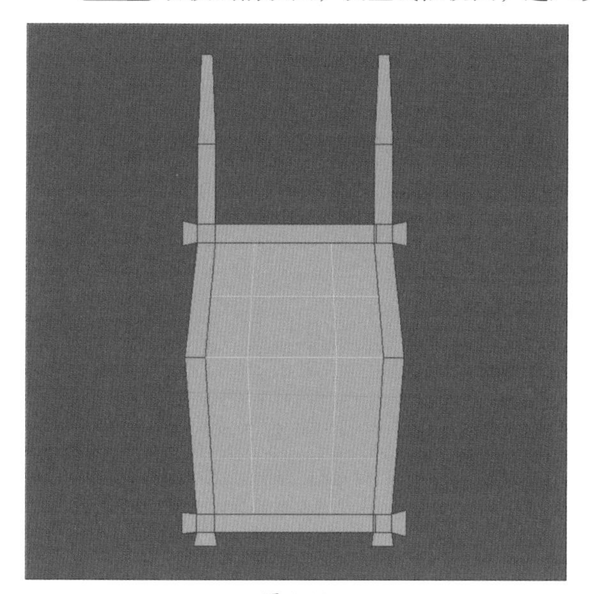

图 9-99

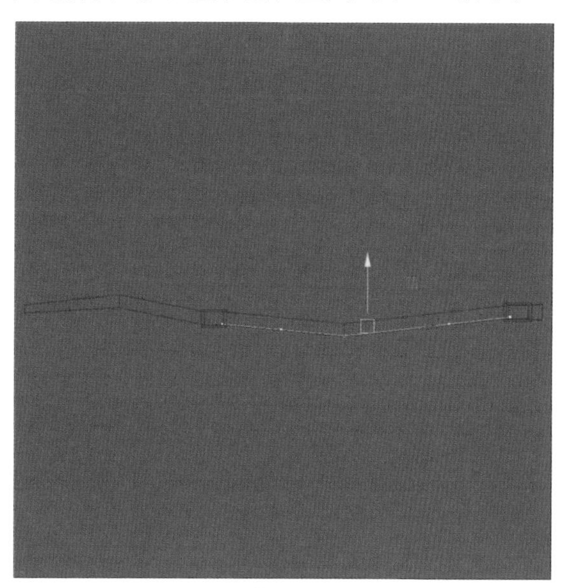

图 9-100

步骤13 进入面编辑模式，选择中心的两个面，使用移动工具将其沿Z轴向下移动，如图9-101所示。

步骤14 全选面，单击“挤出”按钮，启用“保持面的连接性”，再设置“局部平移Z”参数，如图9-102所示。

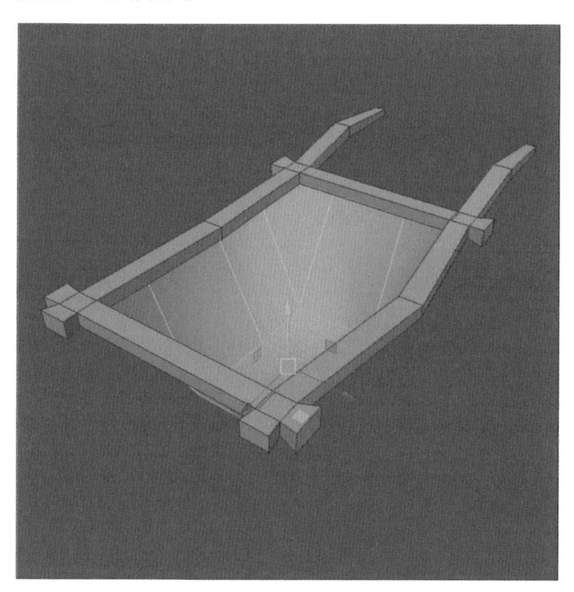

图 9-101

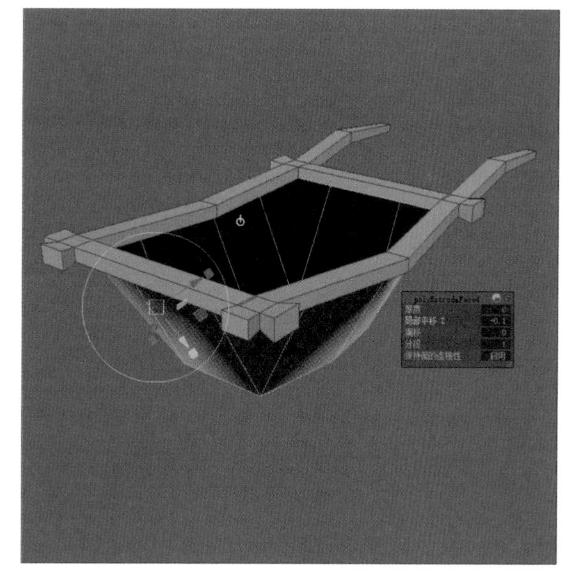

图 9-102

步骤15 全选面，执行“网格显示”|“反向”命令反转面；再执行“网格显示”|“硬化边”命令硬化模型边缘轮廓，制作出车斗模型，如图9-103所示。

步骤16 创建一个长方体，设置高度细分值为2，再使用缩放工具缩放对象，如图9-104所示。

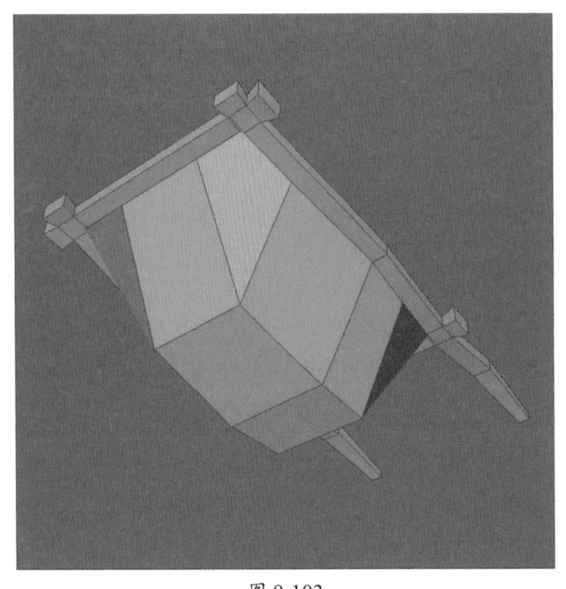

图 9-103

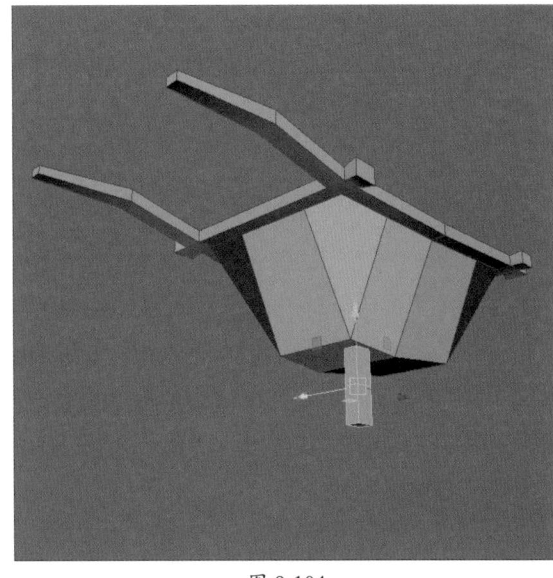

图 9-104

步骤 17 进入顶点编辑模式，编辑顶点位置，制作出车腿造型，如图9-105所示。

步骤 18 退出编辑模式，复制对象到另一侧，如图9-106所示。

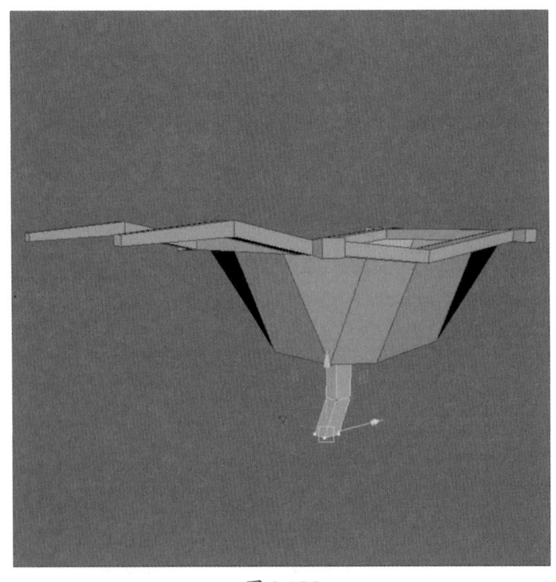

图 9-105

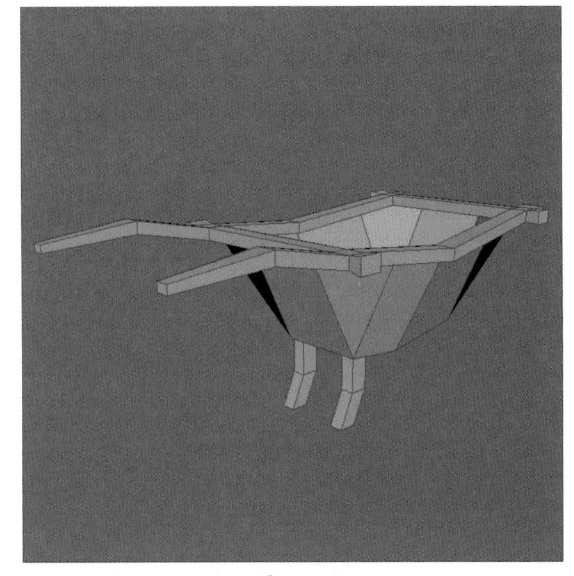

图 9-106

步骤 19 创建一个圆柱体，使用变换工具调整对象的角度、比例和位置，如图9-107、图9-108所示。

步骤 20 复制圆柱体，选择其中一个圆柱体进入面编辑模式，并删除中间的面，如图9-109所示。

步骤 21 选择剩余的面，单击“挤出”按钮，启用“保持面的连接性”，并设置“局部平移Z”参数，如图9-110所示。

步骤 22 使用缩放工具缩放另一个圆柱体并调整位置，如图9-111所示。

步骤 23 继续复制圆柱体并缩放对象，如图9-112所示。

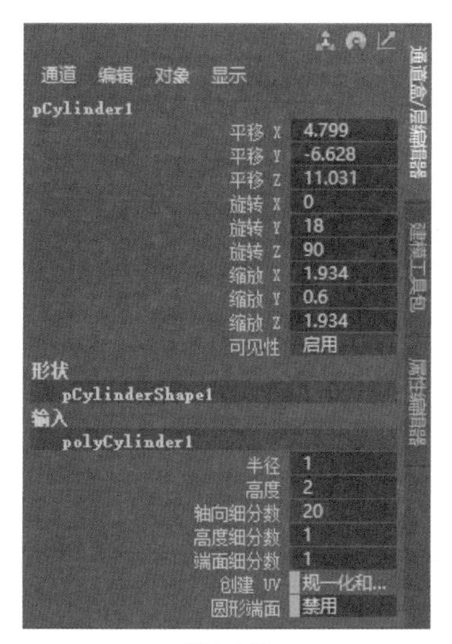

图 9-107

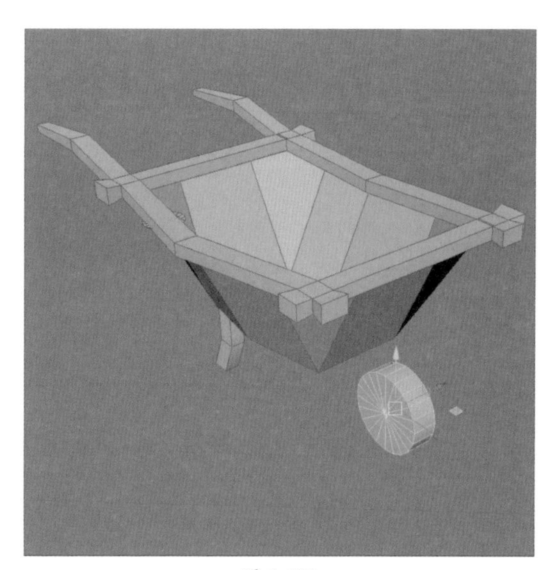

图 9-108

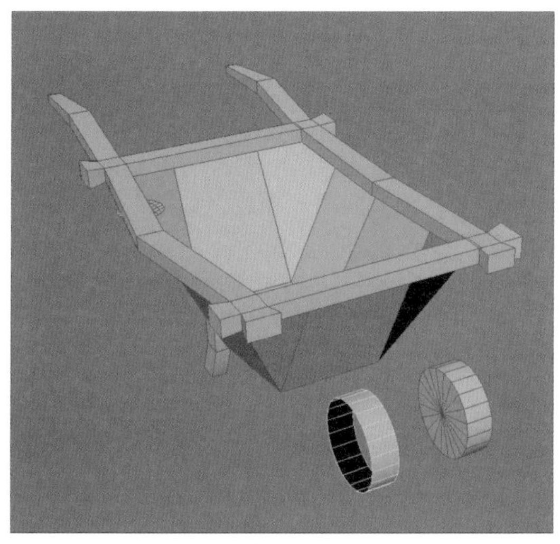

图 9-109

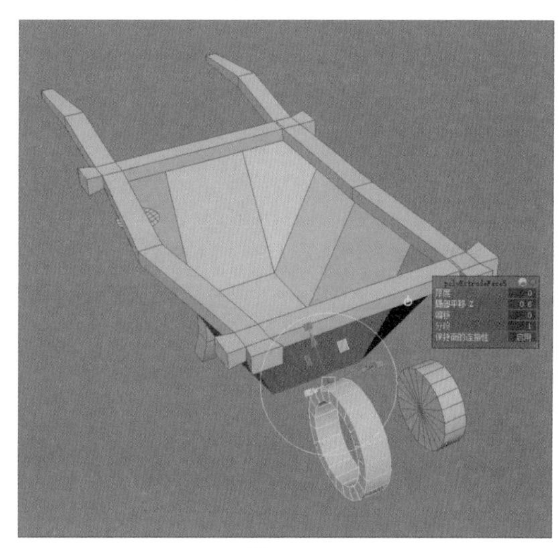

图 9-110

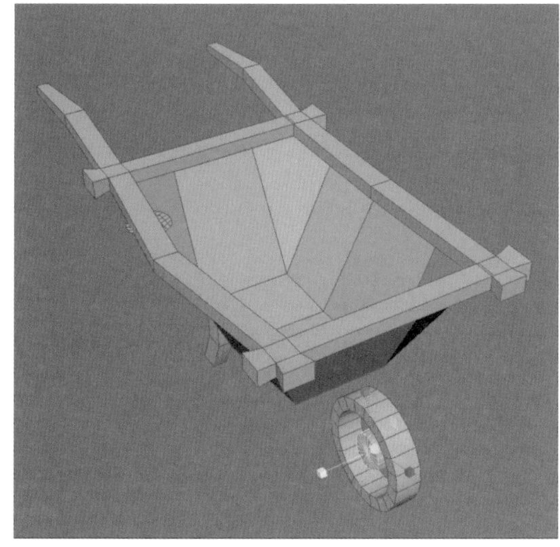

图 9-111

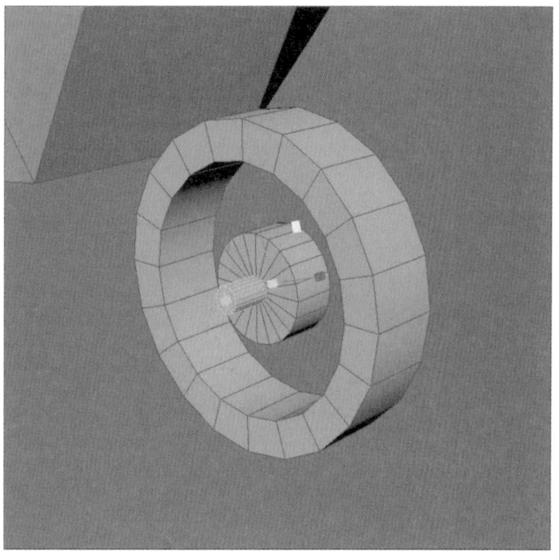

图 9-112

步骤 24 切换到前视图，使用“插入循环边”命令插入两条环形边线，如图9-113所示。

步骤 25 进入面编辑模式，选择两侧的两圈面，单击“挤出”按钮，设置“局部平移Z”参数，如图9-114所示。

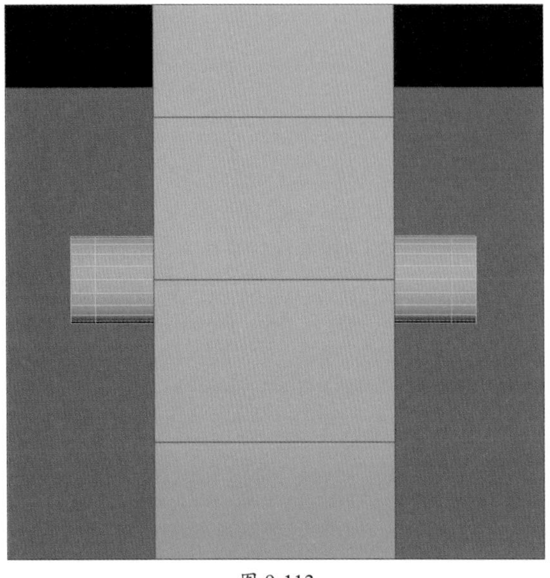

图 9-113

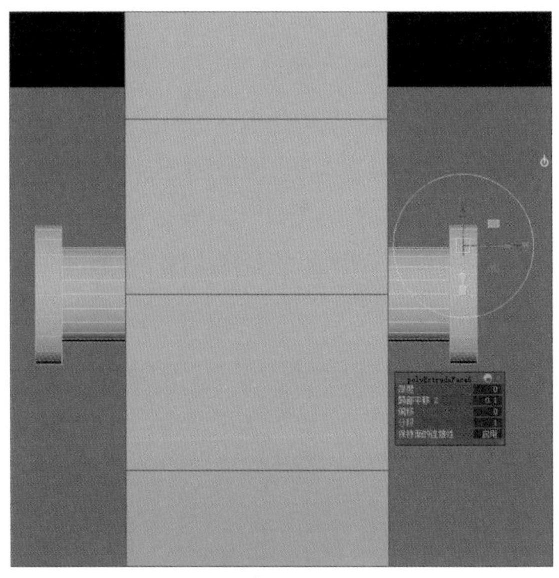

图 9-114

步骤 26 进入顶点编辑模式，选择两端中心顶点，使用缩放工具向两侧缩放，如图9-115所示。

步骤 27 创建一个长方体，调整对象位置；再进入顶点编辑模式，使用缩放工具缩放顶点，如图9-116所示。

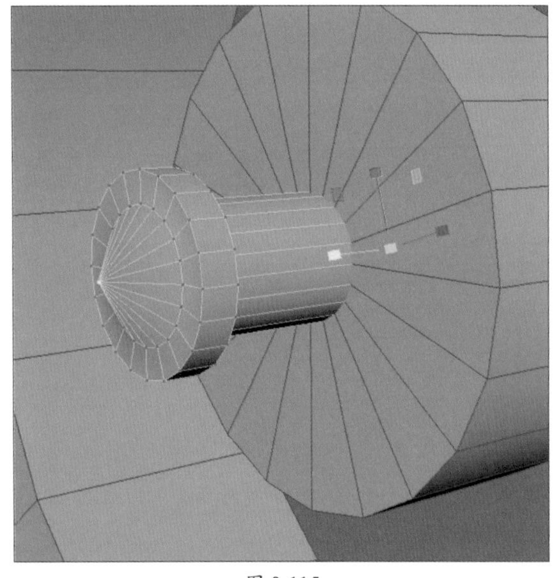

图 9-115

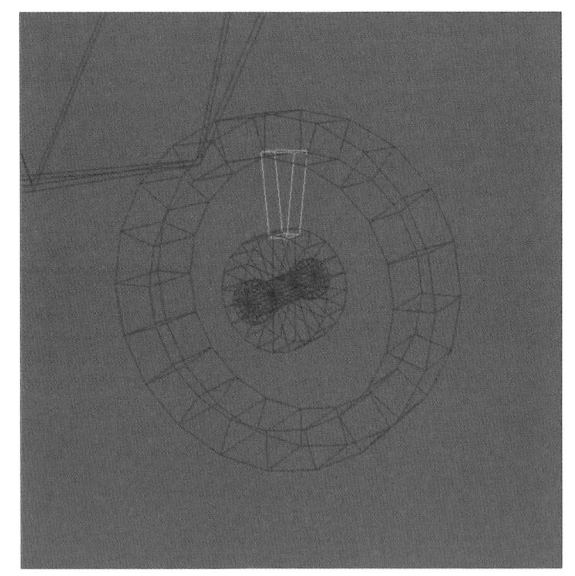

图 9-116

步骤 28 退出编辑模式，切换到左视图，激活移动工具，按住D键调整枢轴位置，如图9-117、图9-118所示。

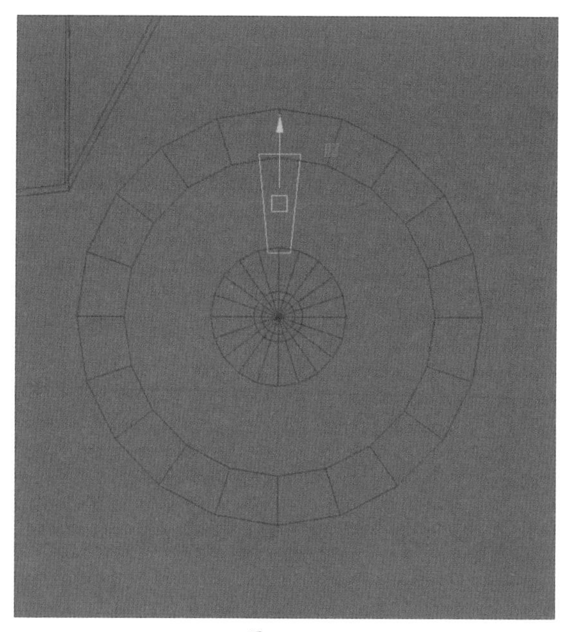

图 9-117

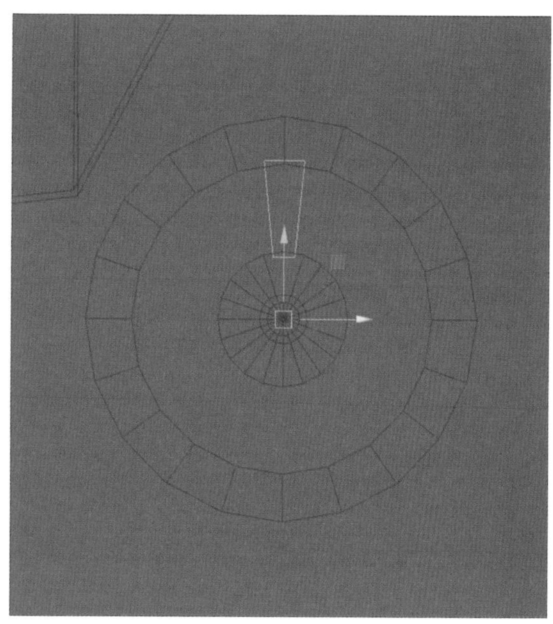

图 9-118

步骤 29 单击“编辑”|“特殊复制”命令后的设置按钮，打开“特殊复制选项”对话框，设置X轴的“旋转”参数为72，再设置“副本数”为4，如图9-119所示。

步骤 30 单击“应用”按钮即可完成旋转复制操作，如图9-120所示。

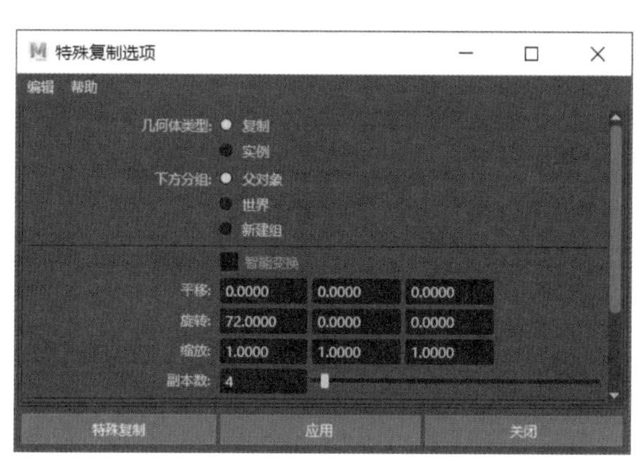

图 9-119

图 9-120

步骤31 再创建多边形长方体，通过编辑顶点制作出车轮两侧的车架，完成独轮车模型的制作。全选模型，执行“网格”|“结合”命令，将其结合为一个整体，如图9-121所示。

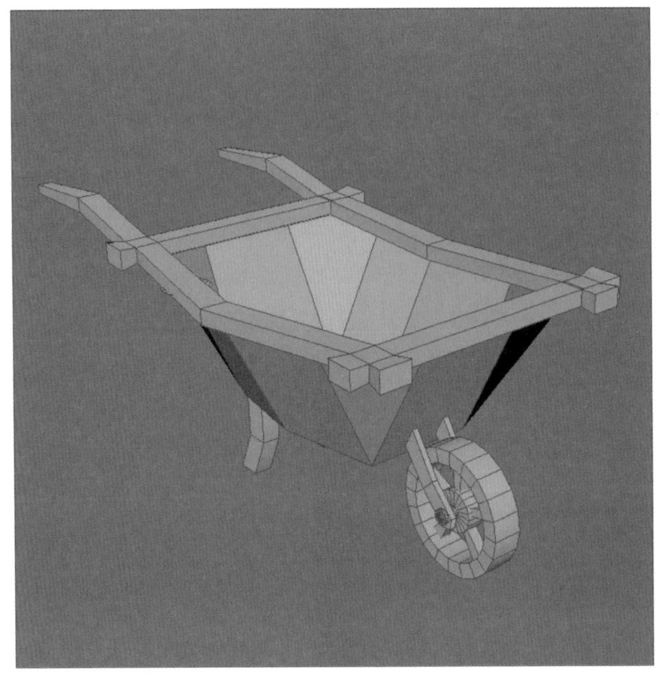

图 9-121

9.5 添加环境素材模型

主要模型创建完毕后，可以为场景添加一些模型用于完善场景，使场景更加真实。下面介绍操作步骤。

步骤01 执行“文件”|“导入”命令，打开“导入”对话框，从指定路径找到准备好的素材模型文件，如图9-122所示。

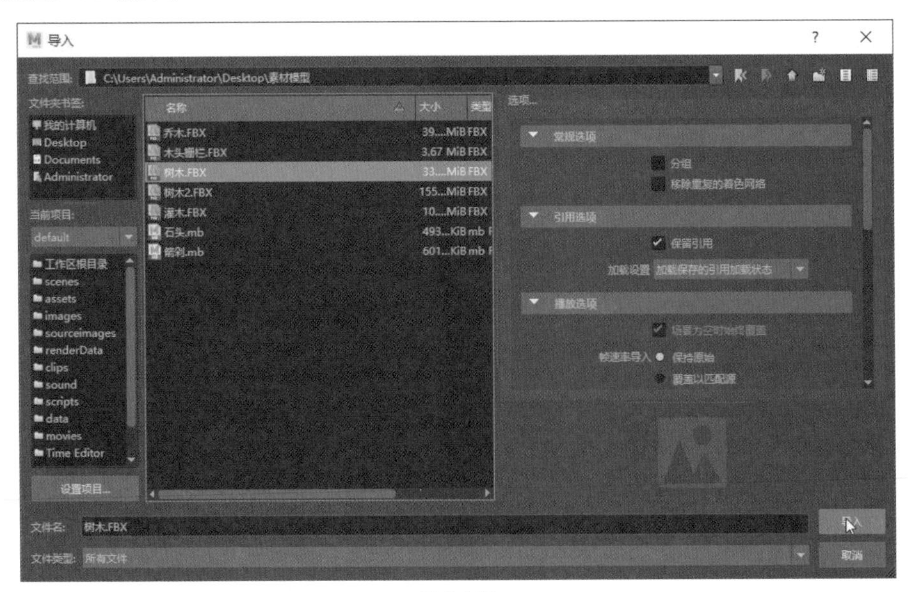

图 9-122

步骤 02 选择素材后单击“导入”按钮，即可将素材导入到场景，如图9-123所示。

步骤 03 调整对象位置，使用变换工具缩放到合适的比例，如图9-124所示。

图 9-123

图 9-124

步骤 04 按照此操作方法导入其他模型，完成场景模型的制作，如图9-125所示。

图 9-125

参考文献

[1] CAD/CAM/CAE技术联盟．AutoCAD 2014室内装潢设计自学视频教程 [M]．北京：清华大学出版社，2014.

[2] CAD辅助设计教育研究室．中文版AutoCAD 2014建筑设计实战从入门到精通 [M]．北京：人民邮电出版社，2015.

[3] 姜洪侠，张楠楠．Photoshop CC图形图像处理标准教程 [M]．北京：人民邮电出版社，2016.